GENERAL
COURSE IN
WESTERN
SCIENCE AND
TECHNOLOGY
HISTORY

西方科技史
通识课

姜振寰 / 著

中央编译出版社
Central Compilation & Translation Press

图书在版编目（CIP）数据

西方科技史通识课 / 姜振寰著 . —— 北京 : 中央编
译出版社 , 2023.12
ISBN 978-7-5117-4521-7

Ⅰ . ①西… Ⅱ . ①姜… Ⅲ . ①科学技术—技术史—西
方国家—干部教育—学习参考资料 Ⅳ . ① N091

中国国家版本馆 CIP 数据核字（2023）第 179782 号

西方科技史通识课

出版统筹	潘 鹏	
责任编辑	何 蕾	
责任印制	李 颖	
出版发行	中央编译出版社	
地　　址	北京市海淀区北四环西路 69 号（100080）	
电　　话	（010）55627391（总编室）	（010）55627116（编辑室）
	（010）55627320（发行部）	（010）55627377（新技术部）
经　　销	全国新华书店	
印　　刷	北京文昌阁彩色印刷有限责任公司	
开　　本	710 毫米 ×1000 毫米 1/16	
字　　数	392 千字	
印　　张	26.5	
版　　次	2023 年 12 月第 1 版	
印　　次	2023 年 12 月第 1 次印刷	
定　　价	78.00 元	

新浪微博： @中央编译出版社　　**微　　信：** 中央编译出版社（ID：cctphome）
淘宝店铺： 中央编译出版社直销店（http://shop108367160.taobao.com）（010）55627331

本社常年法律顾问： 北京市吴栾赵阎律师事务所律师　闫军　梁勤

前　言

科学技术史是人类认识自然、改造自然的历史。

人类在漫长的历史进程中，通过科学活动提高认识自然的能力，通过技术活动创造并构建适合人类生存与进化的环境。一般认为，生产活动是人类最基本的实践活动，因为通过生产活动才能创造人类生存所需要的一切物质条件。而且，人类之所以能从原始的生产方式发展到今天这种建之于现代科学和高技术基础之上的先进生产方式，之所以能从蒙昧时代发展到今天的高度文明时代，科学技术起到了基础性、关键性、开创性的作用。因为任何生产方式的变化和进步，都是以人类对自然新的认识以及由此产生的一系列技术发明为先导的。

在科学技术的社会功能十分显著的今天，科学技术的历史已经成为当代人特别是青年人丰富自身知识结构、提高文化素养的可靠途径。

科学技术史同其他历史学科一样，是研究者超越时空间隔对科学技术历史的反求建构，需要研究者对科学技术发展的史实进行发掘、整理、考证和描述，并对史实作出评价和解释，以重建科学技术发展的具体过程。其历史的客观性既受材料占有情况的约束，也受研究者素质所左右。但是，科学技术史与其他历史学科相比，又有其独特之处。它可以借助资料考证、考古（工业考古、农业考古、技术考古、物理考古），特别是它可以借助科学技术原理的推演来弄清各历史时期科学技术发展的史实。因此，它又有较强的实证性。

总体看来，科学技术史包括科学史和技术史两大部分，科学史是关于人类认识自然的历史，技术史则是人类改造自然、塑造人类生存环境（人工自然）的历史。这两类历史又可以分为专业史或专科史、断代史、国别与地区史，以及科学与技术思想史、社会史等，可谓门类纷纭，涉及的知识领域十分广泛。

科学史特别是专业史的研究起步较早，古希腊柏拉图学派的欧德莫斯（Eudëmos of Rhodes）编写了涉及算术史、几何史和天文学史方面的著作。而将各科学门类加以综合的科学史则是1830年由法国哲学家孔德（Auguste Comte）所倡导，英国科学史学家休厄尔（W.Whewell）完成的《归纳科学史》（*History of the Inductive Sciences*，1837）。

进入20世纪后，学术界开始对科学、技术的历史进行广泛深入的研究，出现了大部头的科学史和技术史著作，如英国辛格（Charles Singer）、威廉斯（T.I.Williams）等人用了30年时间编写的《技术史》（*A History of Technology*，8卷，1954—1984），以及研究科学技术与社会、文化关系的所谓"外史"著作，如英国贝尔纳（J.D.Bernal）的《科学的社会功能》（*The Social Function of Science*，1938）等。更由于科学与技术关系愈来愈密切，将科学与技术的历史加以综合研究的著作也开始出现。1963年，英国企鹅出版社出版了荷兰科学史学家福布斯（R.J.Forbes）和迪克斯特霍斯（E.J.Dijksterhuis）合著的《科学技术史》（*A History of Science and Technology*），其扉页引用培根的一句名言："要征服自然，就要服从自然"（Nature Obeyed and Conquered）。

在中国，作为现代意义上的科学技术史研究起源于20世纪30年代，有人开始对中国古代的科学技术成果进行挖掘整理。发明四角号码检字法的商务印书馆总经理王云五主编的"万有文库"丛书（1929—1937）中，有不少是国外科学技术史译著。1957年，中国科学院成立了自然科学史研究所，一批在科学界卓有成绩的科学家进入该所工作。20世纪80年代后，国内学者编写的科学技术史著作大量问世，国外的一些科学技术史著作以及专科史、人物传记、科学思想史等著作也被大量翻译出版，这都极大地丰富了我国科学技术史的学习和研究。

　　2021年末，中央编译出版社约我写一部《西方科技史通识课》。由于我讲授科学技术史已多年，有较为完整的讲义，且编写过科学技术史简史类著作，就接受了这一任务。为写此书，我以已出版的科学技术史著作为蓝本，对拟采用的科学技术史事件利用最新资料做了考证，因此本书也可以看作是对已出版著作的修订和增补。本书虽称作西方科技史，但是对与西方科技史形成密切相关的古印度、中世纪阿拉伯的科学技术状况也做了介绍。

　　本书在编排上注重科学史与技术史并重，注重科学技术史与社会史、文化史的结合，注重科学性、学术性和可读性。在绪论中，从科学哲学、技术哲学的角度对科学技术概念及其发展中的理论问题做了阐述；在终章中，从科学技术社会学的角度，分析了科学技术发展引起的社会问题及未来发展的方向。

　　科学技术史是一门典型的交叉学科，按理说它的内容应当包含各门科学学科和技术门类，但是作为一部几十万字的著作而言，只能是简明的、约略性的。为缩减篇幅，外国人名在每章中第一次出现时标出其母语简名，完整的人名建议读者在一般网站中查找。

　　本书写作中参阅了大量相关的文献资料，均以脚注的形式呈现。受作者学术水平和知识所限，书中不足之处在所难免，敬请读者批评指正。

姜振寰

2023 年 10 月 20 日

目 录

绪　论

科学技术的历史是人类认识自然、改造自然的历史。人类凭借科学技术的不断进步，创造出更为丰富的生产和生活资料，促进社会的不断发展进步。科学技术的历史，揭示的是在人类历史上各类发现和发明的过程及其对社会的影响，同时还要分析一些重大发现与发明得以产生的社会条件。

　　学习研究科学技术史，几个概念及其逻辑关系是首先要搞清楚的。

一、关于科学与技术的概念

　　人类的社会活动可以归结为5个方面，它们的关系如下：

　　　思想—科学—技术—生产—社会

　　科学介于思想、技术之间；技术介于科学、生产之间；生产介于技术、社会之间。

　　科学与技术是两个抽象的概念，因为无论说科学还是说技术，既有所指又不具体指什么，它们都是人类某种活动甚至包括活动结果的通称。但是如果说科学研究、科学发现、科学书籍或者技术设计、技术开发，在理解上就会具体一些，当然这些概念也有其相对的抽象性。

（一）科学

科学是人类有意识地认识自然、探索未知世界活动的总称（或是总和）。这种有意识的认知、探索活动只有当人类社会达到一定阶段，生产力有了相当的提高——人的劳动价值除供养自身和自己的无劳动能力的成员外还有剩余时；而这些剩余的劳动价值又被一种社会规则集中在少数人手里，使他们可以不劳而获地生活时；其中极个别的人开始思考自然现象的成因或企图以非神灵思维解释自然时——科学开始萌芽。而这就是众所周知的古希腊科学的起源。在此之前，科学是否就已经出现了呢？例如公元前4000年左右，古埃及的太阳历以及后来建筑方位的确定，是否可以说公元前4000年左右古埃及就开始了天文学、数学、力学研究呢？由于缺乏文字记载，结果是不得而知的，正因为如此，一般都将科学的起源追溯至公元前7世纪的古希腊。

在17世纪前，并不存在"科学"这一概念，这类对自然的认识活动及其成果都归之于自然哲学，其成果也多用知识来表述。随着近代科学革命的出现，拉丁语scientia（知识）开始演变出science（科学）一词。但是在很长时期内，科学仍包含在自然哲学的范畴内，牛顿（I.Newton）的名著就是以《自然哲学的数学原理》（*Philosophiae Naturalis Principia Mathematica*，1687）命名的。19世纪前欧洲将与自然相关的学问称作natural philosophy，直译为"自然哲学"，但当时philosophy指的是学问、××学，译为"自然科学""自然学"也是合适的。日本人在幕府末年将之译为"理学"，一直流传至今。Science一词在欧洲是19世纪才流行起来的，但是直到今天，一些具有悠久历史的欧洲大学还是将一些科学博士获得者授予"哲学博士"学位。

我们使用的"科学"一词，是1870年日本的启蒙思想家西周（1829—1897）著《百学连环》探讨西方术语的日译名时，用日文汉字"科"（分门别类）和"学"（学问）创造，与science对译而成的。西周在西文术语日译方面做了很多工作，由于许多西方术语的日译名是用日文汉字组合或借用的，其中不少如"革命""经济""哲学""社会""物理学""音乐""电气""望远镜"等社会科学、自然科学和工程技术方面的词语，在19世纪末20世纪初日文书籍大量汉译时，直接引入中国。

"科学"是个典型的外来语。清末虽然有人使用"科学"一词，但所指的是"科举之学"，即如何报考科举，类似于今天的"高考指南"。中国古代有两个词似有科学研究的意思，"穷理"（追求事物的终极原理）和"格物致知"（分析事物以达到对事物的了解）。

在现代，科学有广义与狭义之分。广义的科学指人类认识自然、社会、思维的活动和由此形成的知识的总和，包括自然科学、社会科学和思维科学。狭义的科学指人类认识自然的活动与知识的总和，即人在好奇心、怀疑心的驱使下，对未知事物提出假说，通过验证而认识事物、形成系统知识的过程。

"科学"一词传入中国后，又出现了用作状语而形成的另一种解释，即合乎情理、合乎规律，如科学防疫。

（二）技术

现在的"技术"一词，来源于古希腊语 τέχνη，指技艺、技巧以及艺术创作。

中国古代也有"技术"一词，最早见诸《汉书·艺文志》："汉兴有仓公，今其技术晻昧。"《史记·货殖列传》："医方诸食技术之人，焦神极能，为重糈也。"主要指医术、方术。这个词在唐朝时传入日本，后来中国用医术、方术、开物取代了"技术"一词。1870年，日本的西周在翻译西方书籍时，将英文 technology 用从中国引进的"技术"一词对译。19世纪末20世纪初，又引回中国。中国现代的"技术"一词属于外来语。

在早期工业化时期，技术这一概念既受传统文化的影响，又受工业化的影响，反映出一种很强的机械论倾向。20世纪后，由于人类活动领域空前扩展，改造自然的能力空前加强，从广义上讲，技术这一概念几乎达到无所不包的程度，不但包含传统的技艺、技能、技巧和工艺、设计、技术原理的构思、技术方案的确定等这些"软"的成分，也包括加工、制造所需的设备、工具等"硬"的成分，还包括与生产物质产品相关的方法和手段。

在现代，技术有广义和狭义之分。广义的技术指人类活动的手段与方法的总和，包括生产技术和非生产技术。狭义的技术通常指人类改造自然、创造适合人类生存的环境（也称人工自然或人工环境）的方法、手段与活动的总和，是在人类历史过程中发展着的劳动技能、技巧、经验和知识，是人类认识和利用自然力及其规律的手段，是构成社会生产力的重要部分。技术属于创造社会文化财富和物质财富的实践领域，是劳动技能、生产经验和科学知识的物化形态。

人类从事技术活动的根本目的在于对自然界的控制和利用，首要解决"做什么、怎么做"的实际问题，其价值标准在于是否实用和带来经济效益。人工自然是人类能动活动的产物和结果。人类不仅借助技术手段去探索利用自然、支配自然、改造自然、控制自然，同时还通过技术活动去顺应自然，与自然协调，减少或避免对自然界的破坏。技术活动涉及作为技术主体的人，以及客体的自然与社会，技术本身则作为人类在生产活动、文化活动及社会活动中主客体的中介而存在。

技术本身是个历史性概念，若以英国产业革命（工业革命）为分界，其前后的技术已有本质的不同。在英国产业革命之前，技术更多地表现为人类从事生产活动中世代相传的技艺、技巧和技能，有很强的经验性成分。英国产业革命后特别是19世纪后的技术，则更多地表现为科学的应用。前者可称为"经验性技术"，后者也可称为"科学性技术"。经验性技术也有一定的不自觉的科学原理的应用，科学性技术也有科学原理指导下的技能、技艺和技巧。科学性的技术可以通过文字做出记述，形成专业化的讲义或著作，如《电机制造工艺学》《锻压工艺学》等，人们通过这种文字记述即可以理解或掌握这门技术。这样，通过集中培训或学习就能"批量化"地培养出掌握一定技术的工人来。但是，在具体工作场所的工人也还需要一定的技能。在流水线上工作的工人，其工作性质是单一的，所需要的是"熟练"，而这"熟练"不是在学校在书本上可以学得到的，必须经过长时间的实际技术操练，通过"经验"来获得。

本书中所谈的科学和技术是狭义的，几乎所有的科学技术史所研究的都是狭义的科学和技术。

（三）科学与技术的关系

科学活动和技术活动是人类认识自然、改造自然或重塑人工自然的两大基本活动。自从自然科学从自然哲学中分化出来，成为一种独立的社会建制之后，科学与技术二者之间的关系一直是模糊不清的。19世纪的许多经典著作中很少谈到技术，经常谈的是科学，但其所谈的科学往往不是现代意义上的科学而是技术。20世纪以来，科学和技术已成为泾渭分明、使用频率很高的两个术语，但是许多人对其含义并不清楚。

科学与技术的关系可以从以下四个方面去理解。

第一，科学与技术的历史起源不同，而且是按各自的道路发展的。技术的历史几乎与人类起源一样久远，当类人猿用木杆挖掘食物，用石块打制石器时，技术就产生了。而科学正如前所述，有文字记载的不足3000年，即使认为古埃及人就开始了科学活动，也仅6000余年，与近400万年的人类起源相比，科学的历史很短。或者说，人类的生产和生活是与技术活动密切结合在一起的，科学是社会发展到一定程度后某些人的特殊探索活动，而不是与人类生存须臾不离的普遍活动。

第二，人类从事科学和技术活动的目的是不同的。从事科学活动的主要目的是认识自然，揭示未知领域，因此其功利性不强。而人类从事技术活动则是在要改造自然，创造更适合人类生存的环境、器物的目的下进行的，与经济、生产相关，因而有很强的功利主义成分。由于技术的发明、革新直接涉及利益和财富，而且前期也会有相应的投入，因此必须有明确的法律加以维护才能够激发人们从事技术开发和技术发明的积极性。

第三，科学与技术活动的特点不同。科学经常是在好奇心、对未知事物的探究心理作用下进行的，与人们某一时期的思想状况、哲学素养有关，是一种精神性劳动，因此它总要受到社会意识形态的约束。欧洲中世纪宗教神学统治一切，人的思想被束缚，正确思想受到压抑，科学几乎停滞甚至倒退，也可以说科学研究要求人的思想是开放的，但是技术更注重实践性和生产性，受社会意识的影响相对较少。

第四，二者最高成果的表达方式不同。科学研究的最高成果称作"发现"（discover），而技术活动的最高成果称作"发明"（invention）。这是两个截然不同的概念。"发现"指自然界原本存在之物，被人类首次认识的过程。例如，万有引力定律是自然界始终存在的一个普适规律，当被牛顿发现并加以总结出来后，人们说牛顿"发现"了万有引力定律。"发明"则指自然界原本不存在之物，被人类首次创造出来的过程。例如，自然界原本不存在摩托车，1885年戴姆勒（G.Daimler）将自己制作的汽油发动机安装在木制自行车上，研制出可以开动的摩托车时，人们说戴姆勒"发明"了摩托车。科学发现是无国界的，也不可能有专利的保护，具有全民性、世界性；而技术发明则有成果的垄断性，可以申请专利保护。

近代以来，科学与技术的关系又十分密切。一项科学发现经常很快成为技术原理的基础而导致技术发明。1831年法拉第（M.Faraday）发现了电磁感应定律，1832年法国钟表匠皮克希（H.Pixii）即发明了手摇永磁式直流发电机，尔后他激式、自激式乃至交流电机无不是以电磁感应定律为基础的。从科学研究到技术开发已经出现了这样的模式：

基础研究→应用研究→技术开发

科学原理+已有技术储备→技术原理形成→构思与设计→样机

试制或工艺试验

同时，由于科学研究向更深的微观层次和更广的宇观方向发展，以及极限条件（超高温、超低温、超高压）的要求，凭借人的器官和传统的实验手段已经无法实现，科学研究需要借助于更新的技术发明、技术手段才能完成。

但是，二者毕竟是人类不同的活动领域，把这两个词并列使用，在很多场合是不确切的，甚至是荒谬的。例如，"科技工作者"所指并不清楚，在田间劳作的农民、进行工件切削的工人、进行工艺设计的工程师，是不是全是"科技工作者"呢？"科技规划"往往是对技术的规划，因为规划是有时限的，我们不能规划在某个五年计划内要发现多少个超新星，或在某项科学领域中有某一具体发现。或者说，科学发现经常带有偶然性，是不能人为设置其时限的。近年来出现的"高科技"概念也是一个错误概念。高技术（High Technology）是日本人创用的，后传至欧美流行起来，主要指与传统技术不同的新的技术门类，如微电子、计算机、激光、生物工程、新能源、航天等，而高科技从字面上理解应当包括高科学加上高技术。科学是没有高低之分的，只有基础科学学科（物理学、化学、天文学、地学、生物学）及应用科学学科（工学、农学、医学）。只有"高技术"没有"高科学"，更没有"高科技"（高等级科学技术）。

由上述分析可知，科学和技术是人类两个不同的活动领域，人类从事科学活动的目的是认识自然、揭示未知，而人类从事技术活动的目的是为了自身的生存与发展去改造自然。有人认为正是由于人类对自然的改造，才造成了今天的环境问题和生态问题，然而自然界不加改造人类就无法生存，不开荒就不能种田，不建居所就无处安身，改造是技术活动的永恒主题，在人与自然的关系上，人永远是个"人类中心主义者"，当然这里有个理性与非理性的问题。

二、科学革命、技术革命与科学技术革命

科学与技术的发展如同一切事物的发展那样，都经历了一个由简单到复杂的过程。科学知识和技术知识也是由浅入深、由表及里、由少及多。在这一过程中，当量的积累达到一定程度时会发生质的变革，使科学和技术达

到一个新的水平。因此，在对科学技术历史的研究中，有人借用了"革命"一词来描述科学技术的质变过程。"革命"是个政治学、社会学术语，在汉语中，"革"有除掉之意，"命"指生命，"革命"就是消灭、除掉之意。

（一）科学革命

"科学革命"最早是美国物理学家库恩（T.S.Kuhn）于1962年提出来的，他用"科学革命"一词描述20世纪初相对论、量子力学和原子结构理论的产生使经典自然科学向现代自然科学转变。他将科学的发展过程表述为：

前科学→常规科学→反常（物理学危机）→科学革命→新的常规科学

他将古代的科学称为前科学，近代科学（经典自然科学）称为常规科学，认为19世纪末的"物理学危机"[①]导致了"科学革命"，即突破经典物理学思维观念的相对论、量子力学和原子结构学说的创立。在新的科学观念下，经典物理学的适用范围得到限定，许多自然现象得到新解释。他将由此产生的20世纪的科学称为"新的常规科学"。

在库恩的"科学革命"思想启发下，中国学界在20世纪80年代提出如下的科学发展模式：

古代科学→近代科学革命→近代科学（经典科学）→物理学危机→现代科学革命→现代科学

---

① 指19世纪末，物理学界对传播光的介质探讨的失败、电子的发现、放射性的发现与经典物理学认为原子是物质的终极粒子的矛盾，以及热辐射的量子现象与经典物理学认为辐射应当是一种连续现象的矛盾等。

这一科学发展模式似乎可以更好地说明科学的发展过程，与库恩不同的是，这一模式认为从古代到近代经历了由哥白尼（N.Copernicus）、维萨留斯（A.Vesalius）、伽利略（G.Galilei）所开辟的"近代科学革命"，在近代科学革命基础上发展起来的科学，称作"近代科学"或"经典自然科学"，相当于库恩提出的"常规科学"。

科学革命概念传入中国后，在两种情况下使用：其一，如上所述，指科学历史上科学观念、科学理论、科研方式的巨大变革；其二，指具体学科发展中的变革，如物理学革命、生物学革命、天文学革命。

（二）技术革命

在技术发展中，人类对技术不断地进行改进的过程，是一个渐进缓慢的过程。主要的技术手段经历了如下的进化模式：

简单工具 →复杂工具→ 机器 →自动化生产体系

在这一发展过程中，当某项重大的关键性技术如何改进也无法满足社会需求时，一些发明家会用新的技术原理创造新的技术手段，使技术发展进入革命性的发展阶段，由此引起整个社会技术基础的变革，这一过程称为"技术革命"。"技术革命"这一术语20世纪50年代在中国曾作为一个政治口号使用过，如"大搞技术革新与技术革命"，后来为历史学、社会学、经济学界所采用。

由于技术的历史和人类起源一样悠久，学界一般仅研究近代技术兴起后的重大发明引起整个技术基础的变革过程，即近代以来的技术革命。

近代以来，由于一项占有主导地位的技术变革而引起整个技术体系变革的情况有三次，即蒸汽动力技术革命、电力技术革命和信息控制技术革命。第一次蒸汽动力技术革命引起了社会生产的机械化，即用机器生产取代传统手工业以工具为主的生产方式，由此出现了工厂制，发生在18世纪中叶，是伴随英国产业革命而同步发生的；第二次电力技术革命发生于19世纪后半叶电磁学理论不断成熟时期，以电力的广泛应用为特征，引起了社会生产和社会生活的电气化；第三次信息控制技术革命发生于20世纪70年代，随着微电子技术、计算机技术的进步，电子控制成为这一时期技术发展的核心问题，由此导致了社会生产、生活和管理的自动化。[①]

　　构成自然界的基本因素是物质、能量和信息，而构成技术的基本因素是材料、动力和控制，三者有十分明显的应对性。

　　在技术的基本结构中，材料技术、动力技术、控制技术诸因素在技术发展的不同历史时期，所处的地位不同，达到的水平不同，三者间的这种不平衡性是导致技术发展中主导技术更迭的主要原因。如果把技术的历史追溯到近代技术产生之前的古代，这个问题可以更为清楚，表1描述的是历史上主导技术更迭的因素。

表1　历史上主导技术更迭的因素

	古代	近代	现代
材料	石器加工、金属冶炼	铁及其合金	人工材料、地球存在的各类元素
动力	人力、畜力、自然力	蒸汽动力、电力	电力（化石能源、原子能、自然力）
控制	人工控制	机械控制、机电控制	信息控制（电子计算机、微电子）

---

① 姜振寰：《近代技术革命》，科学普及出版社1985年版。

在古代，材料及其加工技术占有明显的主导地位。将古代历史分为石器时代、青铜时代、铁器时代已为史学界所认同。古代技术活动中的动力主要是人的体力和畜力，后来还利用自然力（风力和水力）。蒸汽机、内燃机出现后，风力和水力都成为次要的动力形式。古代人的技术活动，只能是人工控制，受人脑支配。

18世纪中叶后，瓦特（J.Watt）设计的行星齿轮机构和后来曲柄连杆机构的采用，使原来只能进行往复直线运动的蒸汽抽水机，成为可以在任何场合使用的"万能动力机"，形成了以"蒸汽机"为主导技术的主导技术群，由此使技术的历史进入近代第一个时期。在这一过程中，工厂的出现、生产的机械化、铁路的普及，使社会生产力突飞猛进。铁和铁合金（钢）成为主要的生产材料，控制方式也从机械式到后来的机电式，由此开始了社会生产的机械化。

19世纪中叶后，近代技术进入了第二个发展时期。蒸汽动力虽然已经成为当时生产的基本动力，但其效率不高、结构笨重、动力传动方式复杂等弊端制约着大工业生产的发展，由于当时电磁学的进步，电力技术革命开始产生，到19世纪70年代后已开始部分取代蒸汽动力。到19世纪末20世纪初，随着水电技术、热电技术、电工材料和送变电技术的进步，电力技术已经成为这一时期的主导技术，由此开始了社会生产和社会生活的电气化。

电能是由一次能源转换得到的二次能源，它在能源的合理开发、输送、分配方面起着中介作用，它使人类可以更广泛、更方便、更有效地利用一切能源。因此，从能源动力变革的角度看，电力技术革命是蒸汽动力技术革命的继续，是能源动力技术革命的更高阶段，它奠定了当代能源利用方式的基础。

进入20世纪后，材料、能源已多元化，所不足的恰在于"控制技术"。因此，20世纪以来技术发展的基本趋势是，以电子计算机、微电子技术为核心的信息控制技术向一切生产、生活和社会领域渗透，以实现其最优化和综合自动化，这种渗透正在从根本上改变传统生产、生活和社会的面貌，开始了社会生产、生活和管理的自动化。

综上所述，古代技术中起主导的是材料方面的变革，近代则是动力技术的变革，而现代主要体现在控制技术方面的变革，由此也揭示了主要技术手段由工具到机器再到自动化生产体系的发展过程。

（三）科学技术革命

对科学技术革命（简称"科技革命"）的系统研究，起源于20世纪60年代后的苏联及东欧。

自英国物理学家、科学史学家贝尔纳（J.D.Bernal）在20世纪50年代初提出现代是科学技术革命的时代以来，这一思想首先在东德、捷克、波兰等国引起反响，后来在苏联得到进一步发展。由苏联政府倡导、组织的这一研讨，其波及面之广、讨论时间之久在苏联学术史上也是罕见的。讨论的许多成果和结论在苏共领导人的讲话中多次被引用，直接影响到苏联及东欧各国科学技术政策的制定和执行。

苏联对"科学技术革命"的系统研究是自1962年兹沃雷金（A.A.Зворыкин）编著的《技术史》一书出版后开始的。同年，在隶属苏联科学院的自然科学与技术史研究所中增设了"现代科学技术革命研究部"。1964年在莫斯科首次举办了全国性的讨论会，后来又多次举办这方面的学术会议，有时还与东欧各国的研究者举行联合讨论会。这些会议主要探讨的问题是：科学技术革命与社会生活的关系、科学技术革命讨论中的有关术语问题、苏联技术发展的特点、科学向社会生产力转化机制等问题。苏联学界经过长年的研讨，形成一致的观点：现在为了使机器工厂制生产向综合自动化生产过渡，不仅是技术，科学方面的新发展也是必要的。这就不仅要求技术革命，也需要科学革命。由于这两种革命密切地结合在一起，而且有共同的原因和结果，因此现在既不是单纯的技术革命，也不是单纯的科学革命，而是科学技术革命。

20世纪80年代后，苏联学术界开始注重将前一阶段的研究成果应用于科学技术政策、人的全面发展、技术预测、加速科学技术进步的经济社会问题等社会实际领域，而且"科学技术革命"（Научно-Техническая Революция）这一术语逐渐被"科学技术进步"（Научно-Технический Прогресс）所取代。

苏联对"科学技术革命"的讨论，由于受意识形态的影响而存在着一些问题：第一，将人类两种不同性质的活动人为地加以捏合，提出的"科学技术的发展已汇合成一股统一的过程""科学与技术在这次革命中已经融为一体"等结论过于武断，脱离现实；第二，许多研究者认为这次革命只发生在社会主义的苏联，而无视发达国家正在兴起的新产业革命和新技术革命，使研究本身陷入主观唯心主义意识之中，研究的客观性受到损害；第三，许多研究文章用了较大的篇幅赞美苏联社会主义制度对促进科学技术发展具有优越性，更用了相当篇幅揭露批判资本主义、帝国主义对科学技术发展的扼杀，使得学术研究政治化、官场化而缺乏科学性、合理性。

三、产业革命与产业结构的变革

（一）产业与产业革命

产业也有广义与狭义之分，广义的产业指人类活动的一切部门，狭义的产业主要指与社会生产相关的部门。

人类历史大体经历了采集渔猎、游牧、农耕畜牧、工业和信息时代。采集渔猎及游牧时代十分漫长，人类还处于原始野蛮社会中，因此历史上多从农耕畜牧（农业社会）后作为研究对象，这一时期各民族生活相对稳定，社会形态逐渐完整，且有了文字。

在社会生产相关的产业结构中，总会有一大类产业居于主导地位，其他产业无不以它为基础而存在，如在农业社会中的农业，工业社会中的制造加工业。当社会发展到一定程度这一主导产业发生更迭时，则发生了产业革命。或者说，产业革命是指产业结构中主导产业更迭的过程：

农业社会→**产业革命（工业革命）**→工业社会→**产业革命（信息革命）**→信息社会

从农业社会向工业社会的过渡发生于18世纪的英国，史称"英国产业革命"，由于这次产业革命是人类社会从农业社会向工业社会的过渡，也称"工业革命"。产业革命在英国发生后，很快向欧洲、美洲、亚洲各国推广，这一过程称作"工业化"。产业革命的技术基础是技术革命，因此，工业化经历了近代三次技术革命所导致的机械化、电气化和自动化三个阶段。

20世纪70年代后，一批新兴的产业兴起，以电子计算机、微电子技术为代表的新兴技术使社会生产、社会生活及管理经历了深刻的变化，这一变化学术界称作"信息革命"。这是一次新的产业革命，是信息产业在社会产业结构中逐渐取代工业占据主导地位的过程。

（二）产业结构变革

在产业结构的演变中，英国经济学家克拉克（C.G.Clark）于1940年出版《经济进步的条件》（*The Conditions of Economic Progress*）一书，他以配第（W.Petty）的研究为基础，将产业划分为第一产业、第二产业和第三产业。第一产业指人类从自然界直接获取物资的产业，包括采矿、农牧渔业；第二产业指人类将采自自然界的物资进行加工、制造的产业，也称制造加工业，即工业；第三产业指为第一、二产业服务的其他产业，包括科研、教育、卫生、通信、金融、医疗、商业、公用事业、个人服务等。他对40多个国家和地区不同时期三次产业的劳动投入产出资料进行了整理和归纳后发现："在这一领域里，有一个简单的但范围和影响深远的趋势，即随着时间的推移，作为朝更为经济的方向进步的结果是，在农业中就业人数相对于制造业中的就业人数趋于下降，接着制造业中相对于服务业的就业人数也趋于下降。"这就是经济学界有名的"配第-克拉克定律"。这个定律说明了三次产业在产业结构中的主导地位的逐次更迭趋势，一些发达国家的情况可以很好地说明这一问题。

表2 美、日、英三次产业就业结构变化　　　（单位：%）

	第一产业		第二产业		第三产业	
	1960年	1975年	1960年	1975年	1960年	1975年
美国	8.2	3.3	34.5	28.3	57.3	68.4
日本	32.5	12.7	27.7	35.3	39.8	52.0
英国	2.7	1.8	49.2	40.5	48.1	57.7

资料来源：《世界经济统计简编1978》，生活·读书·新知三联书店1979年版。

四、为什么要学习科学技术史

英国历史学家汤因比（A.J.Toynbee）提出，传统的历史学研究方法大体有三种：第一种方法是发掘考证和记录历史史实，这可以称为历史方法或史料学的研究方法；第二种方法是根据史实（主要表现为经过一定的考证或者核实的史料）进行各种比较性研究，归纳分析以阐明一些"法则"性的内容；第三种方法是根据史实及其逻辑关系，以及一定的历史背景线索，通过"虚构""想象"等手法，编撰出类"故事"情节，进行历史的、艺术的再创造，以完成历史的撰写。显然，本书的编写属于第二种和第三种的结合。

这里有一个基础性的问题：历史是什么？严格地讲，在宇宙的时空中，时间可以用一条由过去指向未来的轴线来表示，过去与未来的交接处是一个由过去向未来匀速移动的点，它的移动使未来变成过去，这个点就是现在，"现在"是一个无限小的瞬间。对过去事件的记述和描述就是历史。

当代社会是一个科学技术迅猛发展、一切社会活动都建立在以现代科学技术为基石的社会基础之上的。科学技术史的学习，其意义可以归结为如下五个方面。

第一，学习科学技术史可以扩展学习者的知识面。当代的大学教育更注重的是专业知识的学习，学理工的缺乏人文社科方面的知识，学习人文社科专业的缺乏科学技术方面的知识，而且无论理工还是人文社科，都有进一步的学科划分，相互之间隔行如隔山，所体现的多是单科独进，而不是在广泛的知识背景下的专业突进。这样培养的学生知识单一，很难适应当代学科既分化又综合的发展趋势，而且没有相关学科的辅助，也不容易在本学科领域取得创新性成果。

第二，历史上的科学发现与技术发明，是我们先人智慧的结晶，其中有许多值得研究和探讨的经验教训。为什么苹果下落会引发牛顿研究并发现万有引力定律？为什么一个年仅26岁的伯尔尼专利局小职员，会跳出经典物理观念的羁绊而发现了相对论效应？在科学技术的历史中，有许多对我们、对后人颇具启发性的问题值得我们去研究、去探讨。

第三，科学技术发展中所蕴含的科学思想、技术思想、哲学思想会提高学习者自身的文化素养和哲学素养。较高的文化素养和哲学素养正是当代社会对人特别是对知识分子的基本要求。历史知识是现代人应具备的基本知识，传统的历史主要指社会史、政治史、军事史。事实上，科学技术史是一切历史的基础，没有相应的科学技术的进步，人类不能从远古走到今天，或者说远古人的蒙昧状态会一直延续至今。不知历史就很难理解现实和把握未来，历史知识教人聪明而避免愚昧。

第四，科学技术史本身即是一部文化史，一切文学艺术都是在一定的政治、社会背景下出现的，其中科学技术的作用十分重要，甚至是基础性的，因为许多科学概念与技术成果都是文艺作品的核心内容，而且没有相应技术的发展，没有广播电台、扩音机、摄影机、电光源、印刷机、计算机的发明，现代的书报、影视、多媒体就不可能出现。因此，学习科学技术史有助于我们对历史及现代各种文化现象的把握和理解。

第五，科学技术史的学习同学习其他历史知识一样，可以起到以史为鉴的作用，这个"鉴"就是吸取古人的经验与教训。在当代，任何一件较为复杂的事件的决策过程一般为：

在这一过程中，历史知识是必不可少的。在一般情况下，历史知识会潜移默化地影响我们的行为。

第一章

人类的诞生与古代文明

地球虽然已有46亿年的历史，但是人类的起源距今仅400万年左右，而现代人种的出现约在10万年前。[①]人类经过漫长的进化，由被动地适应自然环境，逐渐学会利用双手去制造工具、营造住所、培育农作物、训育牲畜，从而主动地去改造自然，不断地创造更适合人类生存和发展的环境。到公元前4000年以后，出现了人类最早的文明地区。

一、地球的自然史与人类的起源

（一）地球的演化与生物的进化

　　按现代宇宙论，整个宇宙起源于大约150亿年前的一次"大爆炸"，物质世界由此开始形成。爆炸的核心部分是高温下形成的重物质，外部是氢。爆炸几十亿年后开始形成星系，作为太阳系八大行星之一的地球大约形成于46亿年前，是由太阳周围的宇宙尘埃，即气体星云在引力的作用下凝聚而成的。

　　地球是人类目前所知道的宇宙中唯一适合生物生存的星球。

　　从地质学的角度，地球的演进经历了太古代（距今25亿年前）、元古代

---

① 亦有人认为大约在4万年前，参见［美］菲利普·李·拉尔夫等：《世界文明史》上卷，赵丰等译，商务印书馆1998年版，第6页。

（距今25亿—5.7亿年）、古生代（距今5.7亿—2.5亿年）、中生代（距今2.5亿—0.65亿年）和新生代（距今6500万年至今）。古生代后的各代又分为若干个纪。

在太古代，地球表面出现陆地和海洋，原始水圈中出现原始细菌类生物。

在元古代，地球收缩，自转加速，在两极压力和自身惯性力的作用下，地球表面成为一整块的原始古陆，水中出现藻类。距今6.5亿年前，原始古陆裂开形成大西洋，靠近北极的澳大利亚大陆向赤道漂移。

在古生代，地壳运动剧烈，距今5亿—3亿年间，地球膨胀，自转减速，形成南方古陆，澳大利亚大陆由赤道向南极漂移。此间，大陆多次被海洋大面积浸没。在海洋中，从早期无脊椎动物、水母、三叶虫逐渐进化出软骨鱼类、硬骨鱼类。在陆地上，出现了原始爬行类巨蜥及原始昆虫。在植物方面，距今5亿年前出现了蕨类植物，距今3.5亿年前出现了地钱植物，距今2.5亿年前出现了裸子针叶植物。

在中生代，地球收缩，自转加速，海陆交替频繁，在2亿年前南方古陆分裂成非洲、南美洲等大陆。距今1亿年左右，现存的海陆格局形成。在中生代，动植物种类繁多，出现了始祖鸟、鸭嘴兽和有袋类动物，恐龙类爬行动物兴盛。到白垩纪，在动物方面，原始哺乳类、鸟类等热血动物出现，大型爬行动物灭绝；在植物方面，银杏、菊石类及裸子植物兴盛。到中生代晚期，被子植物和显花植物大量出现。

距今6500万年开始的新生代，由于时间太短，海陆格局没有太大的变化，在陆地上现代高山开始形成，褐煤、石油也开始形成。距今300万年的更新世，地球北半球曾有过四次被大冰川覆盖的冰河期，出现了冰河期和两次冰河期之间的间冰期。淡水鱼、哺乳类动物大量出现，动物和植物向现代的动物群和植物群过渡。

生物起源大体经历了四个过程，首先是以简单的无机化合物形成碳氢化合物及其衍生物氨基酸、嘌呤、嘧啶、核苷酸等有机小分子，继而从有机小分子生成复杂的有机大分子核酸、蛋白质等，再由有机大分子形成生物多分子体系，最后由生物多分子体系演化出具有新陈代谢和自我繁殖能力的原始生物。这种生物的起源既可以在地球上发生，也有可能来自宇宙。

（二）人类的起源与进化

关于人类的起源，在很长时期内各民族都编造出各种神话加以说明，直至19世纪中叶达尔文进化论提出后，科学的人类起源学说才逐渐地建立起来，"人类是由古猿进化而来的"已成为常识。

1809年，法国博物学家拉马克（J.B.Lamarck）的《动物哲学》（*Philosophie Zoologique*）出版，在书中，他最早提出生物进化及人是由猿进化来的思想。1859年，英国生物学家达尔文（Ch.R.Darwin）发表其生物进化论的经典著作《物种起源》（*The Origin of Species*）。1868年，德国动物学家海克尔（E.Haeckel）在其《自然创造史》（*Natürliche Schöpfung-Gsgeschichte*）一书中，预言了在东南亚有可能发现联结人与猿的中间动物。1871年，达尔文发表《人类的由来及性选择》（*The Descent of Man and Selection in Relation to Sex*），提出了人猿同祖论，论证了人类与类人猿的亲缘关系，认为人类是由古代的一种类人猿进化来的。达尔文等人提出的关于人类起源的学说，不仅推翻了当时欧洲学术界广为流传的关于人类起源的"神创论"[1]和"物种不变论"，而且以全新的生物进化思想震动了西方世界。在这一基础上，恩格斯（F.Engels）认为，由于直立行走使人的手获得自由，由此产生了劳动，而劳动又使人类进行社会性协作，在这种劳动分工中产生了语言，大脑以及各器官随之发展。由于意识、抽象思维能力和推理能力的发展又对劳动和语言产生反作用，进一步促进了劳动和语言的丰富和发展。[2]

---

① Creationism，中世纪欧洲流行的一种学说，认为自从上帝创造万物后，地球上的生物就没有再发生变化。
② ［德］恩格斯：《自然辩证法》，中共中央马克思恩格斯列宁斯大林著作编译局译，人民出版社1971年版，第153页。

此前，1856年在欧洲的尼安德特峡谷中发现了一具古人类化石（尼安德特人），受海克尔的启发，荷兰人类学家杜布瓦（E.Dubois）于1891年在爪哇发现了古人类的头盖骨和牙齿化石，1894年，他将这个人猿之间的生物命名为直立人（Homo erectus）。

图1-1　达尔特

进入20世纪后，人类起源与进化的脉络在众多考古学家和古生物学家的努力下，逐渐明晰。1924年，在南非一个叫塔翁（Taung）的地方，采石工人发现一个似人的头骨，送给约翰内斯堡大学的达尔特（R.A.Dart）教授鉴定，达尔特教授认为这是一个距今约400万—300万年间6岁左右的似猿似人的动物头骨，定名为南方古猿（Australopithecus）。1959年，英国考古学家利基夫妇（L.S.B.&M.D.Leakey）发现距今175万年前的东非猿人头盖骨化石，是介于南方古猿和直立人的中间类型，路易斯·利基把这个新类型命名为能人（Homo habilis），作为人属的第一个早期成员。1974年后，考古学家们在非洲又发现了距今400万年前的南方古猿化石及遗迹。

南方古猿是目前所知人猿分离后最早的类人猿，是人类的始祖。从南方古猿分化出不同的种群，大都已经灭绝。

关于现代人种的起源问题，有多源说和单源说两派。多源说是最早研究北京猿人而著称的德国人类学家魏敦瑞（F.Weidenreich）提出来的。他认为，当代人种是在地球上某些特定地区发展起来，后来向周边地区扩散，替代或融合当地的原始人群而形成的。单源说认为，人类的直系祖先是300万年前在东非进化而成的。美国加州大学伯克利分校三位分子生物学家卡恩（R.L.Cann）、斯通金（M.Stoneking）和威尔逊（A.C.Wilson），选择其祖先来自非洲、欧洲、亚洲、中东、巴布亚新几内亚和澳大利亚的147名土著妇女，通过对其婴儿的胎盘细胞线粒体中遗传物质mtDNA的研究，认为现代人都

图 1-2 人类进化阶段，自左至右：猿人、能人、直立人、智人、现代人

是起源于 10 万年前东非的一个黑人妇女，她的后代遍布世界各地并取代了其他原始人。1987 年，他们在英国《自然》(Nature) 周刊上发表论文《线粒体 DNA 与人类进化》(Mitochondrial DNA and Human Evolution)，提出这一论断。这是典型的人种起源"单源说"，这一学说已经得到学界的支持。

20 世纪 60 年代后，先进的年代测定手段应用于考古学，人类进化的时间尺度可以更为精确地被确定。在距今 200 万—30 万年间，类人猿从以树上生活为主逐渐演变为以地上生活为主，手脚分化而进化到直立人阶段，这些直立人比现代人稍矮，直立行走，已经掌握了人工取火和制造石器，这些人已经扩展到亚洲和欧洲。目前发现的有公元前 50 万年前的爪哇猿人（1891年发现）、海德堡猿人（1907 年发现）、北京猿人（1926 年发现）等，其他的一些发现，如中国的云南元谋人及陕西蓝田人，可以证明直立人在 150 万年前已经分布在亚洲了。直立人后来进化到早期智人阶段（距今 30 万—10万年），智人的大脑容积加大，智力迅速发育，目前发现的这一时期的人类化石较多、分布地域很广，主要有尼安德特人、罗德西亚人、巴勒斯坦人、克罗马农人以及中国的山顶洞人、丁村人、马坝人等。距今 10 万年以后，人类进化到晚期智人阶段。

距今 7 万多年前，东非的一些晚期智人部落进入中东，后又进入中亚、欧洲、西伯利亚和东亚、美洲，遍布世界各地，逐渐形成现代的人种，即白种的高加索人种（又称欧罗巴人种）、黄种的蒙古利亚人种和黑种的尼格罗－澳大利亚人种。在20世纪中叶前，曾将美洲印第安人列为第4个人种——红种人，后来考古发现印第安人是在距今4万—2万年间一批蒙古利亚人越过白令海峡由亚洲迁徙到美洲的。几乎在同一时期，在亚洲东南部的原始居民通过当时可能是完整的陆桥而抵达澳大利亚。也有人将尼格罗－澳大利亚人种再分为黑种人和棕种人。

二、人类早期的技术发展

（一）石器时代

原始人最初只是简单地以采集植物果实，挖掘植物的地下块茎，捕捉动物为食。为了获取食物，与野兽和其他猿人搏斗，他们学会了使用石块和木棒，从而加强了手的独立性和灵活性，逐渐学会了对石块、木棒的加工改制，以制成适用的武器或工具。大脑的不断完善，双手灵巧程度不断提高，经验不断积累，使古人类的生存能力不断增强，种族得以延续。[①]

人类最早制造工具所使用的材料，只能是在自然界中易于获取的，特别是石料。考古学家按所发掘出土的古人类的石制工具加工方法和形制，把人类早期的生产活动分为旧石器时代（距今200万—1.2万年）、中石器时代（距今1.2万—0.7万年）和新石器时代（距今0.7万—0.4万年）。由于中石器时代特征不十分明显，也有人将石器时代分为旧石器和新石器（距今1.2万—0.4万年）两个时代。在不同的文明地区，时间上会有很大的差异。[②]

---

① ［英］赫·乔·韦尔斯：《世界史纲——生物和人类的简明史》，吴文藻等译，人民出版社1982年版。
② 1865年，英国考古学家卢伯克（John Lubbock，即 Avebury 勋爵）在《史前时代》（*Prehistoric Times*）中将古代分为石器、青铜、铁器三个时代，将石器时代又分为新、旧两个时代。

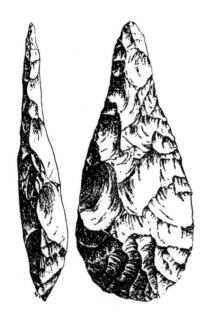

图1-3　手斧

事实上，古人类在工具制造上并不仅仅使用石料，还使用各种兽骨及木料，木器在人类早期生活中，肯定曾起过重要作用。[①]用兽骨制成的鱼钩、骨针等在整个石器时代都在使用，只是这类材料易腐坏而很难留存至今，因此，考古发掘中发现的主要是石器。

旧石器时代石器的制造方法以打制为主。在旧石器时代，使用广泛的工具被考古界称作手斧，这是一种打制的像杏核那样的工具，在世界各地均有出土。这种手斧既可以挖掘植物根茎、动物地穴，也是一种进攻性武器，可以用于捕猎和与动物搏斗。

旧石器时代中期，虽然大量使用了剥片石器，但仅作为加工木器的特殊用途，如刮削木棒、木扎枪，应用还很不普遍。旧石器后期，发明了石刃法，即将一块石头打成许多带刃的薄石片，再进一步加工成石锥、石刀等工具。石刃法有间接打击和碰击法两类，所用的材料多为打裂后容易形成锋利边缘的黑曜石、燧石等。

中石器时代出现了制作精巧的细石器，石刃法得到广泛应用，更制作出许多精细的小型工具和物品，例如石制的箭镞、扎枪头及捕鱼的鱼叉头等。这一时期开始使用带木柄的石斧、石镐等，利用这些工具可以有效地砍伐树木，制造圆木，加工木舟、木桨以及建造房屋。在西亚还出现了石镰。

中石器时代的一项重要发明是石器穿孔法。最初的石器穿孔是在石器两端用石槌打出锥孔，再用石锥旋转研磨钻孔，在研磨中要使用沙子和水。

_____

① ［英］查尔斯·辛格等主编：《技术史》第1卷，王前、孙希忠主译，上海科技教育出版社2004年版，第91页。

到新石器时代发明了管状锥，后来发展成用弓杆和皮条制成的弓钻。

这些工具的发明和进步，为人类的定居、劳动效率的提高、村落的形成提供了条件。由于工具的进步，在中石器时代原始的农耕和畜牧开始出现。

> 旧石器时代——石器打制、剥片，人工用火，弓箭发明
> 中石器时代——石器打制、剥片、研磨，弓箭应用，渔猎，
> 原始农耕畜牧
> 新石器时代——石器打制、剥片、研磨，纺织，制陶，农耕
> 畜牧，村落形成

在新石器时代，石器加工广泛使用了研磨技术。在西亚的早期农耕遗迹中，出土了大量用于农耕和木材加工的磨制石器，如大型的磨制石斧，中间带孔的环石、石锹等。环石是套在掘棒的头部以强化挖掘能力的石制工具，是当时穴种的重要工具。磨制石器的石材（石料）多采用容易研磨的玄武岩、闪绿岩等由细粒构成的火成岩或变质岩，研磨工具则用砂岩。

由于农耕和畜牧业的发展，工具的需求大为增加，由此产生了专门从事采石和制作石器的工匠。新石器时代后期，人类开始使用金属，进入金石并用时代。

（二）人工取火与火的利用

目前，人类最早用火的遗迹是在北京郊外的周口店发现的，距今大约在60万—50万年间。

瑞典地质学家安德松（J.G.Anderson）在担任中华民国农商部地质调查所顾问时，1921年和奥地利古生物学家师丹斯基（O.Zdansky）等人，对周口店附近的山洞中距今40万年的洪积世地层进行考古发掘，于1926年发现2颗古人类牙齿化石。在洛克菲勒财团资助下，于1927年又发现了第3颗古人类牙齿化石。1928年，中国地质学家李捷、考古学家裴文中等人参加了

挖掘工作，又发现古人齿化石和下颚骨化石多件。1929年，在裴文中的努力下发现了完整的古人类头盖骨，后来又出土了5个头盖骨和7个大腿骨及一些碎骨片化石。但是在抗日战争中，这些珍贵的古人类化石在为躲避战乱运往美国途中遗失。

在发现北京猿人的同时，还发现了大量烧焦的骨灰及木炭，最厚的灰层达6尺，说明火在这里燃烧过很长时间，也说明北京猿人不仅懂得用火，还掌握了火的保存办法。

野生动物是怕火的。原始人从怕火到接近火，经历了一个漫长的历史过程，这一过程大体经历了四个阶段：接近火、玩火、短时或偶然用火、经常用火。人类多次接触火，了解了火的特性，才有可能学会人工取火和火的保存技术。为了用火和保存火，原始的"炉子"被发明出来。[①]

通过对北京猿人的遗物考证可以知道，北京猿人已经用火照明、取暖、烧制食物和防御野兽了。美国地质学家鲍威尔（J.W.Powell），通过对西班牙布洛纳峡谷的遗迹考察认为，当时猿人已学会用火围扑野兽，他们在峡谷中燃火，并用火把驱赶野兽。[②]

古代人的发火方式有两类，即摩擦发火和火花式发火。日本女子营养大学人类学实验室曾对古代人的各种发火方式做了复原实验，结果发现发火时间比人们一般预料的要快。摩擦式发火的关键是要使摩擦产生的木粉振动起来，这些木粉因高温可在10～40秒内发火；火花式发火的关键是要有在打击下能发火的火石（燧石、黄铁矿石），干燥易燃的引火用的木绒，一般打击1～2下即可发火。[③]

古代人的人工发火技术一直流传到现在，南非布须曼（Bushman）的土著人用捻钻的方式大约1分钟内即可发火，新几内亚土著居民拉动一根绕在干树枝上的藤，在30秒内即可发火。

人工取火和用火，是人类进化史上的重要事件，对人类生活条件的改

---

① ［日］岩城正夫：《原始技術史入門》，新生出版社1976年版，第66页。
② ［日］寺田和夫、日高敏隆：《人類の創世記》，講談社1973年版，第207页。
③ ［日］岩城正夫：《原始時代の火》，新生出版社1977年版，第136～139页。

善起了重要作用。火既可以取暖、防御野兽，又可以烧制食物，使古人类从生食向熟食过渡。熟食不但扩大了人类的食物范围，防止因细菌所致的各种疾病，还可以使人吸收更多的营养，促进大脑和肌体的发育。用火还可以制造陶器，以保存食物和水，也正是由于火的利用，陶器被烧制出来，人们更发现某些石块（矿石）会因加热变软，甚至融化，由此导致原始的金属冶炼技术的产生。

（三）制陶、纺织与制革

1. 制陶

距今1万年左右，古代人已经知道黄土烧制后会变硬。在许多地方，陶器是由于古代人在编制的木器或竹器、藤器上涂黏土想使之耐火而发明的。古代人最早的熟食方法是用黏土涂于用植物编织的容器表面，倒入水再放进烧热的石块，靠石块烫水将食物煮熟。

最初，陶器是用手工控制成型的，在揉和黏土时，为了去除黏土坯中的空气，需要用各种工具压揉。为了在干燥过程中不开裂，则掺入沙子或植物纤维，成型干燥后烧制。早期的陶器是露天烧制的，温度在600～800℃之间，陶坯受热不均，且不易烧透，成品多呈红褐色、灰褐色、黑褐色。

陶窑和陶轮的发明使制陶技术有了巨大的进步。

在伊朗南部出土了公元前4000年左右的圆形竖穴陶窑。陶窑可以使陶器与火分开，这不仅可以节省燃料，每次可以烧制大量的陶器，也可以使热量集中、火力均匀，形成高温，而烧制出质量更高的陶器来。用窑烧制的

图1-4　用陶轮制造陶器（公元前1800年）

陶器，色泽好且有很好的硬度和耐水性。

陶轮是在公元前3500年左右出现的。现存最早的古代陶轮是公元前3250年左右用黏土制成的，是一种质量很大的圆盘，在旋转处涂有沥青。使用陶轮可制成各种圆形容器，提高了制作效率。公元前2000年左右，出现了专门制陶的作坊。到公元前700年左右，各地已经广泛使用快轮制陶法。

陶器的使用对原始村落的形成和古代人的定居生活有着重要作用。陶器可以用于储藏食物和水，更是人们煮制食物的重要器具。陶窑的发明，使古代人逐渐掌握了获得高温的技术，为金属冶炼技术的出现提供了条件。

2. 纺织

人类最早的衣物是用兽皮制作的，后来才使用树的韧皮、棉麻等天然纤维以及牛羊毛等动物纤维纺织成的平织物制作衣服。现存最古老的纺织物是在埃及的法尤姆（El Faiyum）及拜达里（El Badri）两处公元前5000年的遗迹中出土的，是一种亚麻平织物。在北欧还出土了公元前2500年左右的平纹亚麻织品。公元前3000年，埃及、美索不达米亚①、巴勒斯坦一带主要使用亚麻，印度则使用当地出产的一种木棉为纺织材料。公元前1000年左右，印度已经有了栽培种的棉花，美洲大陆大约在公元前2000年就培育出栽培种的棉花。

印度棉花在成书于公元前425年的罗马历史学家希罗多托斯（Herodotos）的《历史》（*Historial*）及博物学家普林尼（Plinius）的《自然史》（*Naturalis Historia*）中均有记载。羊皮及羊毛在埃及被认为是不洁之物，羊毛织物最早在公元前1000年出现在斯堪的纳维亚，后传至希腊、罗马。同一时期，亚麻传至中欧，后来传至希腊和罗马。

纺纱是将抽出的纤维并和成纱线的过程。最早的纱线是手工搓捻成的，将纤维抽出并捻成纱线的方法经历了不用工具的纺纱（线）法（手捻法）及手工使用纺锤（锭子）的纺纱（线）法两个阶段。在欧洲，后一种方法一直

---

① 源于希腊语Μεσοποταμία，指幼发拉底河和底格里斯河之间的地域。

图1-5 卧式亚麻织机（公元前1900年）

延续到13世纪。纺纱的纤维主要是麻、兽毛特别是羊毛以及棉花。纺纱时，纱线被拉出后缠绕在一个可以旋转的纺锤上，纺锤只是一个小棒，为保持旋转的动量，其下还有一个石制或陶制的锭盘，为了加强纱线的强度，有时将2～3根纱线搅和在一起。

最早的织布方法是在立木与织布者腰间，或横木与屋梁或两个横木间张拉经纱，用手工编织纬纱。公元前3000年左右在埃及出现卧式织机，公元前1400年左右在埃及开始使用将两根横木上下安置以张拉经纱的立式织机。与这两种织机类似的织机在一些游牧民族中现在也还在使用。公元前2500年左右，巴勒斯坦和古希腊使用一种用重锤张拉经纱的织机，但没有留传下来。

近代工场手工业作坊出现以前，纺纱织布一直是家庭副业，是专门由妇女们从事的工作。在公元前500年左右，埃及的亚麻布、印度的棉布、中国的丝绸和古希腊罗马的呢绒已达到相当精美的织造水平。西罗马灭亡后，罗马人开创的高水平的呢绒织造技术在欧洲开始衰退，但是在拜占庭帝国保存了下来。

波斯由于其所处的有利的地理位置，成为东方的中国、东南方的印度与西南方的拜占庭之间的贸易中心，纺织品、香料、象牙是东西方主要的贸易物资。

中国自汉代开辟了到达中亚的"丝绸之路"[1]后，这条贸易通路将中国的丝绸及瓷器等源源不断地运向中亚、近东及欧洲。6世纪中叶，印度僧人

---

[1] "丝绸之路"一词是1877年德国地质学家、旅行家费迪南·冯·李希霍芬（Ferdinand von Richthofen，1833—1905）在《中国》一书中提出的。

经由新疆把中国蚕种带到东罗马，此后欧洲也开始了养蚕和丝绸纺织。

3. 制革

在旧石器时代，古人类已经使用动物的生皮，然而，什么时间在什么地方用什么方法将这种坚硬而易腐坏的生皮变成柔软易保存的皮革，并不清楚。大概一开始是将兽皮干燥后用脂肪或动物脑进行鞣制使之柔软，这是后来制作鞣制皮革（羊、鹿等软皮）及抛光革方法的基础。另一种方法是将兽皮上的毛发去除后放于温暖湿润处令其表皮腐败，然后将表面的这层腐败层刮掉，只留用较软的真皮。

在旧石器时代的遗迹中，发现了剥兽皮用的骨刀和石刀，以及用油脂处理兽皮制成的皮革。生皮在湿润柔软的情况下，可以用硬的物体或湿沙子作为芯型，使之干燥后形成一定的形状，古代人应用皮革的这一性质制成了各种形状的盛装液体的皮革容器。在距今大约6000年的古埃及坟墓中，发现了用于加工革制容器的黏土芯型。用这种方法制成的皮革容器，干燥后很结实耐用，这种方法至今在苏丹、撒哈拉、埃塞俄比亚、印度等地仍在使用。

在古代，除上述方法外还用熏制法保存皮革，熏制皮革的作用与中国南方民间熏制腊肉的作用是一样的，一直到现在，因纽特人及北美印第安人也还采用熏制法保存皮革。

为了使皮革颜色变白，古代人很早就使用明矾鞣革漂白。现在已经发现了许多古埃及王国时代的白色皮革，这种方法在亚述、巴比伦、腓尼基、印度也很流行。古希腊人用这种皮革制靴，罗马人则在许多方面使用这种皮革，出现了一批鞣革及制造革带、马具、盾牌、葡萄酒袋、水袋、皮鞋的工匠。随着各部落、城邦间战争频繁，皮革被大量用来制作盾牌、刀剑护套、弓弦及箭袋。8世纪西班牙被阿拉伯人征服后，在本民族原有技术基础上又吸收了外来技术，发明了质量极为优秀的科尔多瓦革（cordwain），并染成各种颜色，在制成品上镶嵌金、银装饰。西班牙的皮件，特别是皮鞋在当时已名噪欧洲。

皮革在古代应用极为广泛，而且在生产和生活中都有很重要的地位。

在陶器发明使用前，已经使用生革成型的各种容器，此外还用革条编织衣物或用骨针缝制皮革衣服，用革纽带制成强韧的绳索。革制容器广泛用于狩猎、捕鱼、农业生产及日常生活中。到古希腊时代，用皮革制作衣服、鞋等日用品已相当普及，但主要是富人才用得起。古希腊的首领们都爱穿青色的皮外套，穷人穿的是木底皮鞋，而上流社会的妇女则穿一种用多层皮革制成的底厚达七八厘米的"高靴"。

无论是东方还是西方，几乎都在用皮革制作小船。这种船的历史相当悠久，从新石器时代一直延续到铁器时代。

三、从采集渔猎到农耕畜牧

（一）采集、渔猎技术

原始人最早靠狩猎、采集和捕捞为生，在历史上将这一时期称为渔猎时代，也称作采集时代，是人类历史中历时最久、占人类历史99.5%以上的时期。

原始人在漫长的渔猎生活中发明了各种工具。这些工具大体可以分为三类，其一是以打击为主的棍棒、投石器、抛石器等，其二是以刺杀为主的石刀、木矛、鱼叉、钓钩等，其三是围网、暗套、套绳、投绳等。[1]材质有木材、石材、兽骨、植物纤维等。捕鱼用的鱼叉和钓钩都带有倒钩。木矛和木棒是当时使用最为普遍的武器，到了中石器时代，原始人发明了带石制枪头的木矛和投枪器。投枪器可以投出数十米远，是人手投射的两倍

---

[1]　［英］查尔斯·辛格等主编：《技术史》第1卷，王前、孙希忠主译，上海科技教育出版社2004年版，第119页。

图1-6　捕猎（旧石器晚期西班牙岩洞壁画）

多。在旧石器时代还发明了一种在甩绳的一头拴1～3个石球，投出去可以缠住动物的颈或腿的捕猎工具。澳大利亚土著人发明了一种叫作"飞去来器"（boomerang）的投掷器，这种石制的片状的"飞去来器"投出去后若未击中目标，还会按原路飞回来。

弓箭大约在旧石器时代后期就已经出现。在法国、西班牙、北非的一些旧石器时代的岩洞中，有画有人持弓箭围猎的岩画。大约在中石器时代之后，弓箭广泛流行起来。目前出土的最古老的弓箭是在丹麦的霍尔姆加德（Holmegaard）出土的，属于中石器时代，用榆木制成的圆木弓长约140厘米，箭有1米多长，箭头上安有石制的箭镞，尾部绑有羽毛以保持箭在飞行中的稳定。后来为了增加弓的弹力，用动物筋制作弓，并在弓上开口以做瞄准用。此外，还发明了涂有动植物毒素的毒箭，以提高射杀效果。进入新石器时代后，箭镞是磨制的，形式亦多样化。

东南亚、印尼等地的一些土著人还发明了"吹箭"，这是一种人用口突然吹气作为发射动力的射远武器。箭很轻，长30厘米左右，箭头一般带蛇毒或植物毒素，吹筒制作精良，长2～4米左右，在50米内有很高的命中率。

弓箭的发明，是人类早期智慧的结晶，这是一种应用力学原理的复合型射远武器。恩格斯认为："弓箭对于蒙昧时代，正如铁剑对于野蛮时代和火器对于文明时代一样，乃是决定性的武器。"①

---

① 《马克思恩格斯选集》第4卷，人民出版社2012年版，第31页。

（二）农耕畜牧的起源

距今1万年前，由于狩猎技术和石器加工技术的进步，一些部族开始从狩猎采集生活向农耕畜牧生活过渡。总体看来，居住在草原地带的部族大都向畜牧过渡，居住在山泽、丘陵地带的部族大都向农耕过渡。

目前发现最早反映农耕畜牧的遗迹，是位于西亚"新月形"地区附近的一些山麓地带。在大约公元前6500年的西亚查尔莫遗迹中，出土了原始大麦和小麦种子以及用黑曜石、燧石制成的石锹、石杵等工具，还发现了山羊、绵羊、狗等家畜及尚未被驯化的猪、牛、马等动物遗骨；在伊朗、土耳其、叙利亚的一些公元前7000年左右的遗迹中，出土了单粒和双粒小麦栽培品种，说明这些地方已经在向农耕和饲养家畜过渡。

农耕的起源是单源还是多源，即农耕是从一个地区起源传至其他各地，还是从不同地区先后起源又互相传播融合的，目前还有争论。20世纪50年代，美国古农学家索尔（C.O.Sauer）认为，东南亚的根栽农耕是最早的，农耕是由东南亚向西亚、东亚传播开来的。日本的农史学者中尾佐助认为，农耕曾各自独立地起源于四个地区：起源于东南亚的根栽农耕文化、起源于非洲及印度的热带干草原农耕文化、起源于地中海气候带的地中海农耕文化、起源于中南美的新大陆农耕文化。[①]

起源最早的可能是欧亚大陆北半球的根栽农耕文化，掘棒是其主要工具，靠分根、分株或插枝进行繁殖。新大陆则培育出玉蜀黍、南瓜、菜豆、马铃薯、甘薯、木薯等，形成自己独特的农耕文化。热带干草原地区的原住民致力于各类杂谷的栽培，红豆、芝麻、葫芦等由野生变成农作物。地中海农耕文化主要种植大麦、小麦、豌豆、甜菜等，而且已经学会了对作物的人工灌溉（西亚、北非）。上述各文化圈中，唯有地中海农耕文化是农耕与畜牧并存的，在农闲期间，部落中会有组织地去放牧。

农耕是在人类早期经历了漫长的采集野生植物的基础上发展起来的。

---

① ［日］中尾佐助：《栽培植物と農耕の起源》，岩波书店1966年版，第17页。

图1-7　带条播机的犁（巴比伦，公元前2000年）

由于农作物有一定的生长期，从事农耕的人与土地密切结合，定居生活由此开始。农产品收获量较为稳定，人的劳动有了初步分工，家庭副业、家禽饲养成为农耕生活的重要补充。畜力的使用是农耕文化的产物，从事农耕的民族也饲养少量牲畜，而专门饲养牲畜的民族或部落，则经常用牲畜与农耕民族进行粮食及日用品、工具的交换，以物易物的早期贸易开始出现。

畜牧大约是与农耕在同一时期产生的，是早期人类的另一种生活方式。最早被人类驯化的是犬，是在欧洲被驯化的。牛是公元前8000年左右在现土耳其一带被驯化的，绵羊是公元前7000年左右在西亚的沙漠绿洲中被驯化的，水牛是公元前6000年左右在中国南方被驯化的，猪是公元前5000年左右在西亚和中国被驯化的，马是公元前3000年左右在中亚被驯化的。

关于畜牧的起源有宗教起源说和自然发生说（经济要求说）两种，看来畜牧的起源与宗教因素和经济因素都有关。东方许多民族常用牛做宗教仪式供品，牛在这里可能被驯化成家畜。在围猎中常会将整群的羊活捉进行喂养，以供随时食用。这样，这些动物依靠人的照料而生存繁衍，而人则食其肉和乳，并做供品用，这就形成了家畜与人的共生关系。从整群的喂养到整群的放牧，游牧民族（部落）开始形成。而且，畜牧从一开始就不是单个的人或家庭的工作，而是一个族群共同的工作，所放牧的动物是除了猪、狗、猫之外喜欢群居的有蹄类，如山羊、绵羊、牛、马、骆驼等。这种畜牧多发生在生活于广袤草原的民族中。这些人成为有别于以农耕为主的农民，而成为牧民，其民族或部落则成为游牧民族或游牧部落。

由于农耕的发展，原始村落开始出现。出土的公元前7500年的约旦伊埃里柯遗迹，村落四周已经建有防止外部落入侵和防御野兽的石墙。西亚和中亚的许多原始村落大都建在水源丰富、适合农耕和畜牧的地方，这是当地居民能稳定生活的基本保障，由此东方文明在这些地区发展起来。

（三）印第安的贡献

由于古代航海技术和地理知识的欠缺，欧亚人在很长时期内，不知还有个美洲及大洋洲。哥伦布（Ch.Columbus）为寻求去印度的航线，发现美洲后不久，人们才认识到哥伦布发现的并不是印度，而是一片前所未知的"新大陆"。[①]

据考证，大约3.5万年前美洲就有人居住。这些人绝大部分是来自亚洲东北部的蒙古利亚人，一小部分是来自南太平洋波利尼西亚群岛上的波利尼西亚人。迄今为止，在美洲还没发现类人猿、其他灵长目动物以及猿人或直立人的化石，出土的古人类化石都是生活于距今2.5万年前的智人的。

到1.2万年前，处于旧石器时代的原始美洲人已经遍布美洲大陆各地。公元前7000年左右，一些印第安人部族开始了原始农业生产，进入定居生活。最早进入美洲的人在20万～40万之间，当哥伦布发现美洲时，全美印第安人在1500万～2500万左右，由于地广人稀、部族繁多，各部落间在人种形态、语言及生活方式上出现很大差别。

印第安人在漫长的历史中创造出的农业成就，对人类做出巨大的贡献。

人类进入文明时代的基础是农业，或者说，只有农业才能给人类提供稳定的食物来源。公元前8000年秘鲁沿海一带的印第安人即发展了最早的农业，到公元前3000年，美洲大部分地区均开始了农业生产。值得注意的是，印第安人没有驯化成可用于农耕的牲畜，未使用金属农具，亦未使用车轮，他们的农业生产活动是十分原始的，然而他们在漫长的时间里，培育出大量的农作物、蔬菜和瓜果。

5000年前，印第安人将玉米培育成人工农作物，后来发展出20多个玉

---

① 哥伦布到达美洲后，误认为到达了印度，对其原住民称为印第安（Indian），即"印度人"，我国误将"印第安"当成对当地的一种称谓，对其居民又加上个"人"字，惯称为"印第安人"。本书遵从习惯，在印第安后加"人"字。

米品种。此外，马铃薯、甘薯、木薯、山药均是印第安人培育成功的。玉米传至欧亚后，成为可在丘陵、山地种植的环境适应性极强、产量很高的耐旱粮食作物，而高产的薯类又成为人类食物的重要补充。

在豆类作物方面，除中国的黄豆和欧洲人的蚕豆外，其他如绿豆、豌豆、豇豆、芸豆、赤豆、菜豆以及多种豆角均是印第安人培育的。

花生、向日葵、菠萝、草莓、可可、西红柿、黄瓜、南瓜、西葫芦、辣椒也都是印第安人培育的。

在经济作物方面，印第安人培育的橡胶树对人类的贡献和现代社会的发展更是无法估量。印第安人4000多年前即栽种棉花，美洲棉在英国产业革命时期几乎是英国棉纺织业的主要原材料，为此美国南部棉花种植园得到迅速发展，导致了大量非洲黑人被当作奴隶贩卖到美国种植棉花。

烟草是印第安人作为药材培育栽种的，但传至欧亚后很快成为一种易于令人上瘾的嗜好品。

有人统计，现在世界上的植物食品有一半以上是印第安人培育的[①]，由于高产的玉米、薯类被引进旧大陆，因此在很大程度上解决了人口增长问题，因为人口增长的关键是要有充足的食物来源。现代人类经过几千年的繁衍，到16世纪全世界人口仅为5亿左右，近代以来人口的剧增，除了科学技术进步的贡献外，来自美洲大陆的各种农产品的贡献是十分重要的，而且，这些农产品极大地丰富了人们的饮食品种和结构，极大地丰富了人们的饮食营养。

---

① ［美］特伦斯·M.汉弗莱：《美洲史》，王笑东译，民主与建设出版社2004年版，第一章"没有'上帝'的美洲"。

四、从青铜时代到铁器时代

（一）青铜时代

在考古学上，一般将青铜时代作为继新石器时代之后人类首次使用金属的时代，青铜时代早期亦称金石并用时代，主要使用的是自然铜。

各地区各民族进入青铜时代的时间差别很大，公元前6500年左右，地中海东部的安纳托利亚（Anatolia）东部已经用铜，其早期遗迹以特洛伊为代表。古希腊的青铜时代始于公元前3000年。

铜是人类最早使用的金属之一，与其同时或在此前后，金、银等容易加工的金属也已经使用，但其用途没有铜广泛。在铜的冶炼中，使用的是埋藏较浅易于用木炭加热还原的赤铜矿石、蓝铜矿石等，之后是埋藏较深但分布很广的黄铜矿石及铜的硫化物或铜与其他金属或非金属混合的矿石。

公元前3500年左右，居住在两河流域的苏美尔人已经掌握了青铜以及金、银、铜、锑等低熔点金属的冶炼技术。发源于中东波斯一带的金属冶炼技术，向中欧、北欧、西欧及东方传播。公元前3500年左右的美索不达米亚已经用铸造方法制取铜器。最早的铸

图1-8　铜制嵌板（美索不达米亚，公元前3000年）

模是一种开放型的，后来使用了石制铸模、烧结的黏土铸模以及复合铸模。在铸造精细的物品时，则使用"失蜡铸造法"①。在这个遗迹中出土的青铜器大部分是铅青铜或锑青铜。

人为地控制铜、锡含量用纯铜和纯锡炼制青铜的技术，是在冶炼技术相当成熟以后的事。由于青铜熔点低、铸造性能好、冷却后质地较硬，因此青铜除了用于祭器、生活器皿等宗教、生活物品外，还用于武器制造。

（二）铁器的出现与普及

目前，出土最早的铁制品是用陨铁加工制造的，属于古埃及约公元前2500—公元前1900年左右的。陨铁中含有锰，加工出来的铁器硬度较高，这种陨铁用当时冶炼铜及青铜的方法是熔化不了的。出土的早期这类铁制品，都是用处理石块的方法，将陨铁破碎成小块，再加工成小型的护符、动物模型、指轮等。

近东地区使用熔炼青铜的木炭炉冶炼铁矿石，由于达不到铁完全熔化的温度，只能将铁矿石熔化成一种带气孔的与矿渣混合的糊状"块炼铁"，将这种块炼铁多次加热锻打，可以将矿渣打出来，剩下部分成为熟铁（可锻铁）。

中东在公元前3000年左右已经熔融炼铁，但是真正意义上的铁器时代，开始于公元前1400年左右。公元前1400—公元前1200年间，西亚的赫梯人开始用矿石炼铁，并掌握了表面渗碳法加工锻铁使之表面钢化的技术，这一技术是不准外传的。直到公元前1200年赫梯王国灭亡后，赫梯的铁匠分散各地，这一技术才逐渐传至近东。公元前1200—公元前1000年间，小亚细亚一带已经发展起用矿石炼铁和锻铁表面渗碳技术。到公元前8世纪左右，两河流域已经大规模用铁，然而当地人并不炼铁，是从北叙利亚和小亚细亚

---

① 一种用蜡制成铸模，外用潮湿的沙子等压制成铸范，加热铸模将蜡熔化形成空腔后浇入液态金属，冷却后得到成型铸件的金属浇铸方法。

一带购买铁坯，运到这里再加工成各种工具和武器的。

在早期，由于铁的熔炼加工比青铜复杂，而且制得的是可锻铁（熟铁），用途有限，主要制作装饰品及宗教用品。随着冶炼技术的提高，铁在工具和武器制造方面有了一定的应用，而青铜则主要用于制作装饰品和祭祀用品。石器仍然在使用，特别是在农作物和粮食加工方面。

铁矿石分布较广，加之冶铁技术、渗碳淬火工艺的进步，铁制的武器和工具远比青铜、石器优越，铁很快取代了石材和铜，成为制造武器和工具的重要材料。

（三）交通运输——车与船

1.轮与车

随着生产工具的进步，需要将猎物、农作物进行较远的移动，一开始是人力背、扛、抬，而后则使用饲养的牲畜驮运。但在人类交通史上意义最大的是有轮车的发明，虽然在有轮车发明前已经使用了爬犁，但由于其受运行条件的限制应用并不普遍。

最早的车轮是公元前3500年在苏美尔出现的，而后向周围地区传播开来。各文明地区使用有轮车的大体年代是：中亚及印度河流域公元前2500年左右；古埃及、巴勒斯坦公元前1600年左右；古希腊公元前1500年；北意大利公元前1000年；英国公元前500年。早期的有轮车，使用的是用实木制成的车轮，多采用三块木板拼装，再用一块木制横梁镶合，车前安有一根榛木，在榛木两边用两匹牲口驾驶。后来制造出各种形式的双轮车、四轮车以及作战用的战

图1-9 驴牵引的双轮车（美索不达米亚，公元前3000年）

车。公元前3000年左右，亚述及叙利亚一带的四轮车，安装有用枝条编造的拱形车篷。车辆的牵引力最早使用的是牛，苏美尔人最先使用了驴牵引战车并发明了适合驴和后来驾马用的胸带。

公元前2000年左右，出现了有轮辐的车轮，500余年后，用马牵引的战车在古埃及、古希腊、古罗马一直作为一种重要的战争工具在使用。马车也是青铜时代的重要交通运输工具。公元前800年左右，在亚述、伊朗、中亚一带开始使用青铜制造的马嚼子。到罗马时代，驾马方式以及有轮辐的车轮和车轴都有了很大的进步，车轴润滑技术已经相当普遍，马车的运输效率得到空前提高。用于运输旅客的是带有布篷或草篷的四轮马车，一天可行100多千米。农村货物运输普遍使用了双轮车。由于罗马时代给马掌安上了蹄铁，发展了骑术，出现了机动性极强的骑兵部队，因此马拉战车不再用于战争，而仅用于仪式表演、竞赛以及军用物资的运输。值得指出的是，当时的马车结构是单辕的，要用两匹马在单辕木两侧对称驾驶，这一类型在各地几乎是一致的。

2. 船

人类最早使用的船主要有独木舟、芦苇舟。独木舟是用整段粗圆木制成，或用整段树皮制成；芦苇舟则将若干束芦苇捆扎成舟形而成。这些船船体不大，载重量小，一般可供1～2人捕鱼或运输用。

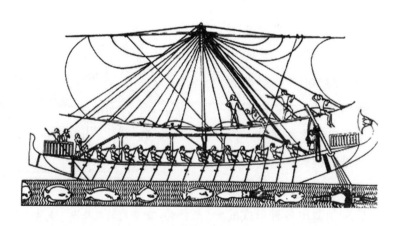

图1-10　埃及女王远征用的帆船（公元前1500年）

公元前2600年左右，古埃及第四王朝的建筑木工开始制造木制帆船，这种船没有龙骨和骨架，而是仿制芦苇船的形状，将木料用木栓联结，其上铺装木板做甲板，以增加船的强度。到中王国时期（前2160—前1788），已经制造出长54米、宽18米、可以装载120人的大型木帆船，这是自然力的最早利用。当时的帆船还要配备若干奴隶充当划桨手，也称作桨帆船。后来帆船向多桅、多帆、高船首方向发展，为加强纵向强度还采用了龙骨结构，增强了航行和冲击风浪的能力。这一时期，这类大型船大都用于航海，而内陆船则要小得多。美索不达米亚一带最早的船是用充气皮革袋制成的筏子，人卧其上蹚水过河。将多只皮筏用木框架连在一起，制成的称作keleks的大型皮筏船，则可以用于大宗货物的运输。还出现了一种用柳条编织的圆形船，这种船用垂直相交的弯木条做骨架，其间用柳条编织呈圆盔形，外部蒙上皮革，其直径可达4米，深2.29米，用短桨划水前进。这种船建造容易，结实而实用，在印度也出现过。在地中海上还出现一种由若干奴隶划动带支架长桨的单层甲板船（galley），有的船还张挂若干风帆，这种船平时做运输用，战时则改装为战舰。

五、美索不达米亚与古埃及、古印度

美国民族学家摩尔根（L.H.Morgan）将人类进化的历史分为：（1）低级蒙昧社会（始于人类幼稚时期）；（2）中级蒙昧社会（始于渔猎食物和用火知识的获得）；（3）高级蒙昧社会（始于弓箭的发明）；（4）低级野蛮社会（始于制陶技术的发明）；（5）中级野蛮社会（始于动物饲养、农作物栽培和房屋建造）；（6）高级野蛮社会（始于冶铁技术发明和铁器使用）；（7）文明社会（始于标音字母的发明和文字使用）。[1]随着农耕的发展和铁器技术的进步，在一些大河中下游的土地肥沃地区，由人群的集聚而形成了人类最早的文明地区，即尼罗河中下游的古埃及，底格里斯河、幼发拉底河中下游的美索不达米亚，克里特岛，印度河恒河流域和黄河中游地区。

美索不达米亚和古埃及所处的两河及尼罗河中下游流域，阳光充足、气候温暖、土地肥沃，很适合农作物种植，是人类最早进入农业社会的地区，也是西方文明的发祥地。在公元前3000年以前的美索不达米亚和古埃及的坟墓中，有许多文字、绘画和陪葬品，记录了已经消失几千年的历史。

（一）美索不达米亚与古埃及

居住在美索不达米亚苏美尔地区的苏美尔人，在公元前6500年左右即饲养牛、驴、羊，在此后的3000多年间，发展农业和航运，形成了独特的文化形态。公元前4000年左右，苏美尔人为了记载神庙的日常事件，将象形文字用尖状硬物刻画在黏土制成的半干状态的泥土板上，泥土板晾干即成为可以保存的泥板书。在泥土板上进行刻写的方式一直延续到公元前1世纪末期。由于在泥土板上刻制象形文字较为困难，公元前3500年左右，苏美尔象形文字开始向楔形文字过渡，到公元前3000年，苏美尔楔形文字已经包括500～600个符号。

公元前3000年后，虽然社会动荡不安，苏美尔人不断受到北部、西部其他民族部落的入侵，先后经历了阿卡德、巴比伦、亚述、新巴比伦等王朝，但是这些征服者吸收并发展了苏美尔文化，在这里创建了乌尔、巴比伦等古代都市。

居住在现黎巴嫩地域的腓尼基人，约于公元前1500年左右创造出腓尼基字母（Phoenicia Alphabet，闪米特字母体系）。腓尼基字母主要是依据古

---

[1] ［美］路易斯·亨利·摩尔根：《古代社会》上册，杨东莼等译，商务印书馆1977年版，第11～12页。

图1-11　象形文字黏土版（苏美尔，公元前3500年）

图1-12　楔形文字黏土版（美索不达米亚，公元前2400年）

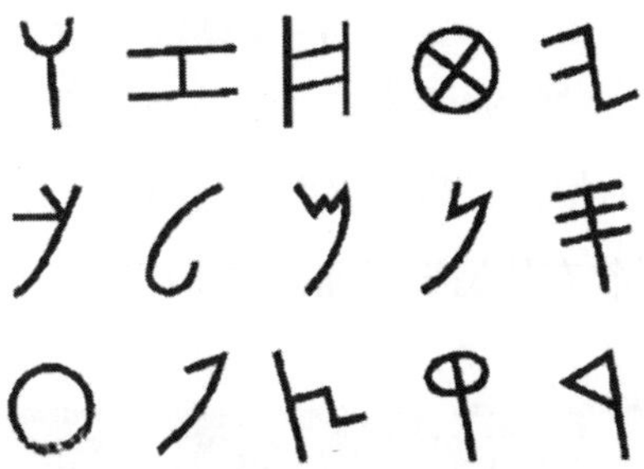

图1-13　腓尼基字母（约公元前1500年）

埃及的象形文字制定的，是在楔形文字基础上将原来的几十个简单的象形字简化形成的。腓尼基字母是世界字母文字的始祖，除朝鲜的谚文外，所有字母几乎都起源于腓尼基字母。在西方，它派生出古希腊字母，后者又发展出拉丁字母和斯拉夫字母，成为西方所有民族字母的基础。在东方，演化出印度、阿拉伯、希伯来、波斯等民族字母。蒙文、满文字母也是由腓尼基字母演化而来的。公元前3500年左右，美索不达米亚最早进入青铜时代。埃及由于锡矿缺乏，因此埃及的青铜器使用比美索不达米亚晚了近1000年。青铜器的使用使巴比伦人取得了经济、文化上的繁荣，制砖（一种未经烧制的土坯）、宝石加工、冶金、制革、木工、造船、建筑等手工业发展迅速，形成了许多城邦国家，并最早进入奴隶社会。

由于农业生产以及祭祀敬神的需要，数学和天文学在这两个地区最先发展起来。

美索不达米亚（巴比伦）数学，采用了60进位制，将圆等分为360°。

为计算方便，制成记有乘法表、平方数表、立方数表、平方根表、立方根表、等差级数表、等比级数表的黏土版。

美索不达米亚和古埃及很早就进行天文观测，发现了行星的运行规律。在历法上，美索不达米亚的巴比伦人以月球盈亏为基准，制定了"太阴历"，一年12个月，其中6个月每月30日，6个月每月29日，一年354天。并首创"星期"，以7天为一个星期，用日、月、火、水、木、金、土7个星球的名字称呼从星期日、星期一到星期六。这一称呼应用了几千年。巴比伦人还将一天分为12个小时，每小时60分钟。创立并发展了占星术，通过天文观测调整历法和实际的年与季节的误差，并准确计算出行星周期、日月食出现的时间。

可以与古埃及金字塔匹敌的是美索不达米亚建造的叠级方尖塔，其中以建于乌尔的号称"通天塔"的叠级方尖塔最为著名。美索不达米亚缺乏石材，建塔采用了干土砖和沥青。

与此并行发展的是古埃及文明。公元前5000年左右，一支处于新石器时代的民族入侵埃及，并向尼罗河三角洲推进。古埃及经历了31个王朝，于公元前332年被罗马帝国的亚历山大大帝（Alexander the great）吞并。

公元前4000年左右，古埃及人发明了象形文字，为了书写象形文字，使用了各种色料、石板制成的调色板和芦苇笔，用尼罗河产的一种植物茎做成莎草纸（papyrus）[1]，用芦

图1-14 埃及金字塔

---

[1] 当时在尼罗河中下游盛产一种被称作"莎草"的芦苇类植物，造纸时将新鲜茎切成30厘米左右的段，去掉外皮，将白色芯切成1~2毫米的薄片，排在木板上，在其上以十字交叉方式放上第二层，捶打使两层纤维绞在一起，晒干后即成表面光滑、可用于书写的莎草纸。

苇茎制成的笔蘸颜料书写。到公元前3000年出现了书写容易的将象形文字简化的变体字。

古埃及最早采用了10进位制，算术、几何因测地的需要而发展起来，圆周率已计算至3.16。1858年，英国的埃及学者林德（A.H.Rhind）在特贝废墟中获得的《林德纸草》（*Rhind Papyrus*），是希克索斯王朝时期书写的，长13.82米，宽0.84米，是迄今为止所发现的埃及最古老的数学文献，其内容已涉及分数、方程式、比例、面积和体积计算等多方面。埃及数学重视计算，用巨石建筑金字塔，肯定是经过了严格的数学计算和精确的测量，但是缺乏严密的证明和对一般法则的归纳。

古埃及在公元前4200年左右，根据尼罗河水的泛滥与天狼星在日出前的位置，确立了"太阳历"，将一年定为泛滥、出禾、收获三季，每季4个月，每月30天，每年最后一个月加5天，一年共365天。

作为古埃及文化象征的金字塔，有石廊形、阶梯形、曲折形和四角锥形多种，建筑用的材料是木材、石材、铜和植物纤维。公元前2500年左右，埃及第四王朝法老胡夫（Khufu）的金字塔，高约146.5米，占地约52900平方米，用了230万块平均重量2.5吨左右的石块堆砌而成。金字塔的建造反映出古埃及人石器加工技术的精湛，也反映出当时古埃及人已经掌握了相当成熟的设计、计算和天文学等知识。

由于宫殿、神庙、金字塔等建筑物的兴建，运输在这些地方发展起来。和其他古代民族一样，船是古埃及最早的运输工具，修筑金字塔的石块就是用船从尼罗河上游运下来的。

公元前3000年左右，这两个地区几乎同时使用了船桨。在埃及中王国时期，出现了长54米、宽18米、可乘120人的大型帆船。帆与大批奴隶划桨经常同时使用。随着海上贸易和海上远征的大规模进行，埃及的造船业到公元前1500年左右达到鼎盛时期。在美索不达米亚则发明了车轮，发展出二轮车和四轮车，挽具也随之有了进步。

古埃及在医学方面远比美索不达米亚卓越，从出土的公元前2000年左右的莎草纸文书可知，古埃及人对内科、外科多种疾病都做了描述，并提出诊断和处方。

（二）古印度

印度河和恒河流域是人类文明的另一个发祥地。公元前6500年左右，居住在印度河流域（现印度和巴基斯坦）的达罗毗荼人，开始从游牧生活进入定居的农耕畜牧生活。公元前5000年左右，这些早期的农民开始制作陶器，很快发展出高超的制陶术。考古学家把公元前3200年至公元前2600年这一时期称为哈拉巴文明早期，这时期的人们居住在村子里，以农耕为主。

公元前2600年到公元前2000年为哈拉巴文明成熟期。城市得到迅速发展，考古学家发现了5座城市，最大的是旁遮普（Punjab）的哈拉巴（Harappa）和信德（Sind）的摩亨佐－达罗（Mohenjo-Daro），城市布局整齐，宽阔的街道呈棋盘状向四周延伸，主街宽10米以上。每个城市里都分成几个街区，每个街区都有高墙围绕。房屋多为用砖砌的多层建筑，每个街区都设有公共水井，且有一套完整的地下排水系统。各城邦建立了统一的度量衡和良好的交通网，已经使用带轮的车辆。在哈拉巴卫城北面还发现了6座谷仓和若干冶金炉遗迹，还有两排可以容纳数百名奴隶居住的宿舍类建筑。除城市外，考古学家还发现了1500多个村落，乡村的房屋也非常坚固，农民拦河筑坝，用引水渠把河水引入田里灌溉农作物，他们主要种植小麦、大麦、豆类、芝麻和棉花。与美索不达米亚和波斯湾地区已有贸易往来。

图1-15　印度河流域带象形符号的印章
（公元前2500年）

公元前2000年左右，印度人开始使用青铜器，饲养牛、羊、猪、鸡等。在交通方面已经使用带轮的车和张帆的船。在陶器制造方面，已经在陶器上上釉。由于当时使用一种至今未能解读的文字，因此，对当时许多情况尚不清楚。

公元前1500年前，游荡于俄罗斯西部草原自称是"雅利安"（Arya，高贵之意）的游牧民族，分成两支，一支进入伊朗高原，一支从西北方侵入印度，征服了印度最古老的开化民族达罗毗荼人。尔后这两个民族在互相融合、互相争斗中进一步发展了印度文明。

印度最古老的历史文献是印度—雅利安人的作品《吠陀》，吠陀文学所记载的时代称作吠陀时代（前1500—前500），该时代又分梨俱吠陀（前1500—前1000）和后期吠陀（前1000—前500）两个时期。前一时期，印度—雅利安人主要活动在印度西北部，后一时期进入恒河中下游地区，形成了10多个城邦制国家，出现了婆罗门、刹帝利、吠舍、首陀罗四大种姓。开始使用铁器，发展了天文学、数学、几何学等知识。公元前4世纪末，印度统一于孔雀王朝，到公元前3世纪的阿育王时代，领土迅速扩张，印度文明达到极盛时期。

第二章

古希腊的科学与技术

公元前7世纪后在古希腊形成的自然哲学，是西方近代自然科学和哲学的源头。古希腊人擅长思辨，深信自然界存在本原与规律，从自然自身的存在去认识自然、解释自然的精神，形成了古希腊的科学传统与哲学思维模式，其成果对后世产生了深远的影响。其后受其影响的罗马，则以其成熟的政治理念和众多的技术成果丰富了人类文明。

一、古希腊概述

（一）克里特文明

古希腊文明导源于爱琴海上克里特岛的克里特文明（又称米诺斯文明，Minoan Civilization），克里特文明是欧洲最早的古代文明，也是人类最早的文明地区之一。

大约公元前7000年，一支印欧语系的民族到此定居，开始农耕生活。他们擅长海上贸易，开辟了地中海东部，特别是爱琴海的许多航线。

公元前3100年，克里特人吸收古埃及和美索不达米亚的文明开创了独特的克里特文明。克里特人利用当地产的锡和塞浦路斯的铜开始冶炼青铜，制造青铜器，使克里特岛逐渐进入了青铜时代。公元前1900年，克里特出现奴隶制国家。

公元前1700年至公元前1450年是克里特文明的繁荣时期，克里特的城市已具有较大的规模，海运发达，人口增加。克里特人发展了城市文明，在克里特岛上建设了几十座城市，建有多处规模宏大的宫殿。克里特的城市由石子铺成的路连接，石子是用铜锯切成的，道路有排水系统。

图2-1 克诺索斯王宫遗迹（公元前1600年）

克里特岛遍布各地的王宫以克诺索斯王宫最为豪华。克诺索斯城的主体，是建于约公元前1600年的克诺索斯王宫宫殿建筑群。宫殿群依山而建，规模巨大，高约5层，共有1200间房屋。走廊和楼梯连接着庭院周边的各个房间。中央是一个东西宽27.4米、南北长51.8米的长方形院子，王宫建筑风格偏重精致小巧，宫室为多层楼房，主要寝室附有浴室、厕所等卫生设施。宫殿内厅堂柱廊布局开敞，富丽堂皇，墙壁绘有彩色绘画。克诺索斯王宫供排水工程完善，引水道长达10千米，自高山引来清泉，输水的陶管接缝严密。

克里特文明创造了自己的文字，包括象形文字和线形文字A，但尚未释读成功。

约公元前1500年，在克诺索斯以北约130千米的桑托林火山爆发，这是人类历史上最猛烈的火山爆发之一，火山灰弥漫天空，覆盖了整个地中海东部地区，几乎在一瞬间，克里特岛上的城市被埋在几十米厚的火山灰下。公元前1450年克里特被古希腊的迈锡尼人（Mycenaean）占据，至此克里特文明为迈锡尼文明所取代。

迈锡尼人是在公元前2000年左右迁徙至希腊的，到公元前16世纪，希腊本土的迈锡尼人发展了青铜文化，他们的影响已经遍及希腊大陆，开始取代克里特文明成为古希腊文明的主流。他们把城堡和要塞建在小山上，周围建有5米厚的城墙。迈锡尼人善战且注重海上贸易，很快控制了整个地中

图2-2 "断臂的
维纳斯"石雕

海地区的贸易。迈锡尼人继承了克里特人的线形文字
A，创造了以克里特线形体文字为基础的线形文字B。

公元前13世纪至公元前12世纪，迈锡尼文明衰
落，处于小亚细亚半岛的特洛伊（现土耳其的希沙
立克）兴起，对迈锡尼等城邦国构成威胁。公元前
12世纪初爆发了迈锡尼人进攻特洛伊的战争，迈锡
尼人用著名的"木马计"攻陷特洛伊城。战争之后，
一批居住在北方与迈锡尼是同一个种族的多利亚人
（Dorians）入侵，灭亡了迈锡尼等城邦国家，使古希
腊进入了荷马时代（前11—前9世纪，历史学家称作
"黑暗时代"），一直到公元前800年，开始了著名的
古希腊"古典时期"（Archaic Period）。

在很长时期内，克里特文明和迈锡尼文明仅是
古希腊传说，19世纪70年代初，德国考古学家谢里
曼（H.Schilemann）根据荷马史诗《伊利亚特》成功地挖掘出迈锡尼城遗
迹，除无数珍宝外，还发现了著名的金面具"阿伽门农的面具"，证实了古
希腊的传说确实有其历史背景。1878年，希腊商人、考古学家米诺斯·卡
洛凯里诺斯（Minos Kalokairinos）在克里特岛发现了王宫的陶罐储藏房，他
称此为米诺斯王宫。1900年后，开始了历经30余年的克诺索斯王宫考古发
掘，出土的大量遗物表明，克里特文明确实是古希腊历史和文明的源头，是
世界古代文明重要中心之一。出土刻有线形文字A、B两种不同形式的黏土
版，线形文字B在1952年已由英国建筑师文特里斯（M.G.F.Ventris）解读成
功，这种文字是希腊语的早期形式。

离克里特岛不远的爱琴海中一些岛屿上的岛民们，很早就受到米诺斯
文明的影响，如基克拉泽斯群岛（Cyclades）在公元前3000年就进入了青铜
时代，该文明留存至今的重要遗产，是大量精美的大理石雕像，其中最为著
名的是1820年被一位希腊农民发现、现存于巴黎卢浮宫博物馆的"断臂的
维纳斯"石雕。

（二）古希腊的兴起

公元前8世纪后的200余年中，希腊城邦国如雅典、科林斯、斯巴达、米利都等纷纷建立。在波斯人入侵古希腊（前492—前449）的战争中，雅典的霸权地位得到提升，但很快爆发了雅典与斯巴达为争夺霸主地位的伯罗奔尼撒战争，战后雅典开始衰落。几乎在同一时期，北方的马其顿王国兴起，公元前338年，马其顿在国王腓力二世（Philip of Macedon）领导下，控制了古希腊各城邦国，并宣布向波斯进军。他被暗杀后，在其子亚历山大（Alexander the Great）的领导下于公元前334年入侵波斯，4年后灭亡波斯。公元前327年又入侵印度，建立了横跨欧亚非的大马其顿王国。公元前323年亚历山大在东征中去世后，其王国分裂成埃及的托勒密王朝、叙利亚和波斯的叙拉古王朝（也称塞琉西王朝，Seleucids）以及马其顿的安提柯王朝（Antigonids）等几个独立王国。古希腊时代结束，开始了希腊化时期。公元前168年和公元前64年，马其顿和叙拉古被罗马吞并；公元前30年，托勒密王朝被罗马帝国灭亡，希腊化时期结束。

二、古希腊的自然哲学

（一）古希腊的自然哲学

技术的历史与人类的起源一样久远，当原始人使用撬棒掘植物的根、搭建棚屋、人工取火时，技术早已产生。然而现代意义上的科学的起源却滞后得多，学术界一般认为，现代意义上的科学，在古希腊是以对自然本质进行哲理性思考为特点，包含哲学和科学在内的"自然哲学"的形式出现的，自然哲学是西方哲学和科学的最早形式，是当代哲学与科学的鼻祖。

科学的起源与哲学的起源一样，需要一定的社会、经济、文化背景，只有当奴隶制达到鼎盛时期，生产力有了相当的发展，奴隶劳动可创造更多的剩余价值，可以供养更多的不劳而获的人时，这些无所事事的人中的个别人物，会对自然、对人生进行思考，提出一些具有哲理性的关于自然和人生的认识，科学和哲学由此开始产生。

起源于伊奥尼亚①的古希腊自然哲学，历经了几百年之久，那是一个自然哲学家辈出的时代。他们对宇宙、动植物、人体，特别是对世界（自然）的本原问题，从自然本身的角度进行了多方面的思考。此前，无论是古埃及还是美索不达米亚的古代文明，都是从神灵的角度去说明自然的，许多民族为了解释自然，最普遍的就是创造各种神，用神创论来解释自然。

在历史上，有些事件的出现，特别是一些学派的出现是有其文化因素的。其中主要是有一位（或几位）从事某一研究的人物的影响。后来18世纪法国"百科全书派"的出现、德国唯心主义哲学体系的创建、19世纪俄罗斯文化艺术的兴盛均可以说明这一问题。如同社会史那样，时代造就了英雄，而英雄又创造了新的时代。

古希腊的自然哲学以对自然本原的探讨为基点，涉及自然界及人的各个方面，虽然有很强的思辨性、猜测性和知识的零散性，但它毕竟是人类最早企图从自然本身来解释自然，其朴素的唯物主义和辩证法思想是显而易见的。欧洲近现代自然科学的许多思想和理念，在古希腊"自然哲学"中几乎都可以找到其原型。

古希腊的自然哲学在欧洲中世纪被湮没了1000多年，当它重新被人们发现、认识和传播时，导致了欧洲的文艺复兴，对近代自然科学的诞生起到巨大的推动作用。

下面，分几个方面对古希腊自然哲学作一下介绍。

---

① Ionia，古希腊对今土耳其安那托利亚西南海岸地区的称呼。

（二）伊奥尼亚的学术传统

公元前6世纪左右，爱琴海东海岸的伊奥尼亚地区建有米利都（今属土耳其）等几个殖民城邦，在这里最早出现了从自然本身探求自然本原的人。

最早从自然本身出发去解释自然的，是出生于米利都的泰勒斯（Thales），他认为世界的本原是"水"，他将自然的变化用水的浓淡加以说明：水变成万物，而万物都复归于水。用自然本身去说明自然，开创了人类用理性探求自然的先河，这在人类历史上是个划时代的进步。因为用神灵去解释自然，一切自然变化归之为神的力量，人是不必要去探究的。泰勒斯之所以认为世界的本原是"水"，可能受了当时流行的美索不达米亚神话的影响。这

图2-3　泰勒斯

个神话认为，宇宙是由作为父亲的真水之神与作为母亲的海水之神创生的。而且，泰勒斯曾长期从事海上贸易活动，从埃及贩运橄榄油经爱琴海到米利都，对水有很深的情结。据传，他还在随军远征埃及时，根据金字塔的影子测量过其高度，预言过公元前585年5月28日的日食，设计测量海船距离的机械，考察过尼罗河泛滥的原因。在西方，泰勒斯被誉为"自然科学之祖"。

阿那克西曼德（Anaximandros）和阿那克西米尼（Anaximenes）都出生于米利都，是泰勒斯同时代的人。他们对泰勒斯认为世界的本原是水在解释自然变化中的困难，各自提出了自己的见解。阿那克西曼德认为，构成世界本原的是一种在时间和空间上不应有边界的apeiron（在中国译为无限或元质），因冷热干湿而变成世界万物。他为了乘船渡黑海绘制过用于渡海的星图，设计过日晷、天球仪，绘制过地图，还提出名言"人源于鱼"，从而被誉为进化论的始祖。阿那克西米尼则认为世界的本原是一种如同雾霭那样的"气"（pneuma），因稀释凝聚而变成空气、水、火、土和石，这里阿那克西

图 2-4　赫拉克利特

米尼已提到了后来在西方流传甚广的气、水、火、土四元素。

阿那克西米尼认为，整个物质世界都是由一团旋转的空气凝聚而成，太阳和月亮是由火组成的，围绕地球旋转。他们三人被后人称作米利都学派，是古希腊最早的自然哲学家，被后世哲学界奉为最早的哲学家，被后世科学界奉为最早的"科学家"。其中，泰勒斯是创始者。他们的功绩在于，用自然本身来说明自然，不借助于神力而用元素来说明自然界，为后来的科学研究提供了基本出发点，即不依靠神和人的主观臆断，从事物自身的原因去说明。[①]

米利都北方爱非斯城王室家族的隐士赫拉克利特（Heraclitus），认为世界的本原是火："一切事物都换成火，火也换成一切事物，正像货物换成黄金，黄金换成货物一样。"他认为，由于一团包容世界的火，世界每隔一定时间就会消失和重新出现。他是最早用辩证法解释事物变化的哲学家，他认为：万物处于流动状态之中，但是变化是根据一种不变的规律（logos）发生的，并且这种规律包含了对立面的相互作用，但是这种对立面相互作用的方式，作为一个整体创造出了和谐。[②]

（三）毕达哥拉斯的数论

毕达哥拉斯（Pythagoras，约前580年—约前500年）出生于古希腊的萨摩斯岛（Samos，米利都西北50千米）。古希腊数学家、哲学家。公元前530年，古希腊伊庇鲁斯国王皮洛士（Pyrrhos）的军队侵入伊奥尼亚地区，爱非斯和米利都相继被毁，毕达哥拉斯逃到南意大利的克罗托（Croton，今

① ［日］大沼正则：《科学の歴史》，青木书店1978年版。
② ［挪］G.希尔贝克、N.伊耶：《西方哲学史——从古希腊到二十世纪》，童世骏、郁振华、刘进译，上海译文出版社2004年版，第11～12页。

克罗托纳 Crotonal），在这里，他创立了一个政治团体并继承伊奥尼亚学术传统，探讨自然的本原问题。所不同的是，毕达哥拉斯并不以自然物为本原，而是对自然物加以抽象，从量的角度出发，认为构成世界本原的是数。

图 2-5　毕达哥拉斯

毕达哥拉斯提出了著名的关于直角三角形边长关系的"毕达哥拉斯定理"，提出三角形三内角之和等于两个直角，内接半圆的角是直角以及区别奇数、偶数和质数的方法，还发现了无理数。他用数学研究乐律，发现了音阶规律。他认为10是个完全的数，因为用10个球可以构成中心1个球每边4个球的正三角形；认为220与284具有"亲和"关系，因为284的约数1、2、4、71、142之和为220，而220的约数1、2、4、5、10、11、20、22、44、55、110之和为284。

毕达哥拉斯的数与现在人们所理解的数有所不同，具有神秘与科学的两重性，也具有观念的和对世界认识上的两重性。毕达哥拉斯的数与泰勒斯的水也不同，他研究的是事物的量，而不是质，具有抽象性、普适性和非连续性。他的这一思想与泰勒斯一样，都成为近代科学的重要源流，并对后世的数学产生重要影响。

毕达哥拉斯去世后，他创办的学派存续了200年之久。

（四）恩培多克勒的四元素说

恩培多克勒（Empedocles）居于意大利西西里岛阿格里根斯，是一个哲学家、预言者、科学家和江湖术士的混合体，认为自己是一个神，留有150多篇著作残篇，他提出构成世界本原的"四元素说"。他认为存在四种不可变化的、原始的元素——气、水、土、火，产生转化的力量（引力和斥力）来自爱和憎，这四种元素正如同画家调色画出图画一样，它们的不同量的混合可以创造世界万物。恩培多克勒用他的四元素和两种基本的力解释了宇宙的生成，还研究过光和视觉问题，他发现空气是一种独立的实体，用滴漏（水钟）证明了空气的存在。由于四元素说比单一元素说可以更好地解释物质的构成，所以这一学说在欧洲一直流传了2000余年。为了在众信徒面前证明自己是个神，他跳进还在喷发的火山口，变成了一缕青烟。

（五）留基伯、德谟克里特的原子论

对伊奥尼亚学术传统继承并总结的，是居住在伊奥尼亚殖民城邦阿布德拉的德谟克里特（Democritus）。他曾周游埃及、波斯、巴比伦等地，知识广博，有古代达芬奇之称，留有关于人生、音乐、农业、数学等300余篇著作残篇。

在科学技术史上，德谟克里特最大的贡献是继承并发展了他的老师留基伯（Leucippus）所创立的"原子论"。留基伯认为，宇宙是无限的，由虚空和无数的原子构成，世间万物都是由不可分割的物质即原子组成，原子在形态上变化无穷。德谟克里特的原子论认为：世界是由原子（atoms）与虚空构成的，原子是人肉眼看不见、不能用感性而只能用理性去把握的；无中不会产生任何东西，存在之物是不灭的，一切变化都起源于原子的结合与分离；万物由原子构成，原子是不能再分的最小粒子，原子在质上是等同的，但有大小、形状的区别；原子是无数的，其形状是无限的，世界之初是由无数的原子互相碰撞而产生旋涡运动，原子在运动中互相结合，大的在中心形成水和土，小的、轻的在周围形成气和火。自然界一切物体的区别在于原子的数量、大小、形状、结合方式、姿态等的不同；灵魂如同火一样，是由精细圆滑的球形原子构成的。

可以看到，近代原子论中的许多思想，几乎都可以从德谟克里特的原子论中找到。古希腊的自然哲学家是在没有实验，仅凭自己对周围事物

图2-6　德谟克里特

的感知而对自然加以理解的。虽然认为世界本原是水、无限、气、火、四元素等都具有朴素的唯物论思想，但毕竟离真实情况太远，唯有德谟克里特的原子论是最具科学性的。德谟克里特的唯物论思想和民主政治思想，受到古希腊以提倡"理念论"而著名的哲学家柏拉图（Plato）的排斥，德谟克里特的许多著作就是被柏拉图给烧毁的。

（六）亚里士多德的动物学

图2-7　亚里士多德

出生于斯塔吉拉（Stagiria）的亚里士多德（Aristotle），是古希腊知识的集大成者，他不但研究哲学、逻辑学、伦理学、政治学、美学和历史，还研究了力学、物理学、数学、天文学、植物学和动物学。用质料因、形式因、动力因、目的因等"四因说"解释事物的存在，对知识进行了分类，创立了形式逻辑。

亚里士多德18岁进入柏拉图创办的学园（Academia），随柏拉图学习20年，在哲学观点上他不同意柏拉图的理念论，认为柏拉图试图将"理念"独立于一切事物又企图代替事物的存在。柏拉图去世后他担任过亚历山大大帝和托勒密王朝皇帝托勒密一世（Ptolemaios Ⅰ）的老师。亚历山大执政后，他回到雅典创办吕克昂（Luceion）学院，创立"逍遥"学派，建立了图书馆和自然历史博物馆。该学院一直存在了860多年，成为欧洲中世纪中一所重要的以知识教育为主的学院。

下面，仅对亚里士多德的动物学作一介绍。

亚里士多德所著《动物志》（*History of Animals*）一书中，记载了540多种动物的习性、机体结构，其中包括120种鱼类、160种昆虫。在《发生消灭论》（又译为《动物繁殖》，*De Generatione Animalium*）中，探讨了生物发生的形态以及对生命现象的解释。

他解剖过50多种动物，对鸟翼和人手进行了比较，研究了生物与非生物的区别，他认为自然界可以划分为如下系列：

无生物—下等植物—高等植物—无血动物—软体动物—昆虫—甲壳类—鱼类—鲸类—胎生四足类—人类

他认为动物的发生始于雄性的精液和雌性的经血的混合，诞生于子宫，并根据动物的生殖法对动物进行了系统分类：

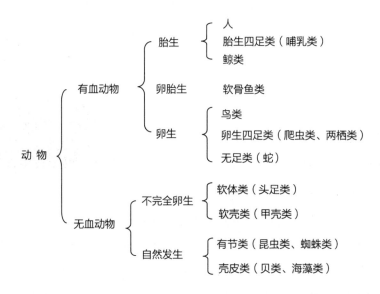

从他对动物学的研究可以看出，他的研究方法已经超出自然哲学而进入科学研究的范畴了。然而，他的许多思想是错误的。他坚持地心说，用上抛物体落回原地证明地球是静止不动的；认为天体具有神性，存在原初推动力；地球上的自然运动总是向上或向下，而天体的自然运动则是圆形。他认为，月球上的天空是不同于土、气、水、火的第五种元素，称之为"以太"（Ether），以太既不会与其他四种元素结合，也不会腐败，而以纯粹态存在。他还认为，自由落体时重物先落地，抛物运动的物体受冲力的作用。

亚里士多德排斥真空，因为在他看来，运动物体在真空中因无阻力速度会无限大，而速度无限大的物体会在同一时间出现于始点和终点，而这在逻辑上是说不通的。亚里士多德留有《论天》（*De Caelo*）、《形而上学》（*Metaphysic*）、《工具论》（*Organum*）等著作40余篇，他的许多观点被基督教、伊斯兰教所接受，正因为如此，亚里士多德的自然哲学，成为欧洲中世纪基督教神学世界和阿拉伯伊斯兰世界社会意识的基础。

（七）希波克拉底的医学

古希腊的医学早在亚里士多德之前的苏格拉底（Socrates）时代，就已形成系统化的学问。而在此之前，无论是古埃及还是美索不达米亚都是采取巫术方法行医，这一情况在世界各民族早期具有普遍性，即将医术与巫术相混杂，用巫术驱魔以治病。在长期用巫术治病的过程中，巫师逐渐掌握了一些疾病的治疗方法，或推拿，或用草药，然而这些经验的获得和施用，均是在披着某种神灵的外衣下进行的。

公元前500年左右，在爱琴海柯斯岛上的医师，开始排除巫术而从实证的角度从事疾病的治疗，其中就有后来被西方医界称作"医学之父"或"医圣"的希波克拉底（Hippocrates）。他用当时的希腊文言（伊奥尼亚方言）写有《论古代医学》《论瘟疫》《论预后》等医学文章70余篇，在公元前3世纪被亚历山大里亚的学者们整理汇总为一部包括医学、食物疗法、外科、药学、健康与疾病等的医学巨著《希波克拉底集典》（英译本 *Hippocrates*，8卷），留传后世。

希波克拉底的医学，注重观察和实证，强调疾病与自然状态的关系，否定"神圣病"，即神职人员不明的精神状态疾病，他认为这种病是大脑失去健康所造成的，明确地反对巫术治病。在生理和病理方面，认为人体内"四体液"（黄胆汁、黑胆汁、黏液、

图2-8　希波克拉底

血液）失调即会致病，确立了体液病理说，并对应于"四元素"（土、火、气、水）做了说明：

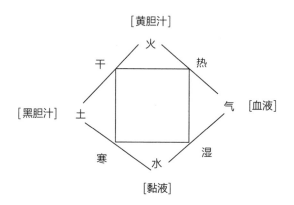

他强调食疗为主、药物为辅的治病原则，强调睡眠和新鲜空气对人体健康的作用，提出用绳缚男人的左右睾丸以控制坐胎婴儿性别的方法。

他首次提出"医德"问题。他的关于医德的"希波克拉底誓言"（Oath of Hippocrates）一直被西方医务人员奉为行为准则，并将之作为医生行医的首要条件，医学伦理问题由此产生。誓言的大意如下：

仰赖诸神为证，我要遵守誓约，矢志不渝。对传授我医术的老师要像父母一样敬重。我要悉心传授医学知识，竭力采取有利于病人的医疗措施，不给病人带来痛苦与危害。我不把毒药给任何人，也决不授意别人使用，尤其不为妇女施行堕胎手术杀害生命。我要清清白白地行医和生活，不为所欲为，不接受贿赂，不勾引异性。对不应外传的我决不泄露。如果我严格遵守上述誓言，请求神祇让我的生命与医术得到无上光荣；如果我违背誓言，天地鬼神共诛之。

三、希腊化时期的科学技术

（一）希腊化时期

在历史上，将公元前336年亚历山大即位到公元前30年托勒密王朝最后一位国王克娄巴特拉七世（Cleopatra Ⅶ）自杀，托勒密王朝被罗马军团灭亡为止的300余年，称作希腊化时期或亚历山大里亚时期。这一时期，以托勒密王朝为中心，古希腊的科学、技术及文化取得了许多新的进展，并持续繁荣700余年。

托勒密是亚里士多德的学生，他崇尚科学与哲学，在其都城亚历山大里亚建立缪斯（Museum）学院和藏书达50余万册的图书馆，还建有动物园、植物园、天文台和博物馆。除亚历山大里亚外，在叙拉古、萨摩斯、柏可曼等地都有一批学者从经验和实用的角度进行科学研究，自此，自然科学开始从自然哲学中分化出来，形成了一批独立的自然科学学科，其中影响最大的是数学、力学、天文学和医学。

（二）数学

在数学方面的重要成果是欧几里得（Euclid）的几何学和阿波罗尼奥斯（Apollonius）的圆锥曲线研究。

欧几里得是公元前320—公元前260年间活跃于亚历山大里亚的数学家，他受毕达哥拉斯和柏拉图的影响，著有《几何原本》（希腊语：$Στοιχεῖα$，拉

图2-9　欧几里得

丁语：*Elementorum*，13卷）[①]，确立了几何学的基本原理和研究方法。

《几何原本》第1卷叙述了几何学中的重要定义，如点、线、面、圆、直角、垂直、平行等；第2卷研究正方形和长方形的面积；第3卷研究圆；第4卷研究圆的内接和外接多边形；第5卷是比例论；第6卷是相似形；第7～9卷是整数论；第10卷是无理数；第11～13卷为立体几何。该书共涉及465个命题，首次开创了基于公理、公设、定理基础上的几何学证明方法，使几何学形成严密的理论体系。

欧几里得还将几何学应用于天文学、光学和技术领域，留有《数据》（*Data*）、《图形分割》《光学之书》《反射光学之书》等著作。

欧几里得的学生，天文学家、数学家阿波罗尼奥斯著有《圆锥曲线论》（*On Conics*，8卷）。他在书中研究了当从不同的面切割圆锥时，所得到的切面是抛物线、椭圆、双曲线，并对这些切面图形进行了定义，对切面的面积计算方法进行了研究。他还研究了无理数，计算行星轨道中心，设计出用本轮和均轮相结合以表示行星运动的方法。

当时在亚历山大里亚，许多人利用几何学进行了各方面的研究，如埃拉托色尼（Eratosthenes）用几何学方法测量地球的大小，亚里斯塔克（Aristarchos）测量了地球到太阳、月球的距离，喜帕恰斯（Hipparchus）设计三角法进行天文观测等。

---

① 欧几里得的原书名Elementorum，直译"原本"。利玛窦口授，徐光启笔录翻译成中文时，徐光启加"几何"两字成《几何原本》流传至今。

（三）力学

力学分为动力学和静力学。在动力学方面，亚里士多德做了先驱性的研究，然而其有两个错误结论，即上抛运动中飞行的物体因受冲力的作用而上升，当冲力耗尽后又在地球引力作用下下降；自由落体中物体下降的速度正比于其重量，因此重物先落地。这些错误结论在欧洲一直流传到近代科学革命时期。

在静力学方面，阿基米德（Archimedes）取得巨大成功。阿基米德是天文学家菲迪阿斯（Pheidias）之子，后到亚历山大里亚求学，主攻数学，著有《方法论》《命题集》《论圆的测量》《抛物线求积法》《螺线论》《论球体与圆柱》《圆锥体与椭圆体论》《沙计算器》《平面均衡论》《浮体论》等多部关于数学的著作。他在《方法论》中提出对欧洲科学影响深远的实验方法；在《论圆的测量》中，计算出圆周率在223/71～22/7之间。阿基米德发现内切于圆柱体的球和圆柱体的重量之比为3:2，并做了几何证明。他要求将内切于圆柱体的球刻于自己的墓碑上。

阿基米德在《浮体论》中创立了流体静力学，发现了浮力定律，即物体所受浮力等于其所排开水（液体）的重量。这一发现有一个传说：叙拉古国王让阿基米德确认其黄金制的皇冠是否被工匠用银偷换了黄金，阿基米德将与皇冠等重的黄金与皇冠置于杠杆秤的两端时，杠杆秤平衡，当将整个装置浸入水中时，发现皇冠上浮，说明皇冠体积大于黄金体积，有掺假。这里实际上已接近比重（密度）的概念。

阿基米德是历史上第一个将工程、机械与数学结合起来的人，发明了滑轮组、水力天象仪和用于抽水的阿基米德螺旋泵，这种螺旋泵在欧洲用了上千年。

图2-10　阿基米德和他的螺旋泵邮票

此外，他还研究了杠杆、滑轮、抛石机、攻城机械、弩炮，提出计算提起给定重物的滑轮组配置方法，对杠杆原理还给予了准确的描述：可比较的诸物体将在与其重力成反比的距离达到平衡。为了回击在第二次布匿战争[①]中进攻叙拉古城的罗马军舰，他运用杠杆原理发明了抛石机并改进了城防设施。当坚持了两年的叙拉古城被罗马军攻陷时，两名罗马士兵将正在沙盘上画几何图形的阿基米德杀害。

在历史上，一些著名科学家被无知的百姓或士兵杀害的情况屡见不鲜，阿基米德是其中之一。

（四）天文学

古代人由于在有生之年发现不了太阳系以外星球位置的变化，把这类星球称作"恒星"，而对太阳系中除地球以外位置不断变化的星球，称为"行星"，因此古希腊人研究的天文学主要是对太阳系而言。

在古希腊，出现了以太阳为静止参照系行星绕太阳运转的日心说（或地动说），以及以地球为静止参照系太阳及其他行星绕地球运转的地心说（或天动说）。由于人们习惯以地球为静止参照系观察物体运动，因此占统治地位的是地心说。

1. 地心说

在公元前4000年的古埃及和美索不达米亚，人们为了农业生产的需要，开始了最早的天文观测，制定了历法，后来随着夜间航海的需要，开始观测星象，绘制星表。到公元前5世纪的古希腊时期，开始从单纯的星象观测发展到对天体结构，即对太阳及其行星的相对位置与运行规律的探索。

最早提出地心说的是欧多克索斯（Eudoxus）。欧多克索斯出生于伊奥尼亚的克尼多斯（Cnidos），到埃及游学后回到伊奥尼亚的西泽库斯

---

① 罗马与迦太基争夺地中海西部统治权的战争，迦太基在今突尼斯，是腓尼基人创建的殖民地国家，公元前146年被罗马灭亡。

（Cyzicus，今土耳其西北）创办学校。他对地心说的重要贡献是创立了同心球理论。为描绘太阳、月亮和各行星的相对运行，他设计了27个同心球，用同心球来说明天体的视运动，开创了球面几何学。亚里士多德赞同欧多克索斯的地心天体结构，为了更好地与观测相符，他又增加了29个同心球，使当时的地心天体结构要用56个球来描述。

对地心说做出贡献的还有阿波罗尼奥斯和喜帕恰斯。阿波罗尼奥斯假设行星沿着一个较小的称作"本轮"的圆周做匀速运动，本轮的中心沿一个称作"均轮"的圆周绕地球运动，地球位于均轮的中心是静止不动的，这样行星与地球会有距离的变化，由此可以解释行星亮度的变化和逆行现象。喜帕恰斯为了解释人们在地球上观察太阳运行时，会发现其速度有快有慢，提出太阳绕地球做圆周运行时，地球与其圆心并不重合而是有偏离，相当于一个偏心圆。经过这些改进，地心说的宇宙体系可以很好地预测日、月、行星的运行位置，能较准确地预报日食和月食。

出生于尼西亚（Nicaea）的喜帕恰斯，是古希腊出色的天文学家。他在爱琴海的罗得岛上建立观象台，并发明了许多可以用肉眼观测天象的仪器，这些仪器一直沿用了1700余年。他根据前人的观测记录和自己的测量进行比较，发现地球自转受太阳及月球引力的影响，对黄道有倾斜，即岁差现象，指出这种岁差是黄道和赤道的交角缓慢移动所产生的。他利用自己设计的三角观测法进行了35年的天文观测，编制了包括1000多颗恒星的星图，记载了这些恒星的光度和天文坐标，根据星球亮度将星球划分为6个等级。他还设计了结构十分复杂的天象图和测定日地、地月距离以及太阳直径和月球直径的方法，计算出太阳年为365天5小时55分12秒（现代值为365天5小时48分46秒），测得月地距离与地球半径之比为67.74（现代值为60.4），这一方法后来被托勒密（Claudius Ptolemaeus）和哥白尼（N. Copernicus）所采用。

此外，亚历山大里亚博物馆馆长埃拉托色尼利用几何方法计算地球的周长和半径。他发现夏至日中午，阳光直射至南埃及尼罗河流域西埃尼（Syene，今阿斯旺Aswan）城中一口井的井底，而同一时刻，距西埃尼以北约900千米的亚历山大里亚，太阳光与垂直线有1/50圆周的倾角（7.2°），这个角度是西埃尼与亚历山大里亚的纬度差，由此算得地球周长约45000千米（现测值为40055千米），地球半径为7200千米（现测值为6371千米）。他的测量方法直到今天还在使用。

古希腊的地心说成果到罗马时期，在天文学家托勒密的努力下，得到进一步的完善。

2. 日心说

古希腊提出系统日心说理论的，只有亚历山大里亚时期出生于萨摩斯岛、曾出任过亚历山大图书馆馆长的亚里斯塔克。他认为，太阳和恒星都是不动的，静止的太阳是宇宙的中心，地球和行星都围绕太阳做圆周运动。月球围绕地球做圆周运动，地球还绕自己的轴自转。地球绕太阳一周为一年，月球绕地球一周为一个月，地球自转一周为一天。月球本身不发光，月光是月球反射太阳的光。亚里斯塔克的有关著述都已失传，仅在阿基米德的著作中对上述观点有零散记载。

图2-11　亚里斯塔克

由于亚里斯塔克的日心说与人们经常以地球为静止参照系的习惯相去甚远，在当时及以后的很长时间内，未能得到人们的重视。

（五）医学

在医学领域，由于托勒密王朝同意对死囚进行解剖，因此在人体解剖学和人体生理学方面取得了不少进展。

亚历山大里亚医学校创立者、外科医生赫罗菲洛斯（Herophilus）尝试人体解剖，被后人誉为"解剖学之祖"。他区别了静脉血管和动脉血管，发现动脉血管的血管壁比静脉的厚；研究了神经系统，区分了运动神经和感觉神经，指出神经中枢不是心脏而是大脑，还对脑、肝脏和生殖器进行了解剖学研究。在对病人的诊断中，他使用水钟计测脉搏，发现病人脉搏数以及脉搏强弱与节律的变化；提出身体机能的维持在于营养、保温、思考、感觉四个力的作用。

医学家埃拉西斯拉托斯（Erasistratos）则对心脏结构进行了研究，发现心脏瓣的存在及其防止血液逆流的作用；区分了大脑和小脑，比较了人脑与其他动物脑的区别，推知脑沟回的作用；否认当时流传的疾病的产生是由于体内各体液失衡的"体液说"，倡导由于体内器官硬化或软化造成的"固体病理说"；认为空气由肺部吸入后进入心脏变成"生命精气"，营养物质是通过动脉而输送给全身的，进入脑的"生命精气"在这里变成"精神精气"，经神经而支配全身的运动。

（六）技术

古希腊在技术方面亦取得许多前人没有的成就。

图2-12 波斯水轮

在水利方面，古希腊的土地大部分被沼泽、湖泊所占据，可耕地很少，古希腊人做了很大的努力排干了不少沼泽和湖泊。为排水的需要，阿基米德螺旋泵应用十分普遍。当时还使用一种被称作"波斯水轮"（sāqiya）的水车，挂有水罐的纵向转轮依靠与其啮合的由人力或畜力驱动的横向轮的轮齿来驱动，类似于现代的"伞齿轮"结构，这种原始木结构的齿轮可能也是阿基米德发明的。

在建筑方面，雅典城可称得上是古代城市规划和建筑的典范，直接影响到罗马城市的规划和建筑。许多用巨石建筑的寺庙和公共建筑，高大雄伟，其中帕提农神庙堪称艺术与技术的完美结合。18世纪希腊被土耳其统治时期，帕提农神庙上的许多花岗岩雕塑被英国大使锯割下来运去英国，今

图 2-13　帕提农神庙

图 2-14　三层桨战舰划桨手

图 2-15　古希腊铁匠铺（公元前 6 世纪）

存大英博物馆。

　　在城邦供水方面，希腊人认为纯净的水是人体健康的保证，为此建造了从彭特利库斯山用暗渠将泉水引入雅典的地下水道，该水道每隔 15 米左右设一垂直通风孔。公元前 6 世纪，由尤帕里诺斯（Eupalinos of Megara）设计的萨摩斯岛隧道，长 1040 米，是从两端同时开凿的。在希腊化时期的小亚细亚和意大利南部还采用虹吸方法引水。在古希腊诸城邦中，设有公共浴池，还安装有淋浴头，这可能是最早的淋浴设备。

　　在交通方面，古希腊广泛使用两轮车，车轮为十字形轮辐，黄杨木的毂用皮条绑在牵引杆的销栓上。古希腊人为了航海的需要，在造船方面取得了许多成果。在荷马时代，无论是战船还是商船都设有对船只纵向强度十分重要的龙骨和船首柱、船尾柱，船上装有桅杆，许多大型船的动力采用帆与桨并用，桨从 1 到 5 排不等，每排有若干只桨同时划动。到公元前 3 世纪中叶，战船已经发展成重型和轻型两类，而且开始装甲。一些商船为了防止因船蛆对船板的蚕食而造成的海难，在船体上还用铅皮包覆。

在港口导航方面，古希腊人最早建造了船舶进离港导航用的灯塔。亚历山大里亚的巨型灯塔高85米，建于公元前280年左右，灯塔的灯光是用磨光的金属面做反射镜，反射点燃树脂所发出的光，在56千米外都可以看到。这一建筑毁于14世纪的一次大地震。

在陶瓷和玻璃制造方面，公元前7世纪—公元前4世纪雅典成为古希腊的制陶中心，制造的陶器是重要的贸易品。制造圆形陶器的陶轮，不是用脚踩，而是由另外一个人转动的，烧成后还要打磨、刻花、上黑釉。到希腊化时期，开始采用模制和轮制相结合的方法，陶轮和模子一般用红陶制成。公元前3000年古埃及人在炼金术中发现了制造玻璃的方法，公元前1500年左右古埃及人已经制造出各种款式和颜色的玻璃制品。公元前700年后，古希腊人继承了古埃及人的玻璃熔炼技术，经模压、抛光或磨光，制造玻璃餐具、饰品等。玻璃的吹制技术是公元前1世纪在罗马时代出现的。

在机械方面，公元前6世纪的古希腊已经因金属加工的需要而对锤子、钳子等工具进行改进。由于航海和戏剧舞台的需要，发明了绞盘、滑轮。由于舰船加工的需要，于公元前6世纪发明了木旋车床。螺栓则是公元前400年左右毕达哥拉斯的一个学生发明的。当时，更多人的机械发明是战争工具，如抛石机、攻城机，这些早期的简单机械及其组合以及他们的设计思想，对后来的机械设计和机械学的形成发挥了奠基性作用。

此外，古希腊人为了满足炼金术的需要，发明了80多种仪器装置，如熔炉、吹灯、水浴器、灰浴器、反射炉、坩埚、烧杯、广口瓶、细颈瓶、过滤器、蒸馏器等，有不少一直流传至今。

第三章

罗马的科学与技术

罗马是个农耕民族，作为以农为本的罗马人，讲求实利而不关注对自然本质的探讨。他们注重弓箭的制造，而不会注意为什么箭离弦会飞的问题。罗马人没有希腊人那种对问题的逻辑推演思考方式，但是罗马人很重视实践，而且罗马人解决实际问题包括治国、贸易、战争的能力远超希腊人。希腊的许多与生产、生活有关的科学成果在罗马得到很好的应用。在罗马的社会中，手工业内的分工极为明细，工具进一步分化、专业化，出现了各种行业组织。

一、罗马概述

公元前2000年左右，起源于中欧的印欧语系部落从多瑙河和喀尔巴阡山分批南迁至意大利中部的拉丁姆平原上，此时他们已经进入青铜时代。到公元前1000年左右当地已经进入铁器时代，农民使用铁制农具，但是用于战争的兵器还是青铜制的。公元前753年，已经处于较高文明形态的伊特拉斯坎人①开始在台伯平原上建罗马城。当时所谓的罗马城只是用犁划出一个封闭的沟，沟内就定为罗马城。罗马商人用希腊字母做贸易记录，逐渐演变出罗马字母和罗马数字，后来又演变出拉丁字母。公元前6世纪末，由萨宾

---

① Etruscan，自称拉森人Rasenna，希腊人称之为第勒尼安人Tyrrhenian，大约从公元前8世纪中期起居住在意大利半岛中南部的民族。

人[①]、翁布里亚人[②]和拉丁人[③]构成的罗马人击败了伊特拉斯坎人的统治，进入200多年的王政时代。公元前509年，平民反抗暴政推翻了国王，此后不再设国王，王政时代结束。每年选出两名执政作为行政长官，在元老院的监督下全面治理国家，由此建立了罗马共和国。

公元前4世纪中期到公元前3世纪初，罗马开始联合拉丁姆的拉丁部落对外征战、扩大疆域。很快打败了意大利中部的萨姆奈人[④]和意大利南部各个希腊城邦，占领了意大利全境，这期间罗马城邦成为拉丁诸城邦的邦主。为争夺地中海霸权与腓尼基人建立的商业贸易中心迦太基（意大利人称"布匿"，今非洲突尼斯）进行了三次"布匿战争"，征服了迦太基，占领了东起西西里、西至西班牙和摩洛哥的广大领土，划为罗马的一个行省，定名为"阿非利加"。同时向东扩张，征服了马其顿、塞琉西、托勒密等王朝，设伊利里亚、亚细亚、马其顿、叙利亚等行省。罗马人在战争中改进了他们从希腊学来的战术和作战方式，罗马军队被分成几个军团，每个军团由4500名士兵组成，其中骑兵300人，手持短剑的轻武器士兵1200人，手持盾牌、长矛的重兵器士兵3000人。部队纪律严明、管理有序。

公元前59年，恺撒（Julius Caesar）当上执政和高卢总督后，攻击高卢的日耳曼人，渡海进攻不列颠，公元前45年恺撒成为罗马独裁者。公元前44年恺撒被杀后，恺撒的外甥屋大维（Gaius Octavius Augustus）于公元前27年称帝，罗马帝国自此开始。屋大维为自己的帝制保留了一些共和色彩，自称为"第一公民"，即元首，他建立了28个军团和一个近卫军，经济也迅速得到发展。

从3世纪开始，罗马帝国开始衰落，君士坦丁大帝（Flavius Valerius Constantinus）于330年将都城移到新建的君士坦丁堡（今土耳其伊斯坦布尔）。395年罗马帝国分裂，东罗马以君士坦丁堡为都城，西罗马以罗马城

---

① Sabine，古意大利部族。
② Umbrians，居住于意大利中部的部族。
③ Latin，居住于意大利亚平宁半岛中西部拉丁姆平原的部族。
④ Samnites，居住于意大利中部的部族。

为都城。原居住在多瑙河北岸尚处于渔猎社会的日耳曼族哥特人，于3世纪分裂为东西两支，东哥特人归附了匈奴，西哥特人为逃避匈奴越过多瑙河进入罗马。日耳曼的汪达尔人、法兰克人和西哥特人曾两次攻陷罗马城。476年，罗马城再次被攻陷，西罗马皇帝被废黜，西罗马灭亡。东罗马则保留了罗马帝国的部分传统并吸收希腊、波斯文化，逐渐进入封建社会。

罗马历时1100多年，经历了王政时代、共和时代和帝制时代，向周边地区的征战与外族的战争连年不断，奴隶制最为长久且充分。西罗马的灭亡，意味着欧洲奴隶制的结束和中世纪的开始。

二、罗马的科学

（一）托勒密的天文学

图3-1 托勒密

2世纪，亚历山大里亚的天文学家、数学家和地理学家托勒密（Ptolemaeus）在古希腊喜帕恰斯地心说的基础上，对天文学进行了系统研究，著有13卷的《天文学大全》[①]，构造了一个相当完备的地心说体系。这个宇宙体系是圆形的，以地球为中心由九重天组成，地球位于宇宙中心。他认为地球是静止的，否则飞鸟、云等都会被甩到地球后面。日、月及水、金、火、木、土五大行星在各自轨道上绕地球

---

① 书名原为《天文学（数学）大成》（*Mathematike Syntaxis*），阿拉伯语译为 *Almagest*，即"最大的书"或"至大论"。

做圆周运动，自下而上形成月亮天、水星天、金星天、太阳天、火星天、木星天和土星天。这七重天之外的第八重天是恒星天，所有恒星都镶嵌在这恒星天上绕地球旋转，恒星天之上为最高天即原动天，为诸神所在，所有的天都受原动天支配而绕地球运转。

该书还涉及天文观测仪器、日月食理论、恒星表与岁差、行星运动理论等多方面。托勒密的宇宙体系对喜帕恰斯体系作了许多修订，他亲自到亚历山大里亚进行长期的天文观测（121—151），发现了月球运动的不规则性，测量了地球赤道平面与地球轨道平面的角度，估算出地球与太阳、月球之间的距离。他对44个星座进行命名，他命名的许多星座名称，如猎户座、狮子座，至今还在使用。他还对5个行星的不规则运动，用数学和几何学方法加以说明，制定出各行星运行的几何学模型，因此可以相当准确地预测各行星及太阳、月球的运行位置。

由于托勒密的天体体系与基督教教义基本一致，到中世纪为基督教所接受，在哥白尼时代之前，一直是标准的天文学学说，流传了1500多年。

托勒密本名克劳狄乌斯（Claudius），出生于上埃及的托勒密·赫尔弥昂（Ptolemais Hermion），一生中大部分时间是在亚历山大里亚度过的，这使他很好地继承了古希腊亚历山大里亚的学术传统。除天文学外，托勒密测得光从空气向水中的折射率为1.31（正确值为1.33），还以8000个地点的经纬度和距离为基础进行大地测量，著有8卷本的地理学巨著《地理学》（*Geography*），绘制了包括欧、亚、非三大洲和太平洋、印度洋、大西洋三大洋的世界地图。还著有《行星假说》《恒星之象》《光学》等多部科学著作。

（二）丢番图的数学

丢番图（Diophantus）是亚历山大里亚后期的数学家，他完全脱离了罗马数学的几何学传统，以代数学闻名于世，对算术理论也有深入研究。丢番图著有《算术》（*Arichmetica*）一书，共13卷，现存10卷，290个问题。书中收集了许多有趣的问题，每道题都有巧妙解法，以至于后人把这类题目叫作丢番图问题。丢番图的《算术》是讲数论的，讨论了一次、二次、三次方程以及不定方程。后来数学界将具有整数系数的不定方程，如果只考虑其整数解，就称作丢番图方程，是数论的一个分支。在《算术》中他引入了未知数，并对未知数加以运算。就引入未知数、创设未知数的符号，以及建立方程的思想（虽然还不具有现代方程的形式）这几方面来看，丢番图的《算术》完全可以算得上是代数。古希腊数学自毕达哥拉斯之后，认为只有经过几何论证的命题才是可靠的。一切代数问题，甚至简单的一次方程的求解，也都纳入几何的模式之中，直到丢番图才把代数独立出来。他认为代数方法比几何演绎更适宜解决实际问题。

他的墓碑上有一道很著名的数学题：

"过路的人，这儿埋葬着丢番图。他的寿命有多长，下面这些文字可以告诉你。他一生的六分之一是幸福的童年，十二分之一是无忧无虑的少年。再过去七分之一的年程，建立了幸福的家庭。五年后儿子出生，不料儿子竟先其父四年而终，只活到父亲岁数的一半。晚年丧子的老人真可怜，悲痛之中度过了风烛残年。请你算一算，丢番图活到多大，才和死神见面？"（解法之一：设丢番图活了 x 岁，$x = 1/6\, x + 1/12\, x + 1/7\, x + 5 + 1/2\, x + 4$，$x = 84$）

（三）卢克莱修的原子论

卢克莱修全名提图斯·卢克莱修·卡鲁斯（Titus Lucretius Carus），罗马共和末期的诗人和哲学家，古希腊罗马原子论的集大成者。古希腊罗马的原子论学说，由留基伯和德谟克里特创立，伊壁鸠鲁（Epicurus）对原子论作了丰富发展，卢克莱修则作了全面的总结与阐述。他著述丰富，可惜只留存下来哲学长诗《物性论》（De Rerum Natura）。《物性论》一书分为6卷，用抑扬六步格写成，其内容主要是阐述并发展了古希腊哲学家伊壁鸠鲁的哲学观点，认为物质的存在和运动都是永恒的，认为宇宙是无限的，整个世界包括神都是由原子构成的，有其自然发展的过程；认为原子既不能产生也不能消灭；反对神创论，认为世界是可知的，感觉是事物流射出来的影像作用于人的感官的结果。

（四）儒略历的推行

儒略历（Julian calendar）是由罗马共和国独裁官儒略·恺撒，采纳亚历山大里亚数学家兼天文学家索西琴尼（Sosigenes of Alexandria）的计算，于公元前45年1月1日起执行的取代旧罗马历法的一种历法。儒略历中，一年被划分为12个月，大小月交替；四年一闰，平年365日，闰年366日，在当年2月底增加一闰日，年平均长度365.25日。由于实际使用过程中累积的误差随着时间越来越大，1582年教皇格里高利十三世（Pope Gregory XIII）推行了以儒略历为基础的格里高利历，沿用至今。

图3-2　儒略·恺撒

在儒略历颁布前，罗马人使用的是阴历，每个月29天或30天，每两年插入一个闰月，闰月长度为3/4个普通月，也就是第一年新月月初，第三年下弦月月初，第五年满月月初，第七年上弦月月初，第九年回到新月月初。在这个历法系统里，常年355天，闰年377天或378天，平均每年366又1/4天。由于当时信息传播困难，经常无法将闰年迅速发布到国家的每个地方，因而造成全国各地区时间的混乱。

儒略历各月的名称：

1月，January，罗马神话双面神雅努斯Janus。

2月，February，罗马涤罪节Februa。

3月，March，罗马神话战神玛尔斯Mars。

4月，April，罗马词aperire，意味着春天开始。

5月，May，罗马花神玛亚Maia。

6月，June，罗马女神Juno。

7月，原名Quintilis，后改为July。罗马历只有10个月，这是第五月，原名是"第五"的意思，恺撒是这月出生的，元老院将此月改为恺撒的名字"儒略"。

8月，原名Sextilis，是"第六"的意思，后改为August。屋大维继位后，罗马元老院在8月给他"奥古斯都"称号，屋大维就命名八月为"August"。

9月，September，拉丁语"第七"的意思。

10月，October，拉丁语"第八"的意思。

11月，November，拉丁语"第九"的意思。

12月，December，拉丁语"第十"的意思。

（五）普林尼的"博物志"

罗马人从实用的角度出发，以古希腊遗留的众多文献为基础，编撰了许多辞书和百科全书。其中以普林尼（Plinius the Elder）所编的《博物志》（又译为《自然史》，*Natural History*）最为著名。这是一部汇总古希腊罗马自然、科学、技术和社会各方面知识的百科全书，于公元77年完成，它开辟了"百科全书"编撰的先河。

图3-3 普林尼

该书共37卷，432人参与编写。他们从2000多部前人著作中选出3万余条目，其中古希腊人的著作326种，罗马人的146种。内容涉及宇宙、天文、地理、人类、动植物、药物、医疗、化工、农耕、艺术等诸多方面内容。条目撰写注重实用与价值，例如，在"黄金"条目中，既记载了如何开采金矿、提炼黄金，也记载了金货与金印，还记载了王妃穿的金丝衣。

　　普林尼一生编著了7部著作，仅这部留存于世。他曾担任罗马军团的舰队司令，公元79年8月24日维苏威火山喷发时，他为了考察灾情深入险境而献身。

（六）医疗卫生

　　罗马的盖伦（Galen）是古希腊、罗马医学集大成式的人物，出生于小亚细亚的佩尔加蒙（又译为帕加马，Pergamum），曾到土耳其的士麦耶（Smyrna）、希腊的科林斯（Corinth）和埃及的亚历山大里亚学习医学，接受了古希腊医学家希波克拉底的医学理论、赫罗菲洛斯的解剖学知识，以及柏拉图、亚里士多德的哲学思想，担任过罗马宫廷侍医。通晓数学、文法和哲学，精于解剖学和病理学。在当时不允许人体解剖的情况下，他通过对哺乳类、鸟类

图3-4　盖伦

和爬虫类动物的解剖，进行形态观察和生理学实验。通过观察比较确定了人体结构，研究了神经系统，认为"感觉神经起于大脑，运动神经起于脊髓"。他的主要贡献在于倡导观察与实验，在治疗实践中应用了消化、脉搏、呼吸、心率、血液等知识。

　　盖伦发展了希波克拉底关于病理的"体液说"，进而将体液与人的气质相对应，认为血液多的人属于多血质型，黏液多的人属于黏液质型，黄胆汁多的属于胆汁型，黑胆汁多的属于抑郁型。这些体液对应火、气、水、土四元素和四种基本属性——暖、湿、冷、干，相当于人生四个阶段：童年、青

年、壮年、老年和一年的四季。他认为疾病主要是四种体液失去平衡导致的；还提出"三元气"理论，认为肝脏产生"自然之气"，心脏产生"生命之气"，大脑产生"精神之气"，"生命之气"经肺动脉送达全身，"精神之气"通过神经送达全身，肝脏是血液运动的出发点，"自然之气"含于血液中流经全身，这三种气维持人的生命活动；认为空气中含有生命之源"灵气"（Pneuma），它通过肺进入左心室，随血液到达全身。当时对肺的作用、血液循环还不清楚，他认为肝脏产生的血液进入右心室，经心脏中间的小孔，流入左心室，后流经全身消耗掉。

遗憾的是，继承古希腊希波克拉底医学传统的盖伦，由于其浓厚的宗教色彩被后来的基督教和伊斯兰教所接受。在中世纪，盖伦的学说得到基督教神学的赞许，到近代为止其学说一直统治着欧洲医学界。盖伦学说中的神秘成分远多于理性成分，他认为心脏的缩胀是负责呼吸的，对血液循环的认识也是错误的。这些错误观点在中世纪被基督教会奉为信条，直到1543年尼德兰医生、解剖学家维萨留斯通过人体解剖以及后来英国医学家哈维（W.Harvey）创立血液循环学说后才得以纠正。不过盖伦认识到空气中含有生命之源"灵气"的思想，与后来发现空气中的氧是维持生命的主要气体是相通的，这是他对生命学说的重要贡献。在医德方面他提出"医生是自然的使者"，还留有医学著作80余篇。虽然他的学说有不少错误，但他坚持的观察、实验、比较研究等方法已经是近代自然科学的研究方法了。

罗马的医学成就，还有公元30年哲学家、医学家塞尔苏斯（A.C. Celsus），以希波克拉底著作和亚历山大里亚医学界的解剖学及外科学为基础，用拉丁语写成的《药物论》（*De re medica*，8卷，1443年被发现）；公元80年左右古希腊罗马时期妇产科学的顶尖著作，是索拉努斯（Soranus）编写的《论妇科疾病》；公元90年左右军医第奥斯科里德斯（P.Dioscorides）用希腊文编写的、在欧洲16世纪前一直被奉为药物学经典著作的5卷本的《论药物》（*De Materia Medica*）等。

罗马时期，由于战争频仍以及城邦的扩展，军事医学、医疗制度、公共卫生都有很大的进展。公元14年左右，罗马设立了最早的公立医院，特别是罗马实行了近200年的医生资格特许制，为后来的医院管理留下了经验。

三、罗马的技术

（一）动力与交通

为了军事行动方便和加强对各地的统治，罗马人在欧洲大陆和英格兰北部修筑了7.6万千米的公路网，号称"条条道路通罗马"。

到公元前202年，罗马人已经建成三条以执政官或监察官名字命名的大型用砾石铺装的道路。最早的一条是Via Latina路，公元前370年始建，全长536千米，从意大利西海岸向东可到达希腊及中东。公元前241年，监察官奥耶里乌斯·考特（Auyelius Cotte）开始修建罗马经比萨至热那亚的奥耶里乌斯路。公元前222年，凯乌斯·弗拉米尼乌斯（Caius Flaminius）始建Flaninian路和Valerian路。这些铺装路与其支路一起构成罗马帝国的庞大铺装路网。在其后的100余年间，铺装路继续向外扩展，从意大利可达里昂、波尔多、巴黎、莱顿、维也纳、美因兹、科隆以及古希腊各地和中东大马士革，仅意大利一地就有372条主要道路。当时的筑路水平是相当高的，其中1.2万千米的碎石铺装路，路基是用灰浆、碎石块和火山灰填充的，800多年未见损坏。到安东尼（Antonius）执政时期，已有5.1万千米碎石铺装路，其中执政官大道立有4000多块界石，每30千米设一个客栈。然而，这些四通八达的公路，主要用于征战和情报传递，并未引起罗马帝国商贸的繁荣。

罗马人也非常注重海上运输，建造了许多大型商用和军用船只，帆桨并用，运粮船一般有128.02米长，有的船设有三层甲板，载货量一般在250吨左右，最大的载货量在1000吨以上，大型客船可以载客600多人。

在动力技术方面，欧洲最古老的水车是希腊式的，由于当时的水车主

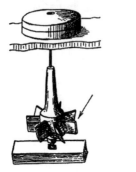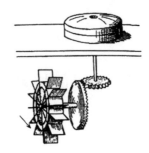

图3-5 挪威式与罗马式水磨

要用于驱动磨盘，也称"水磨"或"挪威水磨"。这种水磨采用垂直轴，轴上端与磨盘相连，下端是浸入水流中水平安装的木制的水轮叶片，在水流冲击下水轮叶片转动，驱动磨盘转动。

这种水磨只能在水流湍急的地方使用，输出功率不大，0.5马力左右，仅可以供一家农户磨制面粉用。虽然这种水磨极为原始，但它是水车在欧洲最早的实用案例，也是后来水轮机出现的先驱。

公元1世纪，罗马建筑学家维特鲁维奥（P. Vitruvius）对这种水磨做了改革，将之改变成一种在水平轴沿垂直方向安装水轮叶片的罗马型水车，也称"维特鲁维奥型水车"或"罗马式"。为了将水平轴的旋转动力转给沿垂直轴转动的磨盘，在水车的水平轴与磨盘的垂直轴间安装了齿轮垂直传动机构，输出功率可达数马力。这种水车按水流冲击叶片的方位分为上射式、下射式、中射式三种。

这种水车早期主要用于面粉作坊的动力，但当时未能普及。3世纪后，罗马对外的战争已很少，俘虏的奴隶大为减少，在这种情况下用水车作为动力的起重、磨制面粉技术才开始推广应用。

（二）建筑与水利

1. 建筑方面

罗马时期建筑业也同其他技术一样有了新的发展，罗马人发明了用火山灰、石灰、砂石混合而成的混凝土，由于这种建筑材料容易获得，因此在罗马境内开始出现了一些大型的建筑工程，特别到罗马帝国时代，用砖瓦、

图3-6　罗马广场

图3-7　罗马斗兽场（内部）

图3-8　罗马斗兽场（外部）

石块、混凝土建造拱顶、圆屋顶的建筑技术已经达到相当高的水平，在建筑物外墙上还使用大理石板进行表面装饰。在一些城市中，建有许多多层的集体住宅，并有宽敞的凉台，外观与现代的楼房建筑已很类似。公元前1世纪左右，罗马人开始使用窗玻璃，窗框则用青铜或木材制成。罗马修建了许多公共建筑和娱乐性建筑，一些公共建筑物的大厅都开有天窗，以利采光。

　　罗马城市规划受古希腊的影响，将严峻而优美的形式与实用目的巧妙地结合，罗马城内到处是神庙、祭坛以及公共设施。几乎所有的城市都模仿罗马城，两条交通干线汇合于市中心广场，广场附近一般设有商店、柱廊、神殿、长方形大会堂、行政机关、纪念柱、图书馆等。竞技场是四周设有阶梯座席的大型建筑，最具代表性的是位于罗马市自公元70年开始用10年时间建造的斗兽场，又称"椭圆形竞技场"，该竞技场可容纳5万人，纵横

155.5米×188米，周围是四层看台结构，第一层采取了多利亚（Doria）式，第二层采取了伊奥尼亚（Ionia）式，第三层是柯林特（Corinth）式，第四层是后来增筑的。公元120年开工用4年时间建造的万神殿，以及凯旋门等均以其宏伟和奢华达到古代建筑技术的顶峰。

罗马时期主要的建筑材料是砖和混凝土，教堂、皇宫、城堡则多用大理石和花岗岩等石料。木结构建筑在欧洲一直延续了几千年，但与东亚、俄罗斯特别是中国不同，木结构始终未成为建筑的主流。

2. 水利方面

由于罗马城供水的需要，罗马人跨越山河修建了从山泉开始，全长2092千米的14个经过精心设计有一定坡度的输水渠，日供水量达3亿加仑（1英制加仑=4.546升）。这些输水渠要通过大量输水隧道、横跨两山间的高架水渠，在罗马城则采用铅制输水管向用户供水，当时被称作是"为了健康和卫生的工程"。到罗马帝国时期，这一渠道已成为包括贮水池、导水道、公共浴池、喷泉和排水道在内的完整的城市供排水体系。公共浴池内设有不同温度的浴室、冷热水游泳池、按摩室、体育室等。

公元1世纪，维特鲁维奥参与了罗马城的引水、供水工程和军用机械的设计。维特鲁维奥设计了一种抽水机，其主体是一个带水平轴的鼓形圆桶，圆桶中由从轴心辐射出来的木板分成8个小室，每个小室靠圆桶外圆处有一个0.15米宽的开口。当小室处于低位沉入水中时，水从开口处流入桶内，圆桶旋转该小室被提起，水从每个被提起小室靠轴处的小孔流出，流出的水被集中在中轴下方横置的半圆管中排出，鼓室的旋转由人力驱动踏车完成。这种抽水装置在公元前后广泛为罗马帝国所采用。

在罗马时期，为了开垦土地种植作物，已开始对湿地、湖泊、沿海滩涂进行围田排水。当时旱作农业的灌溉一般采用渡槽输水的做法，即将湖泊中的水抽到渡槽中，再经渡槽输送至用水的农田。罗马帝国时期，建造了规模宏大的灌溉沟渠系统，公元41年，罗马皇帝克劳狄一世（Claudius I）启动了对富奇努斯湖（Lake Fucinus，今已干涸）的排水工程，3万人用了11年的时间完成，由此获得了大量农田。北非地区气候干燥少雨，农田灌溉必不可少，一般是在河流上筑坝，将水储于蓄水池或池塘、地下蓄水池中，再用沟渠、渡槽来分流。北非的灌溉系统也是在罗马帝国时期修建的。

（三）希罗的机械装置

希罗（Heron）是亚历山大里亚的一个重要机械装置发明者，留有很多技术方面的著作，还有几何学方面的著作。在《气体装置》（又译为《压缩空气的理论与应用》）一书中，他认为空气是由很小的微粒组成的，可以被压缩。希罗已经对空气、蒸汽的性质有了较好的掌握，并利用这些性质制作各种机械。他在书中描绘了一种神庙自动开门装置：在神庙前设一神坛，当在神坛上点火时，就会加热神坛下方容器中的空气，空气受热膨胀挤压出容器底部的水，流动的水拉动卷在门轴上的绳子将门打开。书中还记载了他发明的能把油灯芯退出来的"油灯芯自动调节装置"、带入口阀和出口阀的抽水机、以水力为动力的管风琴以及"自动圣水装置"。当将硬币从"自动圣水装置"上方开口处投入时，便会打开出水口，供信徒洗手、漱口。

他最著名的发明是利用蒸汽喷出的反作用力转动的蒸汽球的机械玩具。这种蒸汽球的工作原理是，将下部容器中的水加热，生成的蒸汽用管子导入上部可以绕轴旋转的球中，当蒸汽从球体两旁有一定斜度的喷口中喷出时，

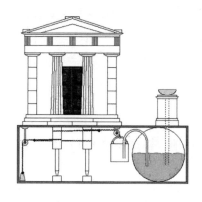

图3-9　希罗的自动门

图3-10　希罗的蒸汽球

因反作用力而使球旋转起来。这一发明在原理上与现代汽轮机相同。

希罗在《机械学》中记述了力学知识，指出使用杠杆、斜面、螺旋、滑轮等简单机械时，不但能改变力的方向，还可以增大输出的力；在同样的作用效果下，作用力加大，作用距离则会缩短。

可惜希罗的这些先进的机械装置，在奴隶劳工充裕的罗马社会并未引起人们的注意，未得到应用。

（四）技术著作

罗马人注重对技术成果的总结和记述，一些技术类著作开始出现。曾做过罗马城水道监察官的普伦迪努斯（Prontinus）著有《罗马城的水道》（*Roman Aqueducts,* 2卷），书中详细记述了罗马城水道修筑的历史以及水量、水道管路和水质检验等供水技术。公元前32—公元前22年间，维特鲁维奥著《论建筑》（*De Architectura*），因全书共分10部分，又称《建筑十书》。该书是奉献给奥古斯都（Augustus）大帝的，书中对神殿和剧场、道路、港湾、住宅等建筑的技法作了记述，还对建筑用的各种工具作了解释，是古代唯一一部建筑学著作，其对神殿的分类法一直为后世所沿用。

罗马人注重农业生产和家畜饲养，留有几部关于农学和农业技术方面的著作。约公元前160年，政治家加图（Cato）著有《农业志》（又译为《论农业》，*De Agricultura*），书中记载了罗马人的农业和畜牧业情况，是西方最早的农学著作。文学家瓦罗（Varro）于公元前36年著有《论农业》（*Farm Topics*），全书共3篇，第1篇讲述了谷类、豆类作物及橄榄树、葡萄的栽培技术；第2篇记述了牛、羊、马、驴、猪的饲养方法；第3篇是各种小动物的饲养方法。诗人维吉尔（Vergilius）退隐后写作的《农事诗集》（*Georgica*），讲述了休耕、轮作、施肥、整地、耕作和种子处理等技术。

（五）兵器技术

罗马由于领土扩张、频繁对外征战的需要，各种兵器如投石器、石弓、攻城器、攻城槌等被大量制造出来，强化了冷兵器时代罗马人的作战能力。早期的罗马军队主要仿效希腊模式，但是他们发明了更为精巧的投掷兵器——一种短矛。这种短矛头部是铁制的，用木钉固定在短的木柄上，投出后经撞击木钉即会断裂。这是防止敌人重新使用的一项巧妙的发明，后来进一步将矛尖以下部分用熟铁制造，撞击后铁矛即弯曲而不能再使用。

图3-11　石弩

罗马人还发明了腹式重弩，其张力大约是普通弓箭的2～3倍，更大型的重弩必须用绞盘拉弓。此外还发明了用于射箭的直形弩和用于抛石的V形弩，二者结构大致相同，只是部件比例不同，都采用筋束或皮带做弓弦。

机械师菲罗（Philo of Byzantium），在公元前150—公元前100年间设计出一种石弩，这种石弩不再使用筋束，而是采用了青铜（含锡30%）制的弹簧。他还设计了可以快速射击的"自动石弩"，在箭盒中装有大量的箭，可以连续地逐次发射。

古希腊时期的重要攻城器械是攻城槌，这种攻城槌到罗马时期也在大量使用。罗马人建造了一种用于攻城的塔楼，其下有带轮的底座，主体是一个10～20层的木桁架，士兵利用中间的梯子可以爬上高层。塔楼外蒙有兽皮或铁皮，底部装有攻城槌，上部设有箭弩发射器。

第四章

欧洲中世纪、阿拉伯的科学与技术

从476年西罗马灭亡，到1453年东罗马被皈依伊斯兰教的奥斯曼土耳其帝国灭亡的近1000年，史学界称为"中世纪"。欧洲中世纪是欧洲的封建社会时期，基督教成为政治、文化和社会意识形态的核心。在同一时期，阿拉伯世界兴起，东西方文化的交流在这一时期达到了空前的规模。

一、欧洲中世纪的基督教神学与大学教育

（一）欧洲中世纪

罗马帝国是欧洲也是世界上第一个政治体制完整的国家，有完善的法律，政治统一，经济繁荣，城市结构完备，数以百计的城镇建有公共广场、剧场、神庙、公共浴场和会堂；农村的种植业和养殖业亦十分发达。在其北方则是一些尚处于野蛮时期的游牧民族，有乌拉尔－阿尔泰语系的芬兰人，还有从东亚及中亚迁移而来的日耳曼人、匈奴人、保加利亚人等，这些部落经过长年的流窜和部族征战，劫掠成性，而欧洲东部则是处于游猎时期的印欧血统的斯拉夫人。

纪元前后，当与汉朝长年征战的西匈奴西迁时，引起了这些民族的大动荡。日耳曼的一支西哥特人为躲避匈奴，在近200余年的民族迁徙中，占据了罗马的大部分领土。罗马帝国君主狄奥多西一世（Theodosius I）在君士坦丁堡登上王位（379）后，于381年宣布基督教为国教。临终之时，他

将罗马帝国分给其两个儿子阿卡狄乌斯（Arcadius，东罗马）和霍诺里乌斯（Honorius，西罗马）。此后罗马帝国分裂为东罗马（首都君士坦丁堡）和西罗马（首都罗马城）。

西罗马在众多蛮族入侵、割据中于476年灭亡，分裂成若干个部落小国。此间不少蛮族部落被消灭或融合于其他民族，而且长年的蛮族入侵，罗马的城市被毁，一切文明标志几为灰烬，加之瘟疫流行，人口锐减。481年法兰克王国建国后，欧洲的王制统治逐渐恢复，到9世纪后进入以封建庄园为特征的封建社会。各民族相对稳定地定居下来，构成后来欧洲各民族国家的原型。

东罗马亦称"拜占庭"（Byzantium）。拜占庭一词源于古希腊人对地中海与里海、欧亚之间一个殖民地的称呼，东罗马帝国首都君士坦丁堡建在这里，史学界也将东罗马称作"拜占庭帝国"。拜占庭帝国与欧洲大陆相比，由于远离众多蛮族蜂拥的欧洲，经济发展虽然缓慢，但是社会较为稳定，几乎成为文明的避难所。由于其地处欧、亚、非三大陆交汇处，因此在阿拉伯帝国未占领欧洲南部及埃及时，其作为东西方贸易的交汇地，吸收了不少来自中国、印度的物产和技术，加之基督教（东正教）的影响，逐渐形成了独特的拜占庭文明。527年，查士丁尼大帝（Justinianus the Great）即位东罗马皇帝，东罗马帝国进入全盛时期。来自亚洲俄罗斯平原的保加利亚人受拜占庭的影响，于9世纪开始斯拉夫化，同样处于野蛮状态的塞尔维亚人于10世纪皈依基督教而开始了定居生活。

值得说明的是，正是亚洲游牧民族的大迁徙，造成了欧洲中世纪的开始和结束。汉朝西匈奴的西迁，迫使居于莱茵河、多瑙河流域的日耳曼人南下，最后导致西罗马的灭亡，而唐朝西突厥的西迁，强化了中亚突厥的力量。西突厥部落中的一支于1299年创建奥斯曼土耳其帝国，东罗马就是在1453年被奥斯曼土耳其帝国灭亡的。

（二）基督教神学与经院哲学

欧洲的中世纪是欧洲的封建社会时期。封建社会是一个相对稳定的社会形态，自然经济即自给自足的小农经济本身，缺乏对社会、经济、科学技术进行变革的动力。工场手工业者乃至上层统治阶级，基本上是世袭的，一个人无论能力如何都要按传统去生活。欧洲的封建社会是缓慢进入的，早期是各蛮族小国互相争夺，战争、抢掠连年不断，直到9世纪欧洲社会才相对稳定下来。

这一时期以及后来对欧洲产生很大影响的是基督教。在欧洲的中世纪，国家政治几乎消亡，经济停滞、倒退，社会混乱、动荡。这一阶段也是中世纪的最黑暗时期。基督教早期是在贫民间流传的宗教，相信救世主的存在，深信神圣裁判和神圣救赎，使人们寄希望于未来。在罗马帝国后期，社会上层开始皈依基督教，中世纪的欧洲则以基督教神学精神作为社会的主导意识形态。西罗马和后来的中西欧以"天主教"为主，而起源于希腊的东正教则在东南欧特别是东罗马帝国和斯拉夫人中传播，当989年基辅大公弗拉基米尔（Владимир Святославич）皈依基督教（东正教）后，基督教拜占庭文化在俄罗斯开始迅速传播。

基督教是一神论的宗教，起初是犹太教的一个教派，与犹太教共信一个"上帝"，其教义主要是《新约》，它所宣扬的一神统治与君主专制的政治制度是吻合的，而此前的蛮族信奉的多神论则与部落统治价值观一致。任何宗教（只要不是邪教）都是人类排恶扬善和对未来具有美好愿望的体现，如果说佛教是让信徒追求"善"，伊斯兰教是让信徒在信仰上追求"洁"的话，那么基督教的核心是"爱"。当罗马帝国对野蛮游牧部落的不断侵略无能为力的时候，基督教却产生了很大的影响。基督教的传教士向野蛮人宣称，信教可以减轻人作恶的罪过。这些野蛮人惧怕来世报应，开始皈依基督教安心过正常的生活。因此蛮族皈依基督教，对于欧洲社会从无政府主义的烧杀抢掠进入相对稳定的有序社会，有其重要意义。

欧洲中世纪的一个重要特点，是基督教成为各国的国教，也可以说欧洲已经成为一个基督教世界，基督教的神职人员，排斥古希腊人从不同角度对自然的解释，甚至在4世纪焚毁了亚历山大里亚的图书馆。但是他们却有选择地汲取了古希腊哲学家亚里士多德的自然思想，推崇天文学家托勒密的地心说，以充实其宗教教义。这样一来，在近千年的时间里，欧洲人只能按基督教教会所确立的"经院哲学"[①]去认识自然，在这里，理性的自然认识已经失去了存在的余地。

图4-1 阿奎那

到12世纪后，由于社会的相对稳定，经济的恢复和发展，情况开始慢慢发生变化，出现了一批具有独立见解的经院哲学家。意大利经院哲学家托马斯·阿奎那（Thomas d'Aquinos）对亚里士多德的《物理学》（*Phusikes Akroaseos*）和《宇宙论》（*Cosmology*）进行注释，从宇宙的运动证明神的存在，将亚里士多德思想与基督教思想加以整合，完成《神学大全》（*Summa Theologica*）。他认为，人类的所有知识，都是建立在对特殊事物的感觉经验基础之上的，这些特殊事物具有我们可以用思维加以分辨开的两个方面，即形式和质料（形式与内容），人类"对于外部的物质事物之知识的获得，是当我们忽视某物以便注意别物的时候。知识使得有必要抽象掉某物。通过各种程度的这种抽象，产生了各门学科，比如自然哲学、数学和形而上学"[②]，其中，自然哲学研究物质事物的质料与本质，数学研究事物的可测量性和结构，形而上学则研究事物的存在与范畴。

英国哲学家、方济各会修士罗吉尔·培根（Roger Bacon）重视经验，创用"经验科学"术语，倡导数学和实验在科学研究中的必要性，认为数学

① 指在基督教教会或修道院的附属学校（schola）中教授的哲学（神学与哲学），起源于9世纪。
② ［挪］G.希尔贝克、N.伊耶：《西方哲学史——从古希腊到二十世纪》，童世骏、郁振华、刘进译，上海译文出版社2004年版，第157页。

是严密的，而经验具有实证性。

（三）大学教育的兴起

12世纪，欧洲的封建社会已经成熟，基督教文化在各国已经确立，东西方贸易兴盛，特别是伊斯兰文化开始大量传入。伴随着社会的发展，教育机构也在发生变化。

529年，意大利修士本内迪克（Benediectus）在意大利的蒙特卡西诺开设修道院之后，欧洲各地普遍设立修道院，其教科书主要是《圣经》。9世纪后，一些修道院的附属学校对不能成为神职人员的学生开始了世俗教育。到11世纪末，各地学生集结在南意大利的萨莱诺（Salerno）学习阿拉伯医学。12世纪初，在北意大利的博洛尼亚开始集中学习法学，在法国巴黎学习神学。大学（University）一词就是起源于人的自由集结即学生或教师公会（Universitas）。

欧洲最早的大学是1088年创设的博洛尼亚大学，该大学以研究罗马法和教会法著称，很快成为欧洲的法学教育和研究中心，并于13世纪初增设医学部和哲学部，14世纪设神学部。1180年创立的巴黎大学以神学部最为著名。欧洲的许多大学多是几所学校合并而成的，如英国的牛津大学就是在当地的几个学校的基础上于1168年创立的，而剑桥大学则是1209年牛津的学生移住剑桥而创立的。德国在14世纪后以巴黎大学为样板设立了海德堡大学（1385）和莱比锡大学（1409）。12—15世纪，欧洲各地创立大学近50所，

图4-2　博洛尼亚大学

其中意大利和法国最多，而且这些大学几乎都是在城市中发展起来的，因为只有城市才能容纳日益增多的学生。1200年左右，巴黎已有5万人口，其中1/10是大学生。[1]

1231年，教皇颁布敕书《学问之母》（又称"巴黎大学大宪章"），认为各大学有权制定自己的规章、课程和学位，各大学颁发的证书具有同等效力，使大学成为一个具有自主建制的法人单位。

到13世纪，许多大学设有四个学院：神学院、法学院、医学院和文学院，其中文学院是预科和通识教育的学院，这些大学普遍采取了古希腊罗马适合自由人去学习的"自由七科"（artes liberales）或称"文科七艺"，主要学习文法、修辞、辨证、音乐、算术、几何、天文等，并将之分为两组。第一组称作trivium，包括文法、修辞、辨证（逻辑）；第二组称作quadrivium，包括几何、算术、天文、音乐。有些大学已经开设专事科研的教师职务，并形成了学术答辩的学位获取方式。同时，在牛津和巴黎大学形成了光学和数学研究中心。1300年左右，意大利的博洛尼亚大学开设了人体解剖课。1396年，法国国会授予蒙彼利埃大学人体解剖权。

二、欧洲中世纪的技术

（一）农业技术

欧洲中世纪在科学方面虽然受宗教的影响和限制，没有什么大的进展，

---

[1] 除上述外，各国这一时期创设的大学如下：法国图卢兹（1229）、蒙彼利埃（1289）等14所；意大利雷兹（1188）、维琴察（1204）等15所；德国科隆（1388）、爱尔福特（1392）等9所；捷克布拉格（1348）、普雷斯堡（1466）2所；匈牙利佩奇（1367）、布达佩斯（1399）2所；西班牙巴塞罗那（1450）、萨拉戈萨（1474）2所；波兰克拉克夫（1364）1所；奥地利维也纳（1366）1所；等等。

但是到中期后，在农业、交通、工场手工业及计时等技术方面，却取得了许多进展，成为古代与近代之间的重要环节。在农村中，村落共同体逐渐形成，领主占有大量土地，农民沦为农奴。而村落共同体、领主拥有土地和农奴制度，成为欧洲中世纪封建社会结构的经济基础。欧洲中世纪从古希腊、罗马人手中继承了不少技术成果，但是自主性、创造性之物并不多，西方能获得的最好的技术产品，大都来自东方，来自拜占庭、阿拉伯帝国，甚至是中国和印度。

1. 欧洲的农业拓殖

5世纪后，由于蛮族入侵，西罗马帝国的灭亡，以及而后300余年的战乱，欧洲的经济受到了很大的破坏。"这些蛮族烧掉庄稼，砍倒果树，拔去葡萄，抢劫仓库和地窖，把成群的俘虏和家畜带走，在他们四围撒下了荒芜和死亡。"[①]当时欧洲大部分地区仍是原始森林、荒地或沼泽地。自7世纪起，欧洲掀起了两次规模空前、历时持久的拓殖运动。为了恢复经济，发展农业生产，在一些开明的国王及基督教教会团体的鼓励和支持下，成千上万的隶农、小地主、蛮族移民，到处开垦荒地和森林，这些新开垦的耕地已伸展到易北河、北海、多瑙河一带。在开垦的土地上，除了种植各种谷物外，还饲养牲畜、蜜蜂，并开辟果园、菜地。

图4-3 法国中世纪的农业

11—14世纪间，欧洲开始了一次规模更大的农业拓殖运动。这是一场"历史上任何其它时期都还没有人想象过这样伟大的事业，并使

---

① ［法］P.布瓦松纳：《中世纪欧洲生活和劳动（五至十五世纪）》，潘源来译，商务印书馆1985年版，第25页。

它得到那么完满和成功的实现。这是历史上的重大事件之一，虽然历史学家们对它通常都不注意"①。正如第一次农业拓殖一样，许多宗教社团及封建主资助或参与了这一活动，经常带头去开荒种地。新兴的城市市民对这一工作进行投资，而成千上万的开拓者——客农、外来农、除草人则为这一工作提供了必要的劳动力。

早在罗马帝国时期，就建造了规模宏大的农田灌溉系统，8世纪阿拉伯人将水稻种植技术引入意大利后，由渡槽供水的水田开始发展起来。但是这些地区山多，低洼地、沼泽、滩涂地多，排水成为一项重要的获得农田的手段。神职人员、君主、市民和农民组织起来修筑堤坝并成立排水协会，10世纪后北欧的沼泽地排水首先在埃斯科河、莱茵河流域发展起来，12世纪后向东传至易北河西部、东部低地。在法国，农田的扩展是靠大量毁林开荒获得的，法兰西大片的森林、荒地在3个世纪内变成了草原、牧场和耕地。同时，一些沿海地区采取了建筑海堤保护农田的做法，从斯堪的纳维亚和中德意志运来石块修筑堤坝，形成大量被堤坝包围的"圩田"。中世纪早期的堤坝是用泥、石块简单堆筑起来，再用牲畜践踏压实的，后来在外堤处堆放大量成捆的海草进行护堤。15世纪后，出现了一些较为耐久性的护堤方法，其中常用的是在堤外处打两排短木桩，中间填充成捆的柴火，再用石块压紧。

在荷兰，由于引入了用马或风车带动的水泵，使沼泽地的排水工程有了很大进展。荷兰在1560—1700年间，有100种排水机械获得了专利，此外还有许多螺旋泵、涡轮泵等水泵也获得了专利。荷兰物理学家、工程师西蒙·斯台文（S.Stevin）致力于排水机械的设计和制造，他设计的采用直角齿轮传动的抽水机于1589年取得专利。在法国和英格兰，围堤造田、排干沼泽以及在修筑河堤防止洪水泛滥方面均取得了很大成果。在农业拓殖活动中，一些干旱地带加强了水力灌溉工程的建设，西班牙东部的蓄水池以及建于1179—1257年间的伦巴底大运河都是这一时期重要的水利工程。欧洲在

---

① ［法］P. 布瓦松纳：《中世纪欧洲生活和劳动（五至十五世纪）》，潘源来译，商务印书馆1985年版，第229页。

中世纪时期，宗教神权与世俗政权相结合，人们的思想受到压抑。但是8世纪后，许多宗教团体和修道院在欧洲经济的恢复和发展方面，特别是在几百年的拓殖活动中，起到了积极的作用。一些僧侣和教职人员常常是农业改良的倡导者，而修士们大多是拓殖活动的直接参与者，并通过宣教活动号召贫苦百姓开荒种田，规劝以游猎为生的蛮族憎恨刀剑和征杀，把力量用于农业生产和畜牧上。

拓殖活动使欧洲各地出现了大批良田和牧场，并使许多直到10世纪还处于采集狩猎的未开化民族，如斯拉夫人、罗马尼亚人和马扎尔人，开始了定居的农业生活，一些荒凉地区变成了富饶的人烟稠密的农业区或牧区。由于生活的稳定和农业的发展，欧洲人口迅速增加。农业的发展和人口的剧增，又促进了其他行业以及商业的繁荣，这一切都为资本主义在欧洲的兴起奠定了物质基础。

2. 农业技术的进步

欧洲的农民为了避免和减少经常性的饥荒，在继承罗马农耕方式的基础上，根据自己的经验创造出一些新的耕作方式，广泛采取了定期休闲、轮耕及烧田法，一些地区开始从粗放耕种向集约耕种过渡。当时农民将耕地一般分为若干条状地块，为保持农田肥力，在这些条状耕地上一开始实行的是双区轮作制，即在一年中一半种植农作物一半休闲，每年轮换一次。后来发展成更为合理的三区轮换制，即三圃制轮作方法。将耕地分为冬田、夏田和休耕三等分，冬田种植黑麦、小麦及燕麦等粮食作物，夏田种植大麦、莜麦、牧草等饲料、酿造作物及豆类，其余三分之一耕地休耕，每三年轮换一次。这种对耕地相当浪费的种植方法，是与当时施肥技术尚未发达的水准相适应的，人们只是凭借经验隐约地发现，种过豆类及牧草的农田再种小麦、大麦收成要好些。这种三圃制耕作方法到9世纪就取代了传统的烧田法、二圃制、休耕制而遍及欧洲。这对施肥法尚不发达的中世纪，有力地保持了土壤肥力，一直到19世纪化肥出现前都是欧洲的主要的耕作法则。

饲料作物的种植，使家畜数量迅速增多，结果有可能给土地施用更多的有机肥料。兽医技术以及通过杂交改良品种的试验也在这一时期兴起，一些修道院和新兴的商人开始投资饲养家畜。当时的小牲畜仍在农业经济中占有相当的地位，绵羊的养殖在英格兰、德意志、法兰西、西班牙、意大利受到广泛重视，出现了一些大型牧场和游牧放养的羊群，英格兰成为当时世界上最好的羊毛生产地区。许多国家为了满足商业和战争的需要，建立了养马场，并与外国马种进行杂交培育良种马。

在作物的种类上，除原有的大麦、小麦、燕麦外，又从阿拉伯引入了荞麦，15世纪后从新大陆引进玉米、马铃薯、烟草、向日葵、可可，从东方引进了菠菜、茄子等，地中海沿岸各国到处出现了种植柑橘、杏、苹果、梨等的果园。为了酿酒和制造葡萄干，葡萄的栽培也在8—12世纪间从西班牙和德国向中欧一带传播。古希腊人和罗马人发明的啤酒和各种果酒，到10世纪已经成为欧洲人日常的饮料。为了使啤酒带有特殊味道要加入药草及其他香料，15世纪后则主要使用啤酒花，制成的啤酒略带苦味。这样，葡萄和啤酒花在中世纪已经成为很重要的经济作物，甚至一些修道院也在种植。

直到18世纪，欧洲人凭经验才开始逐渐认识到施肥和松土的作用。除施用植物肥料外，还施用了日益增多的动物肥料。英格兰实行了把绵羊放在土地上圈饲八周来对土地施肥的方法；在法兰西，则施用石灰、泥灰岩、灰烬、草根泥和含石灰质的沙子来改良土壤。18世纪，在市场上出售一种将骨粉溶于硫酸中制成的肥料，由于农民非常喜欢施用这种肥料，以至于许多古战场的遗骨都被挖出来制造肥料。直到1837年，德国的化学家李比希（J.Liebig）通过对植物灰分的分析，才弄清施肥的化学原理以及施肥与作物生长的关系。

3. 农具的改革

在公元后的1000年内，用四头雄牛牵引的重犁在欧洲已相当普及。

犁是人类从事农耕生产中最早出现的农耕工具，沿地中海周围传播开来的犁与北方蛮族所用的犁结构大体是一样的，需用人力使其保持适当的犁地深度。这对于较干燥的地区还是适用的，但对于西北欧黏性很大的土质就很难适用。6世纪，西北欧出现了一种经过改进的铁制的大型日耳曼犁，这种犁的前面是用于破土的尖锐犁刃，后面有将犁开的土翻起来的拨土板，在犁的前面安有两个小轮，农夫可以较容易地保持一定的犁地深度，并增加对犁的控制性。由于犁地使用畜力，不再需要人力去控制犁地深度，因此这种犁逐渐大型化，牵引这种犁的牲畜数也增加到六到八头雄牛。这种重型犁对于欧洲在11至14世纪间的土地开拓起了很大作用。

欧洲中世纪后期农业的发展，进一步促进了农具的改革。16世纪，荷兰人发明了一种可用两匹马牵引的轻型犁，并传入英国。到17世纪后就出现了更为实用的双轮双铧犁、播种机。

在收割机发明之前，农作物的收获是需要大量劳力的。在1780年到1800年间，英国和美国已经发明出多种用马牵引的收割机，并开始了大量生产和普及。

从技术发展的角度看，中世纪是古代与近代的重要纽带，农业、手工业、动力和运输业方面缓慢而明显的进步，为近代技术的兴起起到了基础性的作用。

4. 马的驯育

马是一种比牛更为灵活的牲畜，但是驾驭马要比其他牲畜困难得多。马的驯化已有很久的历史，公元前1000年前亚洲斯特普地区的游牧民族即开始骑马。公元前4世纪之前，为了使骑手骑坐稳当，开始使用一种用皮革制成的马衣，这种马衣用胸带和腹带固定在马身上。东方的一些游牧民族使用一种带软芯的马鞍，后传入罗马发展成一种骑坐更为舒适的鞍座。金属制成的马镫4世纪在中亚一带已经普及，5世纪左右中亚的一支游牧民族将马镫传入欧洲，被拜占庭骑兵队采用。马嚼子和马刺则是欧洲人的发明。

在马掌上安装蹄铁，不仅可以防止马掌的磨损，也可以使马蹄与地面贴合较紧，提高马匹的牵引效率。早在公元前1世纪左右，凯尔特人①就已经使用了蹄铁，然而直到10世纪后才在欧洲普遍使用。

马具的上述进步引起交通、动力的很大变化，马已经成为一种机动灵

---

① Celts，印欧语族一个分支，公元前5世纪至公元前1世纪活跃于中欧、西欧一带。

活、速度快捷的交通工具。人骑着马可以有效地传递信息，进行长途旅行和运输，骑术的发展也使骑兵队成为战争中最为灵活的机动部队。

10世纪前，由于当时使用的胸带和腹带配置不当，加之使用了驾牛所用的颈套，使马的喉管受压气力发挥不出来，因此作为牵引用的牲畜主要是牛。牛虽然驾驭简单、气力大，但动作迟缓，效率太低。10世纪后，由于车辆及犁、铧等农具由原来的单辕向双辕发展，出现了垫肩的马轭，马开始用于牵引车辆和农具。马在运输和耕作方面的使用，极大地提高了效率。合理的马具的使用使马发挥的牵引力比用古代马具的马提高了3~4倍。此后，马开始取代牛成为农业生产中的重要动力。

（二）建筑

在1200年前，欧洲中世纪的建筑主要是罗马式建筑的复兴，之后则是哥特式建筑的兴起和发展，东罗马则发展出独特的拜占庭式建筑。王宫、官邸、宗教及公共建筑，往往采用当时最先进的技术和材料，规模宏大，建筑与艺术结合完美，但是一直到中世纪末，一般民宅几乎没有什么大的变化。

1. 罗马式建筑

最早的罗马基督教教堂建筑，是一种长方形廊柱大厅，被称作basilican。罗马建筑师维特鲁维奥对这种建筑的设计作出说明：长度为宽度的1.5倍，用两排柱子将大厅分隔成中厅和两个侧廊，每个侧廊的宽度都是中厅宽度的1/3。后来罗马许多城市的这

图4-4　比萨教堂及斜塔（1174—1350）

类大厅式教堂,一般由中厅和侧廊组成,入口处(西端)建有前厅,另一端(东端)建一后殿。

罗马帝国灭亡后的近500年中,欧洲建筑无论在设计还是建造方面,都远比不上罗马时期的建筑。穷人的房子是一些破烂的木屋或半地下的石屋,城市中大部分豪宅被破坏,整个中世纪仅留下两三座石构教堂。

7世纪末,英国开始制作窗玻璃,一些教堂如约克大教堂都安装了窗玻璃,而不再用亚麻布或带孔的木板挡在窗户上,大型建筑安装窗玻璃一时流行起来。

1000年前后,由于欧洲封建社会日趋稳定,建筑业又活跃起来,圆拱的罗马式建筑成为建筑业的主流,各地建造了许多罗马式的教堂、礼拜堂和修道院,甚至在城堡建筑中也大量采用罗马建筑式样。

2. 哥特式建筑

拜占庭时期叙利亚特有的尖拱建筑已经存续了几个世纪,这种尖拱建筑被十字军传入欧洲后发展成哥特式建筑。哥特式建筑大约在1200—1540年间流行于欧洲。法兰西的第一个哥特式建筑是1140年开始建造的位于巴黎附近的圣但尼修道院。在英格兰,从罗马式建筑向哥特式建筑的转换始于1174年,由法兰西建筑师主持建造的坎特伯雷大教堂,在穹顶上开始采用尖拱。到1200年后,尖拱与圆顶窗和圆顶门廊在一些建筑上混杂并存,之后开始向纯哥特式建筑过渡。

哥特式建筑结构比罗马式的建筑结构显得轻巧,墙壁、拱柱和拱顶也比罗马式的轻薄精致很多。罗马式的厚重的石屋顶变为石肋材,屋顶及上部向下的重力由排列有序的立柱或扶壁承载,不再像罗马式那样压在厚厚的石壁上。12世纪末,法兰西建筑家们发明了一种特

图4-5 巴黎圣母院(1163—1250)

殊的扶壁——飞拱，可以将中厅或侧廊的拱顶产生的巨大侧向推力转移到地面。许多哥特式建筑采用结构复杂、造型艺术的窗框，其上装有彩色玻璃。

哥特式建筑注重与艺术特别是雕塑相结合，使建筑式样更加高大雄伟、富丽堂皇。

3. 拜占庭建筑

在同一时期，东罗马的拜占庭建筑师们继承了罗马穹顶式的建筑风格，运用了砖石结构框架，他们不仅用砖石建造巨大的墙体和半圆顶，连中心的穹顶也用砖石砌的肋材建造。此外，还用砖作为建筑的表面装饰材料，用砖石砌成各种几何图形和飞檐。东正教是东罗马的国教，许多毁于战乱的宗教建筑特别是教堂都得以重建。

拜占庭最为辉煌的建筑成果是圣索菲亚教堂。圣索菲亚教堂始建于325年，后因战乱被毁，于532年重建，查士丁尼大帝请来小亚细亚特拉里斯城（Tralles）的安提米乌斯（Anthemius）和伊奥尼亚米利都城的伊索多鲁斯（Isodorus）两位著名建筑师负责设计、监督这一工程。动用1万多劳工，从各地进口十几种不同种类的精美的大理石及大批金、银、珠宝用于装饰，历时5年于537年12月26日完工。该教堂采用76.20米长、68.58米高的希腊式十字架结构，十字架四个末端各有一个小圆顶，中间圆顶置于十字架交叉处的扶壁上，顶点高54.86米，直径达30.48米，圆顶由30块辐辏型的砖质嵌板组成，这一结构成为建筑史上一大创举，厅内装饰金碧辉煌，成为当时最为著名的宗教建筑。此后在君士坦丁堡又建了26座教堂，全国教堂达到上千座。这些教堂是拜占庭建筑的典范，一直影响

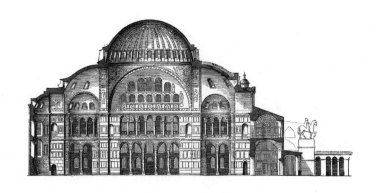

图4-6　圣索菲亚教堂（532—537）

到近代俄罗斯及东欧许多国家的建筑式样。

（三）新动力机械的采用

1世纪水车经波斯传至罗马，维特鲁维奥改制成卧式水车，用作磨粉的动力。这一技术到中世纪开始在欧洲普及。

欧洲中世纪使用的水车，既有立式的也有卧式的，立式的称作"挪威式"，卧式的称作"罗马式"。根据将水导向水车叶片部位的不同制作出上射式、中射式和下射式各种类型的水车，还出现了可以在不同落差的水头运转的水车。水车在中世纪从最初的单纯磨粉动力演变为万能动力源。

起初，水车主要用作磨制面粉的石磨动力，这种以水车为动力的制粉场称作磨坊（mill）。不久这种动力得到了更为广泛的应用，驱动各种机械、切割大理石、粉碎矿石等方面均使用了水车，为此发明了复杂的动力传输系统，一批与之相匹配的传动机构如直齿轮、伞齿轮、曲柄连杆等被发明出来，水车还用于推动炼铁炉的风箱、锻造金属的锻锤、锯切木材用的轮锯和酿造用的碾压设备，使水车成为最早的原动机。

风车也是欧洲中世纪的重要动力机械，到12世纪后很快在北欧平原地区推广开来。最早实用的风车可能源于阿拉伯的祈祷轮，这是一种利用风力吹动叶片沿水平轴旋转的机构。在哈里发奥马尔一世（Caliph Omar Ⅰ）统治时期（634—644），一个波斯人曾为哈里发建造了一台"用风力驱动的旋

图4-7 水车作坊

图4-8 风车作坊

转装置"。在这一时期，波斯的西北山区锡斯坦（Sistan，现阿富汗、伊朗一带）由于风常年不停，人们开始建造风车带动的磨盘制粉，这可以看作是东方风车的诞生地。阿拉伯地理学家麦斯欧迪（Al-Mas'udi）于947年曾描述过波斯锡斯坦地区使用风车的情况："锡斯坦是一个很有特点的由风和沙组成的地带；风驱动风车从井里抽取水来灌溉菜园。"[1]在这一带最早使用了风车进行抽水和磨粉，风力磨粉机设在一些两层的尖塔式建筑物中，上端安设风车，下端安装磨粉机。这种风车是一种在竖立的轴上张挂多个帆的横式（卧式）风车，开始时仅限于波斯和阿富汗使用，不久后传遍伊斯兰国家各地，用于碾磨谷物、抽水和榨甘蔗。

这种波斯卧式风车后经摩洛哥和西班牙（当时均属阿拉伯帝国）传入欧洲，到13世纪末，欧洲人仿照流传已久的维特鲁维奥水车的结构，将波斯卧式风车改变成单柱立式风车。这种风车很快在英格兰东部、德意志西北部以及挪威、俄罗斯的一些低海拔平原地区得到应用。也有人认为西方的风车是一种独自的新发明，它导源于希腊的维特鲁维奥型水车，因为西方风车的风翼呈螺旋桨型，可以全部承受风压，而且由于风翼表面经常处于一定的风压下，因此可以连续转动；而东方风车的风翼仅一部分能承受风压，从空气动力学原理上看是属于完全不同的两种形式。这些风车大都是叶片垂直安装的垂直型风车，到14世纪为了使风叶与风向垂直而出现了可按风向转动的带尾翼的箱型风车和塔型风车。风车早期主要用作磨面粉的动力，后来与水车一起成为可广泛应用的动力机械。15世纪在北欧低洼地带的许多风车用来排水，16世纪后北欧已有8000多台风车在运转。

---

[1] ［英］查尔斯·辛格等主编：《技术史》第2卷，潜伟主译，上海科技教育出版社2004年版，第438页。

（四）计时技术

欧洲在很长时期内，是用竖起的垂直杆子，在晴朗的白天根据其影子方向和长度来确定时间，还采用上下放置的两个盛水容器，上面的容器下有一小孔，根据水滴过程中上部水面下降或下部容器中水面上升的位置确定时辰。罗马人还创用了一个置于浮漂上手指立式标尺的仙女指示时间。在阿拉伯，则用两个由细茎连通的玻璃瓶，一个瓶中装有细沙，立起来向下瓶缓慢流动的"沙漏"计时，这种沙漏还可用作定时装置。

中世纪后期，在欧洲出现了巨型的"机械时钟"，最早的是991年法国钟表匠奥里拉克（G.Aurillac）制造的马格德堡大钟。这种钟用绕在绞盘上的重锤做动力，绞盘通过齿轮带动擒纵轮与竖轴相连并带动两端有惰性重码的平衡轮转动，以使转速保持稳定，从而控制绞盘旋转的等时性。早期的机械钟机构庞杂、体积大，整个钟可以装满一间大屋子。

1362年，法国皇帝查理五世（Charles V）委托德国钟表技师德维克（H.De Wick）在宫殿塔楼上安装大钟，德维克用了8年时间完成后就住在这座钟楼上担任维护工作。该钟将绳子绕在绕盘上，靠重锤的下降通过齿轮装置使擒纵轮转动，擒纵轮与安装在立轴上的突耳相啮合，使安装在该轴上的横杆转动。横杆的两端分别附有小砝码，绕盘可以按固定的速度缓慢转动。这种结构可以使表示时刻的时针转动，准确度有所提高。

此后，欧洲许多城市开始建"钟楼"，或将钟安装在教堂或大型建筑的塔楼上，到时打点。后来出现了带时针的表盘和带时针、分针的表盘。

图4-9 惠更斯向路易十四展示摆钟

单摆的等时性被发现后，荷兰物理学家惠更斯（C.Huygens）于1656年制成摆钟赠给了国会，并获荷兰政府专利。这种摆钟小型化后称作"座钟"，一直应用到20世纪中叶。英国物理学家胡克（R.Hooke）发现弹性定律后，1675年出现了盘簧（发条）时钟。后来这种盘簧钟开始小型化，出现了小型的"马蹄钟"和怀表，20世纪初出现"腕表"，即手表。

中世纪欧洲工匠制造的机械钟，其结构已相当复杂，应用了许多力学和机械学原理，为加工钟表零件而发明出许多以人工为动力的钟表机床，其加工制造技术为后来近代的机械技术兴起奠定了基础。

三、阿拉伯世界的科学技术

（一）伊斯兰教与阿拉伯世界

希腊人称阿拉伯半岛一带的荒漠地区为"阿拉伯"，称其上的游牧民族为撒拉逊（Saracens），意指东方人。直到5世纪，阿拉伯人还处于游牧社会中，在阿拉伯半岛的沙漠中分散着许多游牧部落。阿拉伯世界的关键事件，是穆罕默德（Mohammed）创立伊斯兰教。穆罕默德于570年生于麦加，40岁时自认为受到安拉（上帝）的昭示，开始在麦加宣传伊斯兰教义，自称为"先知"，即安拉的使者，要求信徒服从先知，崇信安拉。"伊斯兰"一词，为皈依、顺从之意。其信徒称为"穆斯林"，意为安拉的信仰者，服从先知。由于麦加的统治者反对伊斯兰教义，622年7月16日，穆罕默德只好率信徒离开麦加，到达麦地那。穆罕默德为宣传其教义扩展组织，在麦地那建立了自己的武装。这一年标志着伊斯兰教的正式诞生，为伊斯兰教纪元元年。630年穆罕默德返回麦加，随后统一了阿拉伯半岛。

穆罕默德于632年病逝后，其继任者哈里发（Khalifa，阿拉伯语音译，穆罕默德继任者的称号，意为"后继者""代位者"）以"圣战"的名义向阿拉伯以外扩张，635年攻陷大马士革，第二年占领叙利亚，638年占领巴勒斯坦，642年灭亡埃及及波斯帝国，并在北非很快推进到摩洛哥，占领了位于欧洲西南端的西班牙。8世纪开始东征，很快占领中亚各国，直接与唐朝接壤。

阿拉伯帝国于661年建立第一个王朝——倭马亚王朝（中国史称"白衣大食"），定都大马士革。750年伊拉克的阿布·阿巴斯（Abu al-Abbas）推翻倭马亚王朝，建阿巴斯王朝（中国史称"黑衣大食"），定都由其兄曼苏尔（al-Mansur）在幼发拉底河和底格里斯河之间的平原上创建的和平之城——巴格达（Baghdad，源于波斯语，意为"神赐"）。阿巴斯王朝是阿拉伯经济、文化、科学技术最为繁荣的时期，阿拉伯人在征服波斯后，得到不少古希腊的文献，后来又从拜占庭帝国得到古希腊罗马文献，由此开始了对古希腊罗马文献的翻译整理，使得阿拉伯成为古希腊罗马文化的保护和继承者。

12世纪后，阿巴斯王朝日渐衰落，在中亚发展起来的塞尔柱突厥人，于1055年攻陷巴格达，迫使哈里发授予其"苏丹"（Sultan，君主）称号，之后蒙古人于1221年攻入波斯境内，1258年攻陷巴格达，哈里发被杀，巴格达城被抢劫一空，阿巴斯王朝结束。史称的中世纪时期的阿拉伯帝国至此为止。尔后，1299年由中亚突厥游牧部落创立的奥斯曼帝国实行领土扩张，1453年消灭拜占庭帝国后，定都君士坦丁堡。17世纪后所占领的许多地区独立，所余部分到20世纪初成立了土耳其共和国。

阿拉伯帝国的演变大体如下：

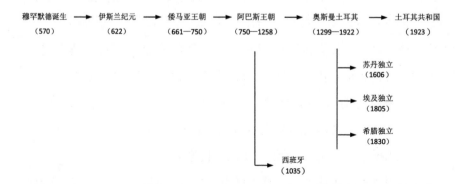

（二）阿拉伯的科学

所谓"阿拉伯的科学"，主要指穆罕默德建国后在阿拉伯世界所发生的科学活动和成就。西罗马帝国灭亡到文艺复兴前，古希腊罗马的科学和哲学在拜占庭和阿拉伯世界得以保留并得到发扬，其成果传至欧洲后，成为近代科学的重要源流。

7世纪末，阿拉伯学者开始将多年因领土扩张而获得的波斯、古希腊罗马时期的文献，特别是涉及哲学、医药、天文和数学的著作译成叙利亚语，很快又译成阿拉伯语。阿巴斯王朝第五任哈里发哈伦·拉希德（Haran al-Rashid）在位期间（786—809），出现了一次规模空前的"翻译时代"。830年左右，在巴格达开设专事译书的机构"智慧之家"（Bayt al-Hikma），有100多人对古希腊哲学、医药学、光学、数学、天文学和炼金术、巫术著作进行翻译。到9世纪末，巴格达已经成为一个学术中心，许多图书馆开始建立，在10至12世纪间，阿拉伯世界已经有几百个图书馆，其中巴格达图书馆藏书达10万册（主要是手稿），而同一时期欧洲的梵蒂冈和巴黎大学图书馆藏书（手稿）仅2000余册。几乎在同一时期或稍有滞后，阿拉伯人的著作及其翻译的古希腊罗马文献开始传至欧洲，这些著作又被翻译成拉丁语，翻译研究这些文献促进了欧洲的文艺复兴。

阿拉伯人在吸收古希腊罗马科学技术成果的同时，还从东方的中国学习了造纸术、火药等技术以及印度数字等。

虽然阿拉伯人在许多科学和技术领域都创造出辉煌的成就，但是由于得不到宗教领袖的有力支持，缺乏科学研究的建制，且不断受到宗教方面的限制，因此很难向近代科学发展。

1. 阿拉伯数学

阿拉伯数学对欧洲近代数学的产生有重大贡献。在记数符号方面，欧洲长期使用的是书写计算十分不方便的罗马数字。①罗马数字起源于对棍棒的排列，与古埃及、中国数字相似。如134，罗马数字记为CXXXⅣ，而用阿拉伯数字可以简单地表示为134。

事实上，阿拉伯数字并非阿拉伯人首创，是阿拉伯人将印度数字1～9及0加以改造使之阿拉伯化而形成的，由此开始了数学的符号化。因此，也有人将阿拉伯数字称作"阿拉伯—印度数字"。同时，阿拉伯人采用了计算方便的十进位制。

阿拉伯的数学研究受古希腊特别是毕达哥拉斯的影响很深，注意平方根、立方根的求法，同时对毕达哥拉斯发现的"友好数""完全数"也非常有兴趣。两个数中，任一个数的约数之和等于另一个数，这两个数称为"友好数"。②所谓"完全数"指其约数之和等于自身，如6的约数为1、2、3，其和为6。除6之外的"完全数"为28、496、8128，均是阿拉伯人发现的。

阿拉伯人在数学方面的另一个重要贡献是代数学的确立。阿拉伯人在大量翻译外国书籍时，也翻译引入了印度关于天文学和数学的书籍，与古希腊人用几何学研究天文学不同，印度人是用数学计算的方法研究天文学的。阿拉伯人在数学方面更注重日常经济活动中的数学计算。9世纪，乌兹别克数学家、天文学家花剌子模（Al-Khowarizmi）在其《算术之书》（*Aljabrwal Muqâbala*，中文译《关于移项与合并同类项的计算之书》）中，首次使用了0与阿拉伯数字相结合的记数法，并对方程式中移项和合并同类项进行了研究，确立了近代代数学的基础。代数学（algebra）本意为还原，这里指"移项"（al-

图4-10 花剌子模邮票

---

① 罗马数字如下：1～10为Ⅰ、Ⅱ、Ⅲ、Ⅳ、Ⅴ、Ⅵ、Ⅶ、Ⅷ、Ⅸ、Ⅹ，50为L，100为C，500为D，1000为M。
② 友好数也称"亲和数"。220与284是一对友好数，这已为毕达哥拉斯所发现；第二对友好数是17世纪法国数学家费马（P. de Fermat）发现的，是17296和18416。

jabr），muqâbala意为化简，这里指合并同类项。[①]他在该书序言中指出，是为了解决"财产继承、遗产、土地分割、诉讼、贸易、交换以及土地测量，运河挖掘"而写作这本书的。该书于12世纪译成拉丁语传至欧洲，到16世纪前一直是标准的代数学教科书。此外，数学家阿布尔·瓦法（Abul Wafa）编制了正弦表、正切表、余切表，创用只用圆规和直尺解决二维三维数学制图问题。

2. 几何光学

由于阿拉伯人掌握了高超的玻璃炼制术，因此在几何光学方面取得重要成果，正是这些光学成果导致了后来望远镜和显微镜的发明。阿尔汉森（Alhazen）其阿拉伯语名为伊本·哈瑟姆（Ibn al-Haytham），是埃及开罗天文台的数学家和光学家，著有《视觉论》一书，探讨了光的反射和折射、小孔成像、凸透镜、凹面镜、彩虹等光学现象，认为光是从物体反射进入眼球的，提出视觉的"流入说"。进而提出给定光源和眼的位置，求在球面镜、抛物面镜和柱面镜的镜面上的反射点问题，史称"阿尔汉森问题"。完成了凸透镜成像理论，还对眼睛的构造进行了研究。该书传至欧洲后，弗朗西斯·培根（Francis Bacon）、达芬奇（Leonardo da Vinci）、伽利略（G.Galilei）、开普勒（J.Kepler）均受其影响。

3. 天文学

阿拉伯帝国的统治者为占星术和确定每年新月开始的时间的需要，十分重视天文观测，在全国设有许多天文台，大批阿拉伯天文学家在这里工作。阿拉伯天文学家严格区分了天文学和占星术的关系，他们认为，天文学主要研究天体运行，而占星术则分析上天对人的要求。阿拉伯帝国的第一座天文台建于巴格达，最著名的是1259年建于黑海海滨城市马拉盖（Maraghah）的天文台，许多著名的阿拉伯天文学家都在这里工作过，他们构造了比托勒密的天体模型更为精确的地心说模型。

---

① 1859年，清朝数学家李善兰和伟烈亚力（Alexander Wylie）翻译英国数学著作 *Elements of Algebra* 时，将algebra译为"代数学"。

4. 医学

阿拉伯人在自己民族长年生存所积累的医学知识基础上，吸收了古希腊罗马如希波克拉底和盖伦的医学，同时也吸收了古波斯和印度的医学，形成了自己独特的一套医学知识和防病、治病理念与方法。

在阿拉伯医学界影响较大的是波斯医学家拉齐（Rhazes）、马朱锡（al-Majusi）、阿维森纳（Avicenna）和出生于西班牙科尔多瓦附近的外科医生阿布尔·加西姆（Abul-Qâsim）。拉齐出生于德黑兰附近，在巴格达学医。拉齐继承了古代医学的科学传统，反对迷信和巫术，提倡对病情的观察，强调人自身的免疫能力和饮食与环境的影响，区别了天花和麻疹，著有《天花与麻疹》（al-Judari Wa'l-Hasbah），还研究了炼金术。马朱锡出生于伊朗，首次提出婴儿不是靠自己的力量，而是靠母亲子宫肌肉收缩而娩出，著有《医术之鉴》（又称《医学技术大全》，Kamil al-Sina ah al-Tibbiyyah）等。阿维森纳著有《医学典范》（Qanun fi al-tibb，5卷），书中他第一次对医学作了定义，他认为医学是"保持健康，探求人体内致病原因以治疗疾病"的学问。他与拉齐同样重视环境因素，如空气、水、食品、睡眠、休息、运动、人的情感等对身体健康的影响，注意探究身体内各要素。阿维森纳认为人体内由冷、热、干、湿四种因素，黏液、黑胆汁、黄胆汁、血液四种体液，动物精气、生命精气二种精气等要素构成平衡，因此可以通过尿液检查、脉搏等去了解这些要素失衡状况，进行病理诊断。阿布尔·加西姆早年在科尔多瓦学医，留有一部名为《手册》（Altasrif）的医学著作，第30章介绍了当时阿拉伯帝国的外科医学情况，其中包括外科常用的烧灼术、截石术、环锯术以及其他各类手术。拉齐、马朱锡、阿维森纳和阿布尔·加西姆的医学著作传至欧洲，成为欧

图4-11 阿维森纳纪念邮票

洲各大学医学院的重要教材或参考书。

此外，在药物学方面阿拉伯人亦取得很多成就。出生于西班牙的植物学家伊本·白塔尔（Ibn al-Baitâr）著有《草药大全》（*The Corpus of Simples*），记载了1400多种药物，其中300多种是阿拉伯人所采用的新药。书中在药名方面，除阿拉伯名称外还注有西班牙、波斯和其他东方国家所用的名称。

阿拉伯帝国各地都有政府开设的医院，医院中设有病房、图书馆和讲演厅，配有齐全的医务人员，因此这些医院不仅为患者治病，还从事医学教学和研究工作，而且医师都有很高的社会地位，许多医生同时也进行哲学及其他科学的研究。大马士革的医生伊本·乌塞比亚（Ibn abî Usaibia）著有《古医源流》，书中有400多位阿拉伯医生的传记，是阿拉伯医学史的重要资料。

自11世纪起，大量阿拉伯医学著作在西班牙、意大利被译成拉丁文传向欧洲各国，阿拉伯的医药也大量输出欧洲，阿拉伯医学对欧洲医学产生的影响一直持续到17世纪。

（三）阿拉伯的技术

阿拉伯帝国王朝虽然几经更迭，但是其经济发展是稳定的。8—9世纪，阿拉伯帝国已经进入封建社会，经济发展迅速。在水利方面，历届哈里发鼓励人们治理沼泽、湿地，开垦良田，为灌溉沙漠中的农田修筑了许多运河，抽水机、水车等均已引进。在穆斯林统治下的西班牙，除建有大型水坝外还修有许多暗渠，这些暗渠与竖井相结合以引导地下水。这种用暗渠引水的方式在阿拉伯各地均很流行，在沙漠边缘还修筑了大量防沙墙以阻挡沙害。在农业方面，阿拉伯人已广泛栽种各种谷类、麻、棉、蔬菜以及枣、桃、杏、石榴、柠檬、柑橘、香蕉等水果。其中柑橘、甘蔗、棉花均是10世纪前从印度引进的，后由十字军传至欧洲。到10世纪，阿拉伯世界已经形成波斯南部、伊拉克南部、大马士革及撒马尔罕四片富庶的农业地区。

一些地区开始养蚕，畜牧业仍然是沙漠地区的主要经济产业，牧民们饲养放牧牛、羊、马、骆驼。

随着农业与手工业的分离、城市的扩展，商业、贸易和金融业随之发展起来。阿拉伯商人依靠骆驼、马队进行长途贩运。以巴格达为中心，道路四通八达。由于交通通畅，商贸极为繁荣，驼队可以从中印边界直达波斯、叙利亚、埃及，沿途设有旅舍供商旅休息。为了发展航运，历届哈里发非常注重开凿运河，在巴格达附近开凿的运河将幼发拉底河和底格里斯河连通，巴格达、巴士拉、亚丁、开罗、亚历山大里亚等都是阿拉伯海上贸易的重要港口。阿拉伯商贸不仅垄断了地中海、里海，而且经波斯湾直达印度、锡兰、中国广州及泉州。这种商贸活动到10世纪达顶点，欧洲的许多商贸词语如关税、仓库、市场、运输等，均来自阿拉伯语。中国的造纸术首先传至巴格达，由此再传至欧洲。

由于阿拉伯地区盛产羊毛、驼毛和麻类，阿拉伯的纺织业十分发达，亚丁的毛织品和大马士革的麻织品是重要的出口物品。

阿拉伯帝国的采矿业发展也很快，许多金、银、铁、铅、锑、水银、石棉等矿藏均得到开采，阿拉伯工匠们发明了著名的经高温精炼的大马士革钢，用这种钢制成的阿拉伯刀剑，曾盛极一时。

在建筑方面，阿拉伯人创用了土坯墙外贴马赛克的建筑方式，在建筑式样上模仿罗马的圆拱形结构创造出独具特色的阿拉伯建筑式样，特别是遍布全国的清真寺建筑。

（四）炼金术的起源与阿拉伯人的贡献

下面介绍一下作为当代化学起源的炼金术。

炼金术的历史十分悠久，炼金术最早盛行于古埃及，公元前4世纪左右，古希腊及中国都出现了炼金术。炼金术从表面上看是将铅、锡、铜、铁、水银等贱金属通过一定的操作变为金、银等贵金属的工艺，其实质反映的是人类早期对物质认识的神秘主义。炼金术（英语alchemy，阿拉伯语

alkimia）一词可能来自"埃及人的技艺"或希腊语的"金属熔融冶炼"。古埃及工匠们在一种神秘意识的支配下，致力于金属的着色和人工宝石的制造，由此发明了玻璃的炼制方法，还弄清楚了许多矿物和植物的性质。

古希腊的炼金术受哲学家亚里士多德的思想影响，亚里士多德认为，"雾状蒸发物"形成具有可溶性和可锻性的金属。古希腊的炼金术以亚历山大里亚为中心，炼金术士们制作了各种炼金器械，发明了熔炼、蒸发、熔解、结晶等方法，构建了炼金术的相关理论。

中国的炼金术起源于公元前4世纪。汉朝初年，随着皇帝渴求长生不老，炼金术在中国向炼丹术转变，而且炼丹术很快被新兴的道教所接受，许多道士成为著名的炼丹术士，并留有许多炼丹术的著作，一些著作中记载了组成黑火药的物质放在一起炼制时会爆燃，由此导致了后来黑火药的发明。不过在地中海及阿拉伯炼金术急速发展时，中国的炼丹术却走向衰亡。

从8世纪至17世纪中叶，英国、法国、意大利、德国以及美国等欧美国家伴随着神秘主义思潮的盛行，炼金术进入鼎盛时期，上至教皇、国王、贵族，下至一般僧侣、工匠，不少人都在从事炼金活动，他们相信"哲人石"可以点石成金，相信"魔杖"可以寻找地下矿藏。英国著名的哲学家、创用"经验科学"一词的R.培根，致力于调和宗教信仰与医师职业关系的医学家布朗（Th.Browne），近代力学的集大成者牛顿等都是虔诚的炼金术士。

中国的炼丹术于7—9世纪传入阿拉伯，阿拉伯炼金术士接受了古希腊罗马人的物质观念，更受到中国炼丹术及印度、波斯炼金术的影响。他们利用阿拉伯人掌

图4-12　炼金术作坊

握的玻璃制造技术，创制出许多用于炼金的玻璃器皿，更开创了用天平计量的定量精确的物质反应、混合方法，制成蒸馏皿发明了蒸馏法，还创用了许多新的词语，如酒精（alcohol）、碱（alkali）等化学名词。阿拉伯许多从事医学和化学的人都在从事炼金术的研究，而同一时期欧洲从事炼金术的主要是在天主教教会鼓励下的教士们。

早期的阿拉伯炼金术士注重研究自然，注重实验方法，有许多炼金术著作问世。贾比尔·伊本·海扬（Jabir ibn Hayyan）即后称为贾伯（Geber）的炼金术士，学识渊博，著有《物性大典》《东方水银》，书中提出了许多无机酸的制造方法，如用胆铜、硝石、矾土加热制造硝酸，蒸馏明矾制造硫酸，将硝酸与盐酸混合制造"王水"（强水）等。他将自然界物质分为植物性、动物性、矿物性和衍生性四类，并提倡炼金术要注重实验。波斯医学家拉齐是阿拉伯著名的医学家和炼金术士，一生著述甚丰，著有医书、炼金术著作140余部，其中炼金术著作12种。与贾伯一样，他倡导实验，在炼金术著作中对炼金用的仪器设备如风箱、坩埚、烧杯、平底蒸发皿、沙浴、焙烧炉等作了详细介绍，在炼金术著作《密典》中，收录了当时的许多化学知识，在12世纪被译成拉丁文而流传欧洲。可惜因未能炼出黄金，拉齐被阿巴斯王朝第二代哈里发曼苏尔毒打失明。

阿拉伯人的炼金术著作传入欧洲后，对欧洲炼金术、医药化学产生了很大影响。欧洲和阿拉伯的炼金术，是在人们特别是贵族、庄园主、部落首领、教会为贪求财富而鼓励、资助下的一种非科学性活动，但炼金术士们在长期实践中增加了对自然物特别是对各种金属的认识，阿拉伯炼金术与医术的结合发现了不少新的药物及其制法，其很多实验器具和操作方法都成为近代化学兴起的重要条件。

第五章
文艺复兴与工场手工业

欧洲中世纪后期，由于多年的十字军远征、地理大发现以及作为人类最早的思想解放运动的文艺复兴，欧洲市民社会迅速成长，传统的自给自足、追求田园生活的封建社会开始瓦解，追求财富、追求自由平等的资本主义社会开始形成，近代自然科学开始诞生。

一、欧洲的文艺复兴

（一）十字军东征

　　罗马帝国灭亡之后，由于各地的未开化民族烧杀抢掠横行，部落割据严重，社会长期动荡不安。在基督教众多传教士的努力下，基督教很快成为凌驾于世俗权威之上的社会意识形态，社会开始摆脱无政府主义而趋于稳定。罗马主教自4世纪称为"教皇"，成为世俗政权的最高主宰，教会逐渐成为各地政治势力核心。

　　10世纪后，原居中亚的塞尔柱突厥人兴起，进犯基督教圣城耶路撒冷①，而此时的欧洲经济有了稳定发展，人口增多，政治上统一于罗马教廷。

---

① 耶路撒冷是起源于中东的犹太教、基督教及伊斯兰教的圣地，即"圣城"，留有许多这三种宗教的历史遗迹。

1095年，教皇乌尔班二世（Urbanus Ⅱ）号召骑士们①为收复圣城东征。自1096年至1291年间，共进行了8次东征。第一次，1096年，由法国亚眠修道院隐修士彼得（Peter the Hermit）率领1.2万"穷汉"（贫苦农民）东征，被塞尔柱突厥人消灭，由德、法、意封建主率领的十字军攻陷耶路撒冷。第二次，1147年，因耶路撒冷被埃及侵占引起第二次十字军东征，围攻大马士革后失败。第三次，1189—1192年，由德皇腓特烈一世（Friedrich Ⅰ）、英王理查（Richard Ⅰ of England）、法王腓力二世（Philippe Ⅱ Auguste）率领，因腓特烈一世中途淹死而撤回。第四次，1202—1204年，由威尼斯商人领导的第四次十字军东征未进攻耶城而转攻拜占庭，攻陷君士坦丁堡，东罗马文化被破坏。第五次，1217—1221年东征进攻埃及。1228—1229年，由神圣罗马皇帝腓特烈二世（Friedrich Ⅱ）率领的第六次东征，占领耶路撒冷。1248—1254年，法王路易九世（Louis Ⅸ）率领的第七次东征进攻埃及。1270年，路易九世率军第八次东征，进攻突尼斯。

虽然十字军东征最终以失败告终，然而在近200年的十字军东征中，欧洲社会开始发生变化，推动了欧洲近代社会的形成。

第一，它促进了东西方的文化交流，使封闭的西方社会接触到了东方特别是伊斯兰文化，发现了在欧洲已经消失而在东罗马、中近东有所保留的古希腊罗马文化，使一些有识之士眼界大开，新的思想开始产生。

第二，由于长年的战争，极大地削弱了欧洲的封建君主势力，军备物资的长年生产与供应使欧洲工商业迅速兴起。市民阶层出现且力量日益壮大，资产阶级作为一个新的社会阶级开始兴起。

第三，由于东西方贸易的陆路通道长年受战争的影响，东西方贸易中心转向意大利地中海沿岸各港口，使这里成为东西方物质贸易的集散地，同时也是东西方文化的交融中心，为后来文艺复兴首先开始于意大利创造了条件。

---

① 骑士是欧洲中世纪兴起的一个新的社会阶层，一开始以锄强扶弱、铲除社会不公为己任，后堕落为教会、封建王侯、国王的附庸。早期的骑士类似于中国的"侠客"、日本的"武士"。

（二）大航海及欧洲的殖民扩张

从15世纪起，西欧的许多航海家开始向未知的大洋远航探险，他们到达西非、东非及非洲最南端，到达亚洲，发现了美洲，完成了环绕地球的航行，这一时期也称作"大航海时代"或"地理大发现时代"。

这一旷日持久的海上探险的直接目的，是寻找到达亚洲的新航路，因为在很长时期内，东方的物品特别是中国的瓷器、丝绸，印度及南亚的香料、象牙是欧洲社会上层的奢侈品。在欧洲人眼里，东方是一个财富宝地，特别是比萨的鲁斯蒂恰诺（Rusticiano）在狱中根据马可·波罗（Marco Polo）记述写成的《马可·波罗游记》（Le livre de Marco Polo）在欧洲的流传，更加深了这一印象。而各种形式的"世界地图"在欧洲也广为流传，这些地图对欧洲部分绘制的较为正确，亚洲部分则十分简单，而南极洲、美洲、澳洲在地图上还未出现。到14世纪，葡萄牙开始有了绘制在羊皮纸上的罗盘地图（亦称"航海地图"）。从15世纪末起，地图学出现重大革新，根据对太阳星辰的观察在地图上绘出子午线。这一时期，航海术亦有了很大的进展。在确定航向方面，不但广泛使用指南针、罗盘地图、海程计算图，而且具备了一定的数学、天文学知识，可以借助星盘、象限仪等通过确定星辰位置来确定船在海上的位置。在船舶设计制造方面，出现了适于远航的快帆船，这种帆船运转灵活，船长约30米，宽约8米，吃水3米，有一个横帆和一个三角帆，可以切风航行，逆风行驶。这种船可能来自阿拉伯，但它的造船技术来自北欧和地中

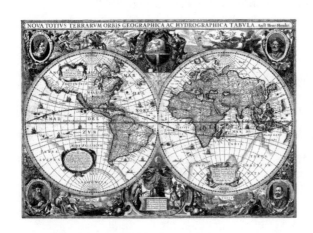

图5-1　亨德里克·洪迪乌斯（Hendrik Hondius）的世界地图（1630）

海。不久后出现了运载量更大的专门用于从墨西哥向西班牙运输黄金、白银的西班牙大帆船。

当时，英国的航海业发展很快。为了满足在海上测定经度的需要，1675年，英国国王查理二世（Charles Ⅱ）批准在伦敦泰晤士

图5-2　格林尼治天文台

河畔的皇家格林尼治花园中，建造一个综合性天文台——格林尼治天文台（Royal Greenwich Observatory，RGO）。该天文台致力于校正天体运动的星表和恒星的位置，以便能正确地定出经度，使导航更为精确。1884年在华盛顿召开的国际经度会议上，决定以通过格林尼治天文台埃里中星仪所在的经线，作为全球时间和经度计量的标准参考经线，称为"0°经线"或"本初子午线"。

历时300余年的航海探险中，虽然充满了对财富的抢掠，对未开化民族的杀戮，海盗横行，但是它在人类历史上却留下了重要的遗产。它充实扩展了人类对地球、地球上海域和陆地的认识，充实扩展了人类在地球科学、动植物学、人类学、气候学以及远洋航行等方面的知识，这正是近代自然科学急需掌握的最基本的知识。另外，"地球村"的雏形开始形成，一幅真正的"世界地图"开始较完整地展现在人们面前，人类对自身、对世界的认识有了彻底的转变。同时，由于当时欧洲正处于资本主义兴起阶段，殖民扩张、资本输出、贸易扩展都使世界各地的财富开始向欧洲集中，加速了欧洲资本主义的原始积累。

表3 重要的航海探险与地理大发现事件

时间	事件
1487—1488 年	葡萄牙航海家迪亚士（B. Dias）到达非洲南端好望角，发现大西洋与印度洋相通。
1492—1493 年	意大利探险家哥伦布（Ch. Columbus）受西班牙国王之托，率船从帕洛斯港出发，想越过大西洋寻找到达亚洲的新航线。到达巴哈马群岛、古巴、海地，以为发现了中国和印度，后又到达中美洲（洪都拉斯）。
1498—1499 年	葡萄牙航海家达·伽马（Da Gama）率领的3艘船绕过好望角，穿越印度洋到达印度的卡利卡特。
1500—1501 年	葡萄牙探险家卡布拉尔（P.Cabral）于1500年3月率13艘船组成的船队从里斯本出发，4月22日发现巴西，称之为"基督之地"。
1519—1521 年	葡萄牙航海家麦哲伦（F.Magellan）受西班牙国王之托，率5艘船经大西洋绕过美洲到达太平洋，1521年麦哲伦在菲律宾被土著居民杀害，西班牙水手埃尔卡诺（J.M.Elcano）率剩下的唯一一只船，越过印度洋，绕过好望角，回到西班牙，完成了人类历史上首次环球航行。
1577—1580 年	英国探险家德雷克（F. Drake）进行世界第二次环球航行。
1616 年	荷兰探险家德克·哈托格（Dirk Hartog）到达澳大利亚西海岸，澳大利亚被发现。
1642—1644 年	荷兰探险家塔斯曼（A. Tasman）发现新西兰及汤加、斐济、所罗门诸岛。
1766—1769 年	法国探险家布干维尔（L. A. Bougainville）率科学家环球航行。
1768—1779 年	英国探险家库克（J. Cook）太平洋探险，到达新西兰及澳大利亚东海岸，发现夏威夷群岛和南极圈。

（三）文艺复兴与人本主义

13世纪以后，欧洲经济条件渐渐发生变化，城市中的市民思想发生变革，特别是在意大利，摆脱中世纪封建主义思想枷锁的思潮空前高涨。

经多年战火遗留下来的古希腊罗马文献主要保留在东罗马及阿拉伯帝国的图书馆和寺院里。阿拉伯帝国由国家组织的对古希腊罗马文献的翻译活动，以及不久后西欧对阿拉伯文献进行的拉丁语翻译、欧洲大学的普遍设立，使欧洲很快进入一个古典文化发掘、宣扬、传播的时代，也就是文艺复兴时代。文艺复兴（Renaissance）一词来源于意大利语rinascere，有再生复兴之意，是欧洲中世纪末期新兴市民阶层（后来的资产阶级）在意识形态领

域的反封建运动，是从
中世纪神本主义向人本
主义的重大历史转折，
是一场以复兴古希腊罗
马文化为特征的以人权
反对宗教神权的斗争，
是一次人本主义取代中
世纪神本主义、借助对
古典文化的搜集和研究
以提高人的素养的市民
文化运动。人本主义也

图5-3　佛罗伦萨

称"人文主义"，它强调人性，强调人生价值，尊重人的创造。

　　文艺复兴于14世纪起源于意大利，逐渐扩展至中西欧，16世纪达高潮。由于近200年的十字军东征，东西方贸易的陆路受到阻碍，到14世纪后意大利的威尼斯、热亚那、佛罗伦萨、米兰等城市逐渐成为东西方贸易的集散地，工商业十分发达。在这些城市中出现了一批自由的知识分子，他们研究古希腊罗马人的著作，研究哲学、文学、艺术，他们的活动影响到市民思想的变革。佛罗伦萨诗人彼特拉克（F.Petrarca）首创"人学"一词以与"神学"对立，被誉为"第一个人本主义者"。

　　到15世纪，意大利的佛罗伦萨成为东西方贸易和欧洲的金融中心。当时的意大利各城市具有独立性而形成自治的国家（共和国），市民们在政治上拥有平等的权利，特别是1453年奥斯曼土耳其攻陷东罗马帝国首都君士坦丁堡之后，许多东罗马的学者流亡到这里，使佛罗伦萨成为欧洲工商业和科学文化最为发达的城市。

　　随着文艺复兴运动的进展，涌现出一批如达芬奇（Leonardo da Vinci）、米开朗琪罗（B.Michelangelo）、乔托（B.Giotto）、波提切利（S.Botticelli）等绘画、雕塑方面的艺术大师；但丁（A.Dante）、薄伽丘（G.Boccaccio）、塞万提斯（S.M.Cervantes）、莎士比亚（W.Shakespeare）等诗人、文学家、剧作家；莫尔（Th.More）、康帕内拉（T.Campanella）等空想社会主义者。

近300年的文艺复兴是人类历史上一次重要的思想解放运动，人们的思维逐渐从中世纪以上帝和彼世为中心的神学，转向了现实的人和现实的社会，对人本身和对自然的研究开始超越对神学的兴趣，由此促进了近代自然科学和近代技术在欧洲的诞生。

（四）列奥纳多·达芬奇

图5-4　达芬奇

列奥纳多·达芬奇是文艺复兴时期著名的艺术家、科学家和工程师。他在绘画、音乐、医学、生物学、物理学、天文学、建筑学、水利学、机械工程等方面均有很高造诣，留有5000余页的笔记（手稿），特别是1967年在西班牙的马德里又发现的700页笔记（手稿）中，可以看到他的发明兴趣涉及土木、建筑、机械、兵器、农田水利等多方面。被后人誉为"万能的天才"人物。[1]

列奥纳多·达芬奇早年随著名画家韦洛基奥（A.del Verocchio）学习绘画，1481年绘制圣多纳托修道院（1529年被拆毁）的主祭坛画《博士来拜》，1495年至1497年用了约2年时间完成了米兰圣玛丽亚感恩教堂（Santa Maria della Grazie）餐厅壁画《最后的晚餐》，后来又一改当时绘画界以宗教画为主的画风，绘制了著名的民俗画《蒙娜丽莎》。列奥纳多·达芬奇为了绘画注重人体解剖，通过对眼球构造的研究，进一步研究了透镜的性质，对所解剖的30多例人体的各器官都作了详细的记录，绘制了解剖图手稿。

---

[1]　列奥纳多·达芬奇的原意为芬奇村的列奥纳多，芬奇是他出生的村庄名，距佛罗伦萨很近，列奥纳多是他的名字，直译应为芬奇村的列奥纳多，我国长期错译为"达·芬奇"，即"芬奇村的"。

1482年后，列奥纳多·达芬奇用了16年的时间，为1450年被意大利米兰公国议会任命为米兰公爵的弗朗切斯科·斯福尔扎（Francesco Sforza），铸成一座骑马铜像，为此他研究了马的各种姿态与解剖学的关系，研究了铜的冶炼，研究了热、光与蒸汽，将艺术与科学作了完美的结合，可惜该铜像在拿破仑入侵时被毁。

列奥纳多·达芬奇在米兰研究过炸药，试验过蒸汽炮，发明了炮身加铁箍的不易炸膛的炮身以及攻城机械和依据声音的坑道掘进方法，还设计出平板压延机以轧制厚度均匀的锡板。1502年回到佛罗伦萨后，他完成了伊索尔诺河的运河工程设计，同时设计了抽水机、闸门、疏浚机、水压机等工程机械。

自1492年起，列奥纳多·达芬奇开始研究鸟的飞行，1505年完成《论鸟的飞行》（Codice Sul Volo Degli Uccelli）一文，同时设计了可以载人的飞机、扑翼机、直升机等飞行装置的草图，还设计了降落伞，为了推动飞机飞行设计了螺旋桨，进而从力学角度研究了鸟翼的面积与体重的关系，认识到人的体力无法支撑可以使人飞行的翼，其研究已接近了当代空气动力学的若干原理。

在遗留的列奥纳多·达芬奇手稿中，绘有可以加工螺栓的机床设计草图、可以加工玻璃的磨床，以及织布机、起毛机、剃毛机等纺织机械，他研究了齿轮，绘制了蜗轮、斜齿轮、非圆形齿轮等，设计了带惯性惰轮的叶轮船，用卷紧发条为动力的车。

此外，他还提出了立体交叉道路与立体道路、潜水器等设计方

图5-5　达芬奇的滑翔机设计图

案，对佛罗伦萨的纺织作坊和米兰的铁工场作坊、制炮厂等所用的各种机械提出了改革方案。

列奥纳多·达芬奇是一个文艺复兴时代多才多艺、个人能力能够得以充分发挥的典型。与他同时代的意大利的一批从事技术、雕塑、绘画的人所具有的注重观察和实验，注重将科学知识与生产、生活实践相结合的精神，为近代科学和技术的诞生提供了思想准备。

（五）罗吉尔·培根

阿拉伯科学于11—12世纪开始衰落。与此同时，在欧洲新的科学思想和活动开始摆脱与权力密切结合的基督教神学的束缚。巴黎、牛津、那不勒斯、帕多瓦等许多城市的大学中，一些新的思想开始产生并影响到欧洲学术界。

到12—13世纪，欧洲出现了将古典文献从阿拉伯语翻译成拉丁语的热潮，到13世纪末则开始从希腊语直接译成拉丁语，其中亚里士多德的有关自然知识的著作特别是亚里士多德倡导的客观把握自然界及其运动，由此追求其原因的思想，对当时的学术研究产生了很大影响。然而，这一时期在思想界呈现出传统哲学与新兴思想既混合又矛盾的局面。对亚里士多德《自然论》（*Meteorologica*，又译为《天象论》《宇宙论》）进行注释的西班牙的阿维洛斯（Averroes）认为，真理有两类，一类是信仰上的真理，一类是基于理性的科学上的真理。多米尼格派教士托马斯·阿奎那（Thomas Aquinas）认为，在信仰和道德上应信仰罗马基督教哲学家奥古斯丁（A.Augustinus），在自然学上应信仰亚里士多德；并认为神主宰自然界，人要认识神，首先要通过经验和感觉去认识自然界。

图5-6　罗吉尔·培根

到13世纪，经院哲学家中涌现出一个重要人物，这就是在牛津大学任教的英国思想家罗吉尔·培根。他一生中有15年因批判教会的腐败而入狱。他在哲学的学科组成中提出了"实验科学"这一新学科，新学科由5部分组成：数学、语言学、透视学、实验科学和伦理学，倡导"实验科学"对于理解自然现象的重要性，认为知识来自经验，只有通过实验验证的知识才是可靠的。他还亲自进行过许多科学实验，为了研究光线与眼球结构的关系，考察了牛眼的结构。

近代科学的思想准备在中世纪后期已经出现，这些思想经历文艺复兴之后而成熟起来，近代自然科学正是在这样的思想背景下诞生的。

二、工场手工业

（一）欧洲城市工商业与工场手工业生产方式的确立

欧洲中世纪中期，在北欧各国，制革、制鞋以及毛织业成为农村重要的产业，开始时还只是家族经营的小生产作坊，不久后即由于十字军长年东征而使经营规模不断扩大，工场手工业的生产加工范围随之扩展，从采矿业、冶炼业到制造业，从必需品到奢侈品，在各地成倍地增长，一些金属制造业的产品已行销全欧洲。此外，纺织品、服饰也发展起来，意大利从12世纪起成为欧洲及东亚的纺织生产和贸易中心。皮革、鞋靴、马具、地毯、手工艺品、造船、玻璃均形成了一些较大的生产中心。威尼斯制镜业、意大利的象牙雕刻、法兰西的珐琅制品无论是产量还是质量和式样，均已超过了正在衰落的拜占庭和阿拉伯。金属制造和采矿技术的发展刺激了冶金业，鼓风炉的使用使金属冶炼达到一个新的高潮，西班牙和意大利、英国均建立起一些较大规模的冶炼作坊。工场手工业的发展又极大地促进了工商业的发展，由此形成了许多具有自治权的自治城邦。

在这些自治城邦中，手工业者组成了最早的同业行会——手工业同业行会。这些不同工种的手工业同业行会，制定了严格的工作守则类的规定，如拥有的学徒数量、产品质量保证、禁止夜间作业、公平的价格等，都要求成员严格遵守。同时，还确立了依据传统而制定的工艺方法、生产规章等。

工场手工业作坊，是指以手工工具为主要劳动手段的工场生产系统。在这里，劳动从初步的分工与协作，很快发展成为以精密合理的劳动分工为基础的协作生产方式，成为此后资本主义企业生产方式的原型。实际上，当时的工场手工业作坊已具备了类似生产线的系统，有较完备的生产管理，这类工场手工业作坊已经成为没有使用机器或使用不完备的机器装置的"工厂"。

在工场手工业作坊中，将传统的生产过程分解为几个部分，每个人仅从事单一的生产过程，这样，一个生产过程分成几个部分的劳动者分头劳动，再加以综合的统一劳动过程。这种以分工协作为基础的生产过程，到产业革命后的机器大生产中，就变成一种基于机器的分工合作的再生产过程。这种分工协作的生产过程随着生产手段的进步，其形态虽在不断变化，但其原理却一直应用至今天。

图5-7　亚当·斯密

据英国经济学家亚当·斯密（Adam Smith）在《国富论》（全名《国民财富的性质和原因的研究》，*An Inquiry into the Nature and Causes of the Wealth of Nations*，1776）中记载，在18世纪的制针手工业作坊中，将制针的作业分为拔丝、切断、去火、一端压扁、打孔、淬火、研磨等18道工序，这样每个工人平均每天可以生产4800根针，这一生产效率是原来制针业者根本不可想象的。在这里，各工序的合理配置十分重要。在英国，一些毛织业工场手工业作坊中，按工种的不同要求恰当配置熟练工人和不熟练工人。在机织、染色、缩绒等工序上配备技能熟练的男工，而在选毛、梳毛、纺毛等工序上配备不熟练的童工和女工。在工场手工业作坊中，为了顺利地连续作业，各工序配备的工人数量是经过严格计量和核准的，或者说各工序最少数量的工人数是必须确定和保证的。

在这种工场手工业作坊中，由于生产过程的逐渐细化，工人所从事的是愈来愈简单的重复劳动，其工具形态已经从多功能变为单一功能，一批单一功能专门化的工具开始被制造出来。

在一些与金属有关的如钟表、枪炮工场手工业作坊中，培育出一批手艺精湛的技师，他们为加工精密的部件，发明了各种以人力或自然力为动力的机械。由于生产规模的不断扩大，工具和装置开始大型化，因此需要有更大的动力来驱动。卷扬机、矿石粉碎机、鼓风机等大型机械广泛地使用水车为动力。在一些工场手工业作坊中，已经使用了加工金属用的早期的车床、镗床和磨床等机械设备。这样，在工场手工业中发展起来的技术体系和经营组织方式，为在近代第一次技术革命中的机械技术体系的形成奠定了基础。

（二）阿格里科拉的《矿山学》和比林古乔的《火工术》

16世纪后，由于工矿业发展的需要，许多记述当时采矿技术的专门工程技术类著作开始出版，如冶金方面埃克尔（L. Ercker）的《论各种最重要的金属矿石和岩石》，劳尼斯（G.E.Löhneis）的《矿石消息》以及冶金学家巴尔巴（A.Barba）完成论述新大陆金矿石和银矿石冶炼过程的《冶金技艺》等。机械方面贝逊（J.Besson）的《机械舞台》、拉美特利（La Mettrie）的《人是机器》、布兰卡（G.Branca）的《机械》、宗加（V.Zonca）的《机械与建筑的新舞台》，以及阿格里科拉（G. Agricola）的《矿山学》、比林古乔（V.Biringuccio）的《火工术》等，这些著作既是对当时机械生产的记录和总结，也是作者对当时工矿业技术与管理的重要研究成果。

1. 阿格里科拉的《矿山学》

1494年，阿格里科拉生于德国萨克森的不来梅，早年学习拉丁语和希

腊语，1524年到意大利学习哲学和医
学，归国途中在欧洲最著名的银矿波
希米亚的埃尔茨山脚下的阿希姆斯塔
矿山城住了两年，学习了探矿、采矿、
选矿及矿石冶炼的有关知识，记录了金
属处理方法及矿山机械，研究了矿物
学、岩石学，去世后，他的矿山学著作
《矿山学》（*De re Metallica*，又译为《金
属学》或《冶金学》）于1556年出版。

图5-8　阿格里科拉

　　《矿山学》一书对从矿石的开采到
将矿石冶炼成金属作了详细说明，其中包括矿脉探查、坑道掘进、坑道排水
换气、矿石运输方法、选矿法、精炼法以及所使用的抽水机、卷扬机、送风
机、冶炼炉结构、精炼方法等，特别是记述了使用11厘米口径的抽水机分
三段将深井中的水抽上来的方法，还记述了用风车进行坑道换气、机械的润
滑及用齿轮传递水车动力的方法，以及矿山所特有的职业病，如因粉尘引起
的呼吸障碍，对有毒的砷矿石的处理
等，并附有290余幅精美插图，较为
全面地反映了当时矿山、机械方面的
技术水准。当时社会上对从事矿山工
作评价很低，认为那是一份卑贱肮脏
的苦差事，更认为矿山工作不需要科
学技术，为此，阿格里科拉极力主张
矿山工作要精通科学技术，要掌握哲
学、物理学、医学、天文学、计算术
和法律。

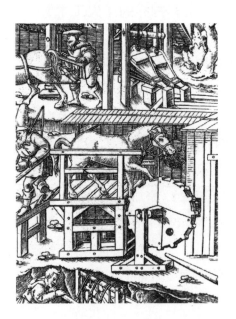

图5-9　鼓风机（《矿山学》插图）

　　1546年，阿格里科拉被任命为开
姆尼茨市的市长，1555年11月，他
在一次宗教问题的激烈争论中中风去

世。保存在德国慕尼黑的德意志博物馆中的阿格里科拉雕像的碑文写着："优秀的自然科学家兼医生乔·阿格里科拉，是完成德国各项技术的伟大人物，是中世纪采矿和冶金术的卓越研究者，也是这些技术的杰出的传播者。"

2. 比林古乔的《火工术》

意大利冶金学家比林古乔年轻时曾游历意大利和德国，学习铸炮术和筑城术，后在罗马从事铸造及兵器制造，对青铜炮的铸造加工做了详细记载。他逝世后，1540年在威尼斯用意大利文出版了他唯一的著作 *De la Pirotechnia*。此书汉译为《火工术》或《铸炮术》，是一部关于冶金学的综合性著作，前4章记述了金、银、铜、铁、铅的熔炼过程，以及银汞齐作用、反射炉等。书中对青铜炮的铸造技术有详细记载。当时用青铜铸造的炮，由于成分不稳定，不但命中率很低，而且发射中炮身易破裂。他在书中对青铜的冶炼、炮身的铸造、火药数量进行了详细研究，并制定出定量的规程，特别是从工艺上对型模所用的黏土种类、铸型的补强与烧结作出规定，认定青铜合金中铜、锡比例为10∶1时，可获得较好的铸造流动性。按他确定的规程制出的大炮，材质均一，质量上乘且有很高的命中率。

从技术书籍的大量出版可以看出，当时的欧洲，工匠们的技术工作已引起知识界的重视，更有许多知识界人士致力于技术的传播、新技术设备的发明与设计，这一传统早在达芬奇时代即已出现。正是这一传统，促进了新技术在欧洲的传播，也为18世纪的产业革命提供了良好的社会意识。

（三）古腾堡的活字印刷术

活字印刷起源于11世纪的中国，14世纪朝鲜采用了铜活字，但在欧洲乃至世界近代产生重要影响的是古腾堡（J.G.Gutenberg）发明的铅活字、印刷油墨和印刷机。

文艺复兴期间，对印刷品的需求迅速增长，造纸术在欧洲已经普及，书籍的制作主要是手工抄写或雕版印制。1434年，从美因兹移居到莱茵河下游斯特拉斯堡的首饰匠人古腾堡开始研究活字印刷术。他用钢铁雕成字

图 5-10　古腾堡印刷作坊

模，将字模敲入铜板中制成阴模，将铜板四边折合起来制成铸字模，再将熔化的铅浇入铸字模制成铅活字。为解决纯铅字模硬度较低的不足，他发明了一直应用了 500 余年的用铅、锡、锑合金制成的"三元合金"作为铸字材料。

古腾堡完成铅活字的发明后，又发明了印刷用的黑色油墨，这种油墨是用烟黑或炭粉粉碎后拌入黏性亚麻油制成的，具有很好的黏性和干燥性，印刷效果良好。古腾堡模仿全木结构的亚麻压榨机，发明了螺旋加压可以双面印刷的平版印刷机。由于螺旋印刷机向下的印刷压力远小于压榨亚麻所需的压力，因此这种印刷机的木螺旋的螺距被加大，提高了印刷速度。1440年前后，他的这些发明已经可以印制较为精美的印刷品了。因战乱返回美因兹的古腾堡借首饰匠人福斯特（J.Fust）的钱于 1450 年开办印刷厂，用活字印出最早的 32 行拉丁文圣经。古腾堡对活字又做了进一步改进，但因无力偿还债款而由福斯特接管了包括所有印刷设备在内的印刷厂，福斯特印制出大量精美的印刷品，由古腾堡设计的每页 42 行双栏的《圣经》，即著名的《四十二行圣经》（又称《古腾堡圣经》），也是在这个印刷厂印制的。

古腾堡活字印刷术发明之后，活字印刷业在欧洲迅速发展起来，德国以纽伦堡为中心，许多城市都开办了印刷厂。1470年，古腾堡的徒弟、法国人詹森（N.Jenson）发明了罗马字体并在别涅其亚公国创办印刷厂。意大利印刷业者马奴蒂乌斯（A.Manutius）于1490年在威尼斯开办印刷厂，1494年创始意大利斜体字。巴黎的索尔波涅大学于1470年、荷兰于1475年开始了印刷业。1478年英国剑桥大学创设出版局，1474年西班牙、1489年葡萄牙均开设了印刷厂。此后50余年内，在欧洲250个地方开设了近1000家印刷厂。

印刷术的普及、大量书籍的出版，有助于传播文艺复兴思想文化、提高大众的文化素质、反对不合理的社会现象，也成为自然科学及技术知识保存与传播的重要工具。

（四）透镜与光学仪器

一切光学仪器如眼镜、放大镜、显微镜、望远镜乃至近现代的照相机、摄影机、投影仪、放映机等，其核心部件都是光学透镜，而光学透镜的品质则取决于光学玻璃的质量和后期的成型、研磨与抛光。望远镜和显微镜发明之后，所用的透镜都是用厚的冕牌玻璃或平板玻璃磨制而成的，色差问题一直未能解决。

18世纪中叶，一些玻璃匠人和光学研究者开始研究消色差问题。英国的霍尔（C.M.Hall）于1733年左右经实验发现，不同种类的玻璃相配合可以有效地消除色差，并制成了一批消色差透镜，其凹镜用燧石玻璃，凸镜用冕牌玻璃。英国的多隆德（J.Dollond）和瑞典乌普萨拉大学的教师克林根谢纳（S.Klingenstierna），随之对这种消色差复合透镜的原理进行了研究。

真正制造仪器用的具有较高均匀度的光学玻璃，是瑞士的吉南（P.L.Guinand）于18世纪末完成的。他于1798年发明了玻璃搅拌器，熔融的玻璃经充分搅拌可以使制造玻璃的各种材料分布均匀，并去除微小的气泡，从而可以制成材质均匀的玻璃。吉南的搅拌法在19世纪初经法国玻璃匠邦当（G.Bontemps）和钱斯（R.L.Chance）的努力，生产出质地极高的专供望

远镜使用的"硬质冕牌玻璃"和"重燧玻璃"透镜，以及专供照相机使用的
"软质冕牌玻璃"和"轻燧玻璃"透镜。

古希腊人已经发现，装满水的玻璃球有放大的作用。罗马的托勒密在
2世纪写的《光学》一书中，对这种球体的放大作用进行了研究。阿拉伯的
海赛姆（Ibn al-Haytham）研究了凸面镜的反射作用和玻璃球体的放大率。
中世纪后期，英国林肯郡主教格罗斯泰特（R.Grosseteste）已经注意到透镜
在影像放大方面的用途，其学生罗吉尔·培根则设想用平凸透镜来提高老年
人的视力。

1286年左右，眼镜已被发明并成为威尼斯玻璃制造业的另一种重要产
品。这些早期的眼镜即老花镜，是用一种曲率半径不大、容易制造的凸透
镜片制成的，直到15世纪，用于矫正近视眼的凹透镜才被制造出来。意大
利医生毛罗里科（F.Maurolico）和解剖学家法布里奇奥（G.Fabrizio）等人
对眼球的构造和光学原理进行了研究，为光学仪器的设计制造提供了理论
基础。

最早的望远镜可能是在1590年前由意大利人发明的。1604年，荷兰眼
镜匠人用一个凸透镜作目镜，一个凹透镜作物镜，得到正立放大的影像。
1609年，伽利略发明了长29米，直径42毫米的伽利略望远镜。他的望远镜
最早为军方所用，后来他用这台望远镜进行了天文观测，其结果的公布引起
了更多的人研究望远镜，不久后，牛顿用反射镜代替折射镜制成最早的反射望远镜，这种望远镜可以很好地消除色差现象。牛顿望远镜的镜筒用的是铅管，但当时更多的是用牛皮纸卷

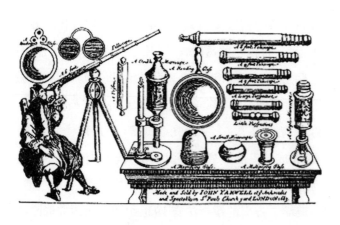

图5-11　17世纪发明的眼镜、望远镜和显微镜（1683）

成的纸筒，太长的镜筒则用木板拼成的方筒，1775年后开始采用金属薄板卷制成的金属镜筒。

在同一时期，意大利的自然哲学家波尔塔（G.D.Porta）发明了复式显微镜，由于焦距很短，放大倍率不大。当时的复式显微镜一般是垂直的，荷兰博物学家列文虎克（A.Leeuwenhoek）利用自己磨制的透镜制成的显微镜，已经可以观察到细胞。英格兰工匠马歇尔（J.Marshall）于1704年制成一种在结构方面极具代表性的显微镜。他的这台显微镜的物镜用螺杆固定在黄铜支柱上，支撑显微镜主体的横臂可以沿黄铜支柱上下滑动，并可以用螺栓固定在支柱上，支柱通过球形结固定在底座上，转动旋钮可以微调目镜对焦。此后由于透镜研磨抛光技术的不断进步，不少人开始研制性能更高的望远镜和显微镜。

（五）动力技术的进步

1. 水车

16世纪的欧洲，水车不但是磨坊普遍使用的动力，也是采矿和冶金的主要动力，矿石粉碎机、鼓风机、矿石卷扬机都在使用水车驱动。水车的广泛使用，促进了炼铁业的发展，铁制品及铁产量有了显著增加。水车的使用也促进了传动机构及机械零件的进步，水车与风车一起为近代机械工业的形成奠定了基础。

一些庄园和修道院以及皇室贵族都拥有水车，制定了有关水车的一些法律。风车是利用风力，因此并未产生争议，但水车的使用却产生了河流归属、筑堤、航行、下游地区的水量供给等方面的各种争议。由此产生了关于水车建造选址以及相关水利方面的法规。水车的应用也促进了蓄水池、堤坝、闸门等水利建筑的发展进步，因为中射式、上射式水车要求有一定的水量和能提升水位高度的闸门。

1539年，英国的菲茨赫伯特（A.Fitzherbert）的遗著《土地勘测与改良簿册》（*The Boke of Surveying and Improvements*）一书，详细记述了当时欧

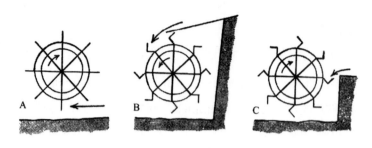

图5-12 水车（A.下射式；B.上射式；C.中射式）

洲各国谷物磨坊使用水车的情景。当时的水车已有下射式、中射式、上射式多种，通过水渠将水引到合适地点的围堰中，可以推动效率不高的下射式水车，而中射式和上射式水车的磨坊，则要建在水流丰富的溪涧或湖泊沿岸。中射式和上射式水车的水轮翼板周边装有许多等距安装的铲斗，水流入这些铲斗中，靠铲斗中水的重量推动水车运转。书中提出中射式和上射式水车的效率要比下射式水车高。这是最早对水车效率的分析和认识。

早年学习仪器制造的英国机械师斯米顿（J.Smeaton），27岁后开始从理论上对当时广为使用的水车、风车进行研究。他利用自制的手压泵驱动的水车模型进行实验，发现下射式水车最大效率为22%，而上射式水车最大效率可达63%，中射式水车效率在这二者之间。1759年5月3日，他向英国皇家学会提交了研究报告，介绍了他对水车和风车的研究实验情况和结论。斯米顿是18世纪英国杰出的工程师、近代工程和机械设计的先驱人物，一生留有1200多种设计图样。他曾主持建造了普利茅斯西南埃迪斯通岩石上的灯塔；为泰晤士河伦敦桥供水厂建造了一个直径达9.75米、宽4.57米的下射式水车，向伦敦城区供水。他还用铸铁轮轴代替传统的木质轮轴，使水车由木质结构向金属结构过渡，并从理论和实践两方面确定了如何提高水车和风车的效率问题。

这一时期在欧洲除上述固定式水车外，还出现了一种浮动式水车。537年，东哥特人包围罗马城，切断水源。罗马将军伯里萨里乌斯（Belisarius）发明了一种安装在平底船上的浮动水车。这种水车不受水位高低的限制，多在水流较急处使用。后来这种水车开始向东西欧传播，在沿河的许多城镇的桥下都设置了这种水车。

水车在阿拉伯和东方各国也很普及。757年，一些希腊人在巴格达修建了灌溉用的大型水车，在幼发拉底河和底格里斯河沿岸的许多城市都有浮动式水车。在波斯湾沿岸的一些城市，使用一种利用海潮的水车驱动磨粉机。但是，由于地理条件的限制，在阿拉伯地区，水车的应用远不如欧洲。

2. 风车

当时使用的风车大体分为箱型风车（也称柱式风车）和塔型风车两类。

箱型风车是低地平原各国在农业拓殖活动中为排水而广为使用的，在木制箱体外面安装张帆的风翼，风车的水平轴转动木齿轮系统由垂直轴传到下面带动抽水机。整个箱体可以绕一根固定在基石座上的轴转动，木箱下端固定一根水平长横木尾杆，根据风向的变化用人力或用绞盘推动横木尾杆使箱体整体转动，以使风帆最大限度地承受风压。后来这种风车经改进用于碾磨谷物。1745年，风车设计师埃德蒙德·利（Edmund Lee）取得了自动尾翼专利，他将用于推动整个箱体旋转的长横木尾杆改为一个带副帆的尾翼，由此可以使风车自动跟踪风向转动。

塔型风车于18世纪出现在地中海沿岸一带，这种风车外观优美，体积较大。由固定的塔身和可随风向转动的安有风翼的塔顶组成。塔身一般为圆形或多角形，多为砖石结构或木结构，塔顶为木结构，并根据各地区建筑风格的不同而有圆顶、尖顶和平顶多种形式。塔顶与塔身之间设有可以使塔顶容易旋转的轨道，或用硬圆木作轴承的圆槽。为了使塔顶迎风转动，最初采用了人工卷扬机构驱动，后来引入了自动尾翼机构，在塔顶上相对风翼处支有尾翼，以使整个塔顶随风向变化而自动

图5-13　塔型风车

转动。

　　最早的风车是全木结构的，制作粗糙，结构简单，体积也不大。箱型风车和塔型风车出现后，将处于高处的风翼旋转产生的动力向下传递，采用了一种类似伞齿轮的机构。齿轮是木制的，其结构是在一个木轮外缘上等距安装若干凸出的木柱状轮齿。齿轮间虽然啮合松动，但只要齿距相等，这类齿轮既可以平行传动也可以垂直或成一定角度传动。后者就可以将风翼产生的旋转动力，通过安装在垂直轴上端的齿轮驱动垂直轴转动，安装在垂直轴下端的齿轮就可以带动磨盘齿轮转动做功。一些风车的垂直轴下方齿轮可以同时带动两套磨盘齿轮转动，以提高碾磨加工效率。同一时期，一些可以使风车停止转动的"闸轮"机构也被发明出来。18世纪中叶，随着冶金技术的进步，出现了铸铁齿轮，齿轮的种类也根据需要多样化，如直齿轮、斜齿轮等。这些金属齿轮很快应用到风车上。

　　早期的风翼是平的，在木框架上张挂可以卷绕的布帆，每个翼在安装时有一定倾角。后来出现了一种全木制的螺旋桨状的风翼和环形翼，使风车的效率有了相应的提高。1772年，英国磨坊设计师米克尔（A.Meikel）发明了一种在翼板上安装可调节的带弹簧的百叶弹簧翼板，通过调节可以减少多余风压，以免造成翼板因风压过大而损坏。1789年，英国的磨坊工匠胡珀（S.Hooper）发明了用卷帘代替百叶的卷帘式翼板，并设计出可以灵活控制卷帘的机构。1807年，英国风车技师丘比特（W.Cubitt）将米克尔的百叶弹簧翼板和胡珀的卷帘式翼板相结合，发明了一种用重物自动控制百叶开启的自动翼板。直到19世纪中叶，仍有不少人致力于对风车的改进。

　　风车除了用作碾磨谷物的动力外，还广泛用于需要较大动力的其他作业。在风车转轴上安装凸轮，由凸轮操纵落锤就可以进行粉碎、榨油或榨葡萄汁。1592年，荷兰工匠科内利兹（C.U.Cornelis）制造出最早的利用风车为动力的锯木机。更多的风车在荷兰等北欧低地国家用于驱动阿基米德螺旋泵抽水。荷兰是欧洲大陆拥有风车最多的国家，18世纪仅泽兰地区就有900多台风车在运转。

　　建筑风车的工匠们使用了斧、锛、钻、卷扬机、起重机等工具和机械，在几百年的生产实践中积累起大量机械加工经验，并对工具和加工工艺作了改革。他们在当时是万能的机械师、建筑师，除设计、修建风车外，还参与教堂、钟楼、居民住宅的设计和施工，并负责风车以及抽水机、磨粉机械的常年维修工作。多年形成的这一传统，为欧洲培养出一批又一批手艺精湛、头脑灵活、富于创新的工匠发明家，他们世代相传的经验积累，成为近代技术发展的重要基础。

风力和水力的利用，是人类对自然能在认识上的深化。直至今天，风力和水力也不失为一种可靠的可再生能源。当然，这类能源受自然界本身制约以及受地理环境的影响较大，到近代蒸汽动力、电力等更为方便的二次能源出现后，单纯的水车、风车只是在偏远地区作为一种补充动力机存在。

第六章

近代科学革命

近代科学革命在欧洲兴起，其历史背景或历史原因已如前所述，即十字军东征使欧洲封建社会开始解体，工商业得以迅速发展；大航海和地理新发现，使得世界的财富向欧洲集中，加快了欧洲资本主义原始积累，且开阔了人的视野；文艺复兴则使人的思想得到空前的解放，从神本主义回到了人本主义，更多的人开始观察、研究与人生密切相关的自然事物和探求自然规律，用新的思维去认识世界。而古希腊的自然哲学、阿拉伯和中国古代的科学和技术则成为近代自然科学形成的三大源流。

近代科学革命导源于哥白尼的日心说的提出和维萨留斯《人体结构》（*De Humani Corporis Fabrica*）的出版。

一、近代科学革命的兴起

（一）哥白尼的日心说

由于天文观测仪器的限制，人们在 18 世纪前研究的天体结构主要是太阳系，历史上的日心说、地心说都是针对太阳系的。在欧洲中世纪，被罗马教廷公认的是托勒密的地心说，即地球是宇宙的中心，一切星球（天球）都围绕地球运转，而不动的恒星天（最高天）是上帝诸神的所在地。从运动的相对性来说，无论是日心说还是地心说，其实质是参照系的区别，即以哪个物体为不动的参照系。根据人们日常生活习惯，似乎地心说更容易被接受，时至今日，我们还常说"太阳从东方升起""太阳落山了"，这都是地心说的思维。地球的每一天，按地心说是太阳每天绕地球运行一周造成的，而按日心说则是地球每天自转一周造成的，然而在中世纪，这是个谁为宇宙中心的严肃的政教问题。在地心说体系中行星运动是非常复杂的，从天文学角度，日心说显然比地心说可以更方便简捷地解释各行星的运动。哥白尼是波兰基督教神学家、僧侣，出生于波兰的历史名城托伦（Toruń）。1491年，他到克拉科夫大学学习医学、天文学和数学；1496年，到意大利游学9年，在博洛尼亚大学和帕多瓦大学攻读法律、医学和神学；1506年回到波兰，行医的同时还在弗罗恩堡大教堂担任教士；1530年完成了关于日心说的基本结构设计，其手稿后来在德国天文学家雷蒂库斯（G. Rheticus）和朋友吉森（T. Giese）的帮助下，于1543年在德国纽伦堡用拉丁文出版。原书本无书名，由出版者命名为《论天体旋转的六卷集》，后人简称为《天体运行论》（*De Revolutionibus Orbium Coelestium*）。全书共分六卷，第一卷概述日心学说，驳斥地心说；第二卷阐述球面天文学和天体的视运动，卷末附有星表；此后四卷用日心说分别论述太阳、月球和行星的运行。

在该书中，哥白尼对人们对日心说即地动说的疑问，如"如果地球运动为什么地面上的东西不动""地球运动为什么自由落体总会垂直下落"等做了解释，这些解释已接近惯性的概念。在书中还区别了内行星（水星、金星）和外行星（火星、木星、土星），绘制了相应的宇宙结构图。在图中，他保留了不动的围绕太阳系的"恒星天"，以供上帝及诸神居住。在没有望远镜的年代，人们在一生中用肉眼是很难发现恒星位置变化的。他认为地球是一颗普通的行星，在绕太阳公转的同时还在自转，太阳处于宇宙中心，其他行星都在绕它公转，并计算了各行星公转的周期。

图6-1　哥白尼

在当时，许多人已经具有了近代的科

图6-2 开普勒

学思想，例如，德国哲学家、神学家库萨努斯（N. Cusanus）区分了神创自然与现象世界，认为"直观"是认识的最高阶段；法国哲学家、巴黎大学校长布里丹（J.Buridan）倡导唯名论[①]，对力与惯性有了一定的认识；法国物理学家奥勒斯梅（N.Oresme）已经掌握了运动的相对性，认识到地球可能是运动的。哥白尼的贡献在于他的日心说是基于30余年的天文观测，并经过几何计算，从而很好地说明了被托勒密所忽视的行星运动之间的关系。

在哥白尼的日心说体系中，行星运转轨道是圆形的，由此造成与实际观测的误差。这一不足直到丹麦天文学家第谷·布拉赫（Tycho Brahe）的助手、德国天文学家开普勒（J.Kepler）提出椭圆轨道后才解决。

1576年，第谷·布拉赫受丹麦国王邀请，在汶岛上建造了当时世界上最大的天文台——天堡观象台，在这里他创制了大量的天文仪器，进行了20余年的天文观测。1599年第谷·布拉赫移居布拉格建立了新的天文台，提出一种介于地心说和日心说之间的宇宙结构体系。1600年，第谷与开普勒相遇，邀请他做自己的助手。次年第谷·布拉赫去世，开普勒接替了第谷·布拉赫的工作，第谷·布拉赫大量的极为精确的天文观测资料为开普勒的研究提供了条件。

开普勒认为上帝创造世界是和谐的，于1609年提出行星运动第一、第二定律（即行星运动椭圆轨道和单位时间行星运动"扫过面积"是均匀的），1619年提出行星运动第三定律（行星运行一周的时间平方与其到太阳平均距离的立方成正比）。

哥白尼的日心说提出之后，教会并未马上反对，而是持支持的态度，

[①] 唯名论是中世纪唯物主义的一个哲学派别，强调"事物先于概念而存在"，限制了神对自然界的干预范围。

他们认为，地球在神灵所居之天的周围回转的设想很稳妥。但他的这一学说后来得到一些怀疑教会政治支配地位和对中世纪自然观持批判态度的人的支持，加之一般人对"地动"的怀疑，使罗马教廷开始反对日心说。1616年，罗马教廷宣布"地动说"为异端，哥白尼的《天体运行论》为禁书。但是一批年轻的学者和教士逐渐接受了日心说，而且从单摆的摆面转动的事实也证明了地球不是在宇宙中静止不动的，这一学说成为近代科学革命的直接导火索。

（二）维萨留斯的《人体结构》

在哥白尼《天体运行论》出版的同一年，比利时解剖学家维萨留斯的《人体结构》也出版面世，成为近代科学革命的另一导火线。

在中世纪，被医学界乃至罗马教廷所推崇的是盖伦的医学体系，其医学著作被视为医学界的绝对权威，但是面对欧洲14—15世纪流行的鼠疫和梅毒，传统的医学显得无能为力，医学界不得不采用各种试错法去进行治疗，许多人开始认识到要解决问题不能迷信传统，而要通过实践去寻找解决问题的方法。

在中世纪的1000余年里，教会是禁止人体解剖的。13世纪，罗马教廷才允许在医学院中进行局部解剖，直到15世纪教皇允许人体解剖后，人体解剖在欧洲才正式开展起来。

最早进行人体解剖的是意大利的博洛尼亚大学，但不是由医学部而是由法学部进行的，这是一次为判定死因的验尸解剖。进入14世纪后，帕多瓦大学和博洛尼亚大学的医学教育中已经将人体解剖作为教学内容。

维萨留斯出生于比利时，在巴黎大学学习医学后到当时欧洲医学教育水平最高的意大利帕多瓦大学进一步深造，1537年获医学博士学位。23岁他被帕多瓦大学任命为解剖学、外科

图6-3　维萨留斯

学教授，《人体结构》就是他在帕多瓦大学任教授期间完成的，由当时印刷装订水平最高的瑞士巴塞尔印刷厂印制出版。该书660页，全书分为7个部分：骨、韧带与肌肉、血管脉管、神经、内脏、心脏、脑及感觉器官。由著名荷兰木版画家卡尔卡尔（J.S.Calcar）为其作了300余幅木版插图，其中骨骼图3幅，肌肉图14幅。该书基本上是按盖伦的解剖体系编写的，并根据人体解剖实践，订正了盖伦在解剖学上的错误200余处。盖伦对人体的解剖是比对狗及灵长类动物解剖而得来的，错误很多，如将人的大腿骨画成像猴子那样弯曲的，将人的肝脏画成像狗那样分成8个瓣，还认为人的左右心室间有人眼看不见的小孔连接。维萨留斯《人体结构》的出版，对近代科学研究中观察与实验方法的确立起了重要作用。

　　他的很多解剖学观点受到教会和世俗的排斥，1544年被迫离开教职，后因解剖人体被诬告成"杀人"，在被迫去耶路撒冷朝拜赎罪归来时，因所乘的船在希腊附近遇难而身亡。

（三）弗朗西斯·培根与科学实验方法的确立

　　观察与实验是近代科学得以产生的重要方法，是区别于中世纪之前用思辨方法去笼统说明问题的实证方法。实验方法是在罗吉尔·培根及弗朗西斯·培根等人的努力下确立的。

　　弗朗西斯·培根是英国著名思想家，是伽利略同时代的人，担任过检察长、朝廷掌玺大臣、大法官，但他对人类的重要贡献是其所倡导的科学研究和自然认识方法。针对当时资本主义迅速兴起，人们注重财富的创造和生存条件的改善，他及时提出"知识就是力量"，号召人们通过掌握知识改造自然、创造财富。他最早注意到技术在生产力中的作用，重视机械技术方面的发明。

图6-4　弗朗西斯·培根

弗朗西斯·培根提出："要支配自然，就须服从自然。"他的这一思想是欧洲近代科学与技术得以迅速发展的思想基础，为在文艺复兴中思想获得解放但又处于迷惘中的欧洲人，指出了向自然去奋斗的方向。这句话既包括"科学"——服从自然，也包括"技术"——支配自然，因为起源于欧洲的自然科学的目的是认识自然，而认识自然的目的是指导人们如何去"服从"自然，而技术显然是在认识自然的基础上如何有效地去"支配"自然。

他强调《圣经》中的人类中心论思想，号召人们按上帝的旨意去掌握自然和驾驭自然，以创造人间的幸福。他的这一思想与当时正在兴起的欧洲资本主义相结合，开创了人类向自然进军的先河。然而，一旦人类征服自然、支配自然的热情被鼓动起来，无限追求个人财富的资本主义意识一旦形成，"服从自然"就被置于次要地位或从人与自然对立的角度、人是自然的主人的角度去对待自然。

弗朗西斯·培根认为，要弄清隐藏在自然界中的原因和规律，除了观察外，实验是个十分重要的方法，实验是能动地、积极地探索自然的方法，工匠们的生产劳动也可以通过模型来进行实验，以取得经验。他将生产与产业所进行的实验称作"带来成果的实验"，以与探求自然原理的实验（他称为"带来光明的实验"）相区别。

弗朗西斯·培根在认识论方面还设计了一种"新的归纳法"，即通过对每项事物的感觉的综合取得事物一般性的原理，再分阶段确认以使认识上升。他利用这种新归纳法，认为热的物体可能与微粒子的运动有关。对热的本质的揭示得出他那个时代最为科学的结论。在他晚年所著《新大西岛》（*New Atlantis*，1628）中，设计了一个名为"所罗门学院"的研究机构，该学院为改善人类的生活，聚集并组织一批科学家通过观察实验，探求隐藏在自然界中的原理，从事各项技术发明。这是他的"新归纳法"的具体化。"所罗门学院"的目的和组织形式，后来在伦敦成立的英国皇家学会得以实现。

实验方法在英国的确立是有其原因的，在这一时期英国进入伊丽莎白一世（Elizabeth I）和詹姆士一世（James I）时代，称霸一时的西班牙无敌舰队被英国击溃（1588），荷兰与英国对新大陆和东印度竞霸，世界贸易中心正转向资本主义正在形成的英国，英国已成为所谓的"日不落帝国"。作为一项研究工作的实验，起源于工场手工业作坊中的工匠实践，学者的知识与工匠的实践经验相结合，由此产生了探究自然规律的实验方法。

实验是人类能动地认识自然的方法，人在认识自然的过程中，经常需要确立假说以解释自然，假说则要通过实验来证实或证伪，这与生产劳动中为了一项较大或复杂工程经常要建一个模型以进行实验一样，都是人类有目的的认识活动的一种方法。

（四）哈维的血液循环论

英国医生哈维（W.Harvey）是在近代生物学界、医学界最早用实验方法进行生命现象研究的人，他早年在意大利帕多瓦大学留学，师从发现心脏静脉瓣的解剖学家法布里奇乌斯（A.Fabricius）。1602年回国后担任皇家侍医，此后开始对血液循环进行研究。他为了弄清心脏搏动与血液循环的关系，对皇家公园中120余种动物进行解剖，于1623年发表了《关于动物心脏与血液运动的解剖学研究》（亦称《血液循环论》，*Exercitatio Anatomica De Motu Cordis Et Sanguinis in Animalibus*）一书，首次提出了"心脏运动"和"血液循环"的概念，在医学研究中引入"血液循环"，阐明了心脏与血液循环的关系，为后来医学界对心脏疾患的诊断和心脏手术提供了科学论据。他还将心脏比作两个泵，右心室是主管肺循环的泵，左心室是主管体循环的泵，将心脏比作泵的思想，为后来人工心脏的制造提供了技术原理。

欧洲中世纪推崇的是盖伦的医学理论，哈维对盖伦学说中的许多谬误作了纠正，创立了基于实验的科学的血液循环理论。

二、从伽利略到牛顿

（一）伽利略的开创性工作

意大利作为文艺复兴的发源地，到16—17世纪，工商业发达，学术空气亦十分活跃。在帕多瓦大学数学教授伽利略（G. Galilei）等人的努力下，哥白尼的日心说在这里得到传播。伽利略也因对力学的研究和用自己发明的望远镜进行的天文观测，成为近代科学革命的先驱人物。

1592年，伽利略发表《机械学》（*Le Mecanike*），通过对当时各种机械（抽水机、起重机、粉碎机）的分析，考察了机械的动力学特征，认为"机械不产生力（能）"，人以为利用机械可以

图6-5　伽利略

用小的力获得大的力（能）是一种误解，并以杠杆为例，提出力矩概念，他认为机械做功，力矩是不变的，因此没有获得力（能）。

1600年，他通过100余次用7米长的斜面精确设计的实验，研究了自由落体运动，纠正了亚里士多德关于重物先落地（亚里士多德认为重物含的土元素多，更容易归于处于宇宙中心的地球）的错误结论。发现斜面斜度愈小，物体速度增加愈小，在平面时几乎处于匀速运动，由此发现了惯性定律。

哥白尼的日心说在欧洲天文学界逐渐被接受，特别是德国天文学家开普勒从"上帝创造宇宙一定是和谐的"这一命题出发，发现了行星运动三定

图6-6 《关于两个世界体系的对话》
封面（1632）

律，使日心说更为深入人心。伽利略支持日心说，1609年，他用凹透镜作目镜，用凸透镜作物镜制成一架放大率30倍的望远镜。他用这架望远镜进行天文观测，发现了月球上的山谷和太阳黑子，还发现木星的4个卫星（现已发现14个），由此证明天体与地球一样是一种物质球体，进一步证明了地球是围绕太阳运转的。望远镜很快成为向学生和民众推广日心说的科学仪器，也成为重要的军事用具。

伽利略在1632年因发表《关于两个世界体系的对话》（*Dialogo Sopra I Due Massimi Systemi Del Mondo*），宣传哥白尼学说，批判亚里士多德和地心说受到宗教裁判所的传讯被软禁，其间他完成了自己关于力学的综合研究成果《关于两门新科学的对话》（*Discourses Concerning Two New Sciences*），提出了许多关于力学的重要见解。在意大利产生的科学革命的火种，17世纪传入教会对科学排斥较轻的英国，使科学革命最终得以在英国完成。

（二）英国皇家学会的创立

西方的科学学术团体发源于欧洲文艺复兴发源地意大利，1560年，自然哲学家波尔塔（G.D.Porta）与在那不勒斯的一些思想家、自然研究者创立了自然秘密协会（秘祷学会），但成立不久即被控搞巫术而遭封闭。1603年，波尔塔在罗马又参与意大利贵族费得里克·切西公爵（Federico A. Cesi）

资助创建的猞猁学院（又称"林琴学院"，Accademia dei Lincei）。1657年，在美第奇（Medici）家族支持下，物理学家托里拆利（E.Torricelli）和维维安尼（V.Viviani）在佛罗伦萨建立了齐曼托学社（Cimento）。意大利学术团体的创建，很快影响到欧美其他国家，1662年英国在伦敦建立皇家学会，1666年法国在巴黎建立法国科学院，1700年德国在柏林建立以法国科学家、哲学家为主力的柏林学会。1683年，美国在波士顿建立波士顿哲学学会；1743年在富兰克林（B. Franklin）领导下，在费城成立了美国哲学学会。

这些学会中影响较大、对近代自然科学发展起了重要作用的，是英国皇家学会和法国科学院，下面仅介绍一下英国皇家学会。

17世纪初，英国的工商业和航海业发展十分迅速，科学技术开始被社会所重视，1645年，以牧师约翰·威尔金斯（J.Wilkins）为首在伦敦组织了哲学学会（当时的哲学是包括现在物理学等自然科学在内的学科总称），该学会经常在伦敦及其他城市集会，与会者自由讨论，该会也称为"无形学院"。1648年，大部分会员因内战迁居牛津。1660年11月，该学会在伦敦的

图6-7　英国皇家学会

格雷山姆学院①举行会议恢复活动，正式提出成立促进数学物理实验知识的学会，约翰·威尔金斯被推为会长。两年后，英国国王查理二世（Charles Ⅱ）授予皇家证书，正式批准将之转化为以促进学习和研究自然知识为宗旨的皇家学会。

由物理学家、皇家学会干事胡克（R.Hooke）起草的学会章程中，对学会的宗旨作了如下说明："皇家学会的任务和宗旨，是增进关于自然事物的知识和一切有用的技艺、制造业、机械作业、引擎和用实验从事发明，是试图恢复现在失传的这类可用的技艺和发明，是考察古代或现代任何重要人物在自然、数学和机械方面所发明或记录下来的，或实行的一切体系、理论、原理……和实验……并将对事物原因的理智解释记录下来。"1664年后，英国皇家学会成立了下属的关于工艺、工业、农业的委员会，进一步注重对实用科学的研究。

英国皇家学会是一个独立的社团，不对任何政府部门负责，但它起到了国家科学院的作用，与政府关系十分密切，是政府发展科学技术的重要咨询机构，吸引了一批著名的科学家、工程师，促进了近代自然科学和技术在英国的发展。

（三）笛卡儿的解析几何与机械论

法国哲学家、数学家笛卡儿（R.Descartes）在普瓦提埃（Poitiers）大学学习的是法律，经历过军旅生涯，1628年为研究数学和哲学搬到荷兰，居住21年之久，逝于瑞典斯德哥尔摩。

笛卡儿对近代数学的一大贡献是创立了解析几何。1637年，他的《方法论》（全称为《更好地指导推理和寻求科学真理的方法论》，*Discours De La Méthode，Pour Bien Conduire Sa Raison*）出版。该书包括《屈光学》《气

---

① 格雷山姆学院是英王财政大臣和皇家交易所创办人格雷山姆（Th.Gresham），用自己在伦敦的房地产和住宅创立，该学院以科学活动为主，市民可自由进入学院听课，不收学费，是英国科学家最早的自由聚会场所。

象学》和《几何学》三个著名的附录。在《几
何学》中，他研究了将几何问题化为代数问
题，讨论了曲线性质，提出了通过某点的坐标
系，从图形轨迹出发求解方程的方法，由此创
立了解析几何。此前，法国数学家费马（P. de
Fermat）于1629年发表的《平面和轨迹》（*On
Plane Loci*）以及1637年发表的《求极大值极小
值方法》（*Methodus ad Disquirendam Maximam
et Minimam*），则从方程出发推导出轨迹图形而
创立解析几何。

图6-8　笛卡儿

　　笛卡儿在《方法论》中认为，科学与经院哲学不同，它不从属于任何
权威，在理性指导下通过观察与实验、分析与综合而探求自然的真理，科学
与工匠的工作相结合可以为人类生活的改善起到重要作用。为此，他在制作
透镜工匠的帮助下，研究了光的折射，写成《折射光学》（1637）。他到肉铺
买来动物的心肺，研究哈维的《血液循环论》。

　　1644年，笛卡儿的哲学著作《哲学原理》（*Principles of Philosophy*）出
版。书中提出，宇宙是无限的，上帝创造的空间是充实的，所以不存在真
空；在上帝创造的世界中，物质与运动的总量（质量 × 速度）是不会变的，
由此提出了动量守恒定律。并认为，如果一个物体不受其他物体碰撞，则会
以恒定的速度和方向永远运动下去，这已明确表述了惯性定律。在书中，还
提出上帝创造世界时，不同大小的粒子会产生旋涡最后形成各个天体，由此
创立了宇宙起源的旋涡假说。

　　由于笛卡儿正处于欧洲工场手工业极为发达的时代，使他有很强的机
械论思想，他将自然界各部分比作机械的各部件，认为存在肉眼看不见的微
小粒子，这些形状、大小不同的微粒子因力学运动而产生各种自然现象。笛
卡儿不仅将无机物，还将动物和人体用机械现象去解释。他认为进入脑中的
血液会变为"动物精气"，这些动物精气在神经管中如同水力机械驱动水经
水管传递一样，由于神经作用而使身体各部分动作。

笛卡儿认为宇宙虽然有机械性，但同时又是进化的。在宇宙生成方面，他认为最初神创造了完全固态的无限物体，接着这些物体分割开向各个方向运动而使世界处于混沌之中，别的神又创造了力学法则（如惯性定律、动量守恒定律），最后物体在自己的力的作用下创造了天、星球、太阳、地球。

然而，笛卡儿的这种唯物的机械论自然观并不彻底，特别是受宗教裁判所对伽利略审判的影响，而不断修正自己的观点。他将物体的变化解释为神的力量，将物质世界与以神为前提的精神世界并列而倡导哲学上的二元论。笛卡儿强调"我思故我在"（Cogito ergo sum），以说明事物的存在在于人的意识，因此在哲学上又有明显的主观唯心主义成分。然而笛卡儿在数学上和在科学方法论上的工作，都为近代科学革命做出重要贡献。

（四）牛顿力学的形成

17世纪，是近代力学形成的世纪。由于16世纪以来欧洲工场手工业的发展，机械的力量已为社会所认可，研究机械运动的科学——力学，正是在这一社会前提下被众多的科学家所重视，其成果也迅速地在学术界、企业界传播。

英国科学家牛顿在经典力学的体系化方面做出巨大贡献。他早年在剑桥大学读书期间，即研读了伽利略和笛卡儿的著作，对科学研究有很深的兴趣。当时科学界一个主要的思潮，是对自15世纪以来的产业技术进行理论化整理。

牛顿首先对与航海技术相关的天文观测仪器望远镜进行改革。1668年，研制成可以消除

图6-9 牛顿

球面像差^①和色像差^②的用凹面镜制成的反射望远镜（伽利略望远镜为两个透镜的组合）。1661年，他通过实验对光进行了研究，发现太阳的白色光具有固有的折射能力，将太阳光用棱镜分解得到从红到紫的单色光，由此确知白色光是若干单色光的汇集，从而提出全新的光学理论，汇总于1704年出版的《光学》（Opticks）一书中。牛顿的这一光学成果，成为天文观测和改革望远镜的科学基础。牛顿根据光的直线传播和反射折射认为光是一种粒子流，创立了关于光的"粒子说"，与当时流行的由荷兰物理学家惠更斯（Ch. Huygens）创立的关于光的"波动说"形成对立。对于光的直线传播和反射现象，"粒子说"可以很好地说明；而对于光的衍射、绕射现象，"波动说"则可以很好地说明，这两种学说到20世纪初才融合为"波粒二象性"。

针对伽利略提出的地球自转产生的离心力，为什么没将地上的物体抛向宇宙这一问题，据传牛顿的侄子告诉法国文学家、启蒙思想家伏尔泰（Voltaire）："1666年牛顿为躲避伦敦流行鼠疫回到乡下期间，看到苹果从树上落下而得到启发，发现地球对苹果有引力。"伏尔泰对此在《哲学书简》（1734）中作了介绍。牛顿认为重力远比离心力要大，因此物体不会因离心力被抛向宇宙，由此计算了地球引力对月球的影响，发现了力与距离的平方成反比的规律（$F \propto \frac{1}{r^2}$）。13年后的1679年，在胡克的影响下，他又计算出太阳与行星间的引力，由此对开普勒三定律从理论上作出说明。

牛顿在力学上最为重要的成果是《自然哲学的数学原理》一书，该书用拉丁文写成，在发现哈雷彗星的物理学家哈雷（E.Halley）的鼓励和支持下于1687年出版。牛顿在该书的第一篇中，对物质量（品质）、运动量（动量）、外力、向心力、加速量（加速度）、时间、空间等力学基本概念作了定义，阐述了力学三定律（惯性定律、作用力与加速度关系定律、作用力与反作用力定律）。该书第二篇分析了流体力学，第三篇研究了万有引力定律。该书在分析中充分利用了数学方法，由此开创了近代科学研究数学化的先

---

① 因透镜的球面形状而使图像向焦点集中，造成图像模糊的现象。
② 因同一个透镜对各种色光的折射率不同，使图像紊乱的现象。

河。在近代欧美学术界，将数学化了的科学研究称为"精密科学"。

牛顿在学术上，因力与距离平方成反比的定律与胡克发生了优先权的争论，在微积分方面自1699年与德国数学家莱布尼茨（G.W. Leibniz）就优先权问题发生了长年论争。而且，牛顿自学生时代即对炼金术产生兴趣，留有6万余字的笔记。因此牛顿在西方被称为"最后的炼金术士，最初的近代科学家"，这反映出近代自然科学在开始时与神秘主义的联系还是十分密切的。

三、法国的思想启蒙运动与机械唯物论自然观的产生

（一）法国的思想启蒙运动

英国资产阶级革命之后，欧洲各国封建势力仍然十分强大，法国长期的封建王朝与僧侣、贵族的统治，到18世纪不断受到来自工商业者、新兴市民阶层和农民的反抗，在英法战争（奥地利王位继承战争，1741—1748）之后反抗更为激烈。因逃避法国封建王朝迫害而流亡英国的启蒙思想家伏尔泰于1732年在伦敦出版了一部介绍英国的小册子《哲学通信》（*Lettres Philosophiques*），从政治、宗教、思想、文化诸方面，对法国专制政治进行了全面批判，法国的思想启蒙运动由此展开。在书中，伏尔泰还介绍了牛顿力学和光学，强调了重视将实验观察与数学相结合的牛顿的科学思想。

法国大革命恰好发生于英国产业革命的初期。这是世界近代史上的一项重要事件，是一场反封建的使大多数民众站起来保卫所谓第三

图6-10　伏尔泰

等级利益并取得胜利的革命。由此使农民从农奴主（贵族）的长期压迫下解放出来，铲除了国内资本主义发展道路上的障碍。正是在这一时期的后半叶，在法国社会的变革中出现了圣西门（Saint-Simon）和傅立叶（Ch. Fourier），在英国产业革命的矛盾中出现了欧文（R.Owen）等一批空想社会主义人物。

在法国启蒙主义思想家中，伏尔泰、孟德斯鸠（Ch.Montesquieu）、卢梭（J.Rousseau）、狄德罗（D.Diderot）、达朗贝尔（J.R.d'Alembert）等名字是特别值得纪念的。他们对宗教、自然观、社会、国家制度等各个方面都做出毫不留情的批判，掀起了以理性为唯一根据的社会潮流。在狄德罗、达朗贝尔的领导下，在以伏尔泰等人为首的许多进步知识分子的协助下，完成了编撰出版《法国大百科全书》这项宏大的工作。在这部百科全书里，详细记载了法国的各种生产、各种制造业和农业，而且不仅介绍了最优秀的生产技术，同时还收录了到18世纪中叶人类所积累的科学、技术知识，提出了物种进化、生命起源等先驱性思想，并认为技术不仅是人类与自然斗争的武器，也反映出掌握技术的人们的意图，而且掌握技术的人构成了具有革命性的阶级。这部百科全书的出版屡遭法国封建王朝的刁难，自1751年起用了22年才将28卷全部出齐，它为法国大革命提供了思想准备。这是长期被压抑的法国市民阶级对封建残余的一场不倦的文化斗争，而且这场斗争成为继英国之后在法国出现

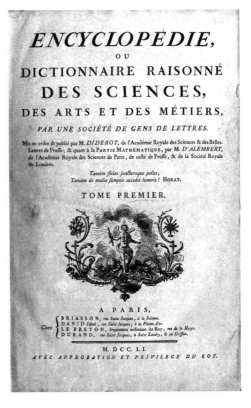

图6-11　《法国大百科全书》封面

的自然科学伟大时代的导火线。同时，在《法国大百科全书》的编纂中，克服了牛顿的机械唯物论，科学地分析了当时物理学、生物学、化学中的一些新发现，从哲学的角度预言了近代元素及原子的存在，否定了当时生物界关于物种不变说和生命起源说中的预成论。

在法国思想启蒙运动中，最早提出了科学、民主、博爱、自由的口号，这些鲜明的口号成为法国大革命的目标，也成为后来全人类共同的奋斗目标。思想的解放促进了科学的发展，19世纪经典自然科学的迅速发展是与此直接相关的。

（二）机械唯物论自然观的产生

指导近代科学发展的自然观的核心形成于17世纪，到18世纪随着近代技术革命的兴起又有新发展的机械唯物论。这种机械唯物论或称"机械论""力学唯物论"，是16世纪后机械在工场手工业的广泛应用，以及由研究机械运动而发展起来的近代力学取得巨大成功的结果。

这种自然观的特点是将自然界的一切事物简单地用机械去比喻，一切运动形态归之于机械运动，其朴素的唯物性是不言而喻的，是人类摆脱神灵世界的最初意识，对于指导当时还处于蒙昧状态的科学研究起了重要作用。

机械唯物论的自然观是以机械论和粒子论为基础的，对一切事物的分析，要基于物质实在的运动状态，分析其受力情况以推演出其后的发展趋势。为此要将复杂的客体简化，甚至简化成一个只有质量而体积无限小、形状可以忽略不计的质点，而对力则必须弄清其方向、大小和作用点。

由于科学研究的数学化，特别是牛顿第二定律（F=ma），给人的感觉是当由几个已知量决定未知量时，结果是唯一的，由此产生了一种机械决定论的方法论。

如何认识机械唯物论同如何认识近代自然科学一样，它是人类认识自然的阶段性产物，是对中世纪神本主义自然观的一场革命，它对于人类摆脱中世纪神学思想的束缚，客观地寻求自然的本质起了巨大的作用。经典自然科学就是在这种自然观的指导下形成的，它的影响一直持续到20世纪。

虽然唯物主义是人类对自然客观认识的前提，但是在近2000年中，基督教在欧美深入人心的情况下，让人们摆脱宗教信仰去变成"彻底的唯物主义者"是根本不现实的，西方的近代自然科学恰恰就诞生在欧洲的基督教世界。许多伟大的科学家本身就是个虔诚的基督徒，而且不少革命性的科学成果都是一些神职人员创造出来的。提出日心说开创近代科学革命的哥白尼，宣扬日心说提出行星运动三定律的开普勒，对数学做出重大贡献、创立解析几何的笛卡儿，进行豌豆杂交发现遗传学定律的孟德尔（G.J.Mendel）等，均是基督教神职人员，而在经典力学做出集大成贡献的牛顿，在其学说中也经常给神（上帝）寻找一个位置，并致力于炼金术以寻求上帝给人类的赐予，留有长篇的炼金术手稿和神学笔记。

总之，机械唯物论呈现的是宗教信仰与自然研究矛盾调和的角色。正是由于近代机械唯物论的不断完善和普及，在其指导下的欧洲人开创了人类历史上第一次科学革命和技术革命，并最终形成了系统的现代自然科学和技术，使欧洲社会很快进入发达的资本主义社会。

就自然观而言，机械唯物论自然观在近代以来也不是一成不变的，随着人们对自然认识的扩展和深化，它大体上经历如下变革过程：

笛卡儿的机械论自然观—牛顿的力学自然观—19世纪原子论自然观—20世纪相对论量子论的自然观

在每一个阶段，其内容都会有新的扬弃，自然界的发展变化与普遍联系性都不同程度地有所反映。

第七章

英国产业革命的兴起

18世纪英国的产业革命也称工业革命，与之伴随的是近代第一次技术革命——蒸汽动力技术革命。人类社会开始由农业社会向工业社会过渡，以强力动力机械驱动的大型机器，逐渐取代了人类应用几千年的手工工具，生产力得到飞速发展，大量廉价的产品被制造出来，农业机械化、化肥化和水利化极大地提高了农作物产量，一切社会建制都在迅速地发生着翻天覆地的变革。正如《共产党宣言》所指出的："资产阶级在它的不到一百年的阶级统治中所创造的生产力，比过去一切世代创造的全部生产力还要多，还要大。自然力的征服，机器的采用，化学在工业和农业中的应用，轮船的行驶，铁路的通行，电报的使用，整个整个大陆的开垦，河川的通航，仿佛用法术从地下呼唤出来的大量人口——过去哪一个世纪料想到在社会劳动里蕴藏有这样的生产力呢？"[1]

一、英国产业革命

（一）英国产业革命的历史前提

近代产业革命（工业革命）及与之伴随的近代第一次技术革命，发生于18世纪中叶的英国，是英国经济社会发展的必然结果。

---

[1] 《马克思恩格斯选集》第1卷，人民出版社2012年版，第405页。

在欧洲，5—11世纪是封建社会形成时期，11—15世纪是封建主义鼎盛时期，16—18世纪是封建主义瓦解、资本主义形成时期。欧洲大陆虽然很早就出现了资本主义萌芽，但是由于当时欧洲大陆各国大都处于松散的联邦状态，加之长年的宗教战争[①]，社会动荡不安，而英国受宗教战争影响较小，于1688—1689年经历了"光荣革命"[②]后，成为一个君主立宪国，资产阶级在政治上取得了权力，国会采取一系列措施，废除影响经济发展的各种封建规章，鼓励工商业，为资本主义在英国的发展提供了政治和制度上的保障。

近代自然科学特别是力学在牛顿、胡克等人的努力下迅速发展，加之英国皇家学会的成立和所进行的科学活动，使近代科学思想在英国广泛传播，社会开放，人的思想活跃。在中世纪的基督教世界，人的生活方式要遵从上帝的安排，而在新兴的资本主义社会中，人的命运更多的是掌握在自己手中。资产阶级（Bourgeois）是一个法文词，意思是生活在城里的人，后来指拥有一定生产资料或生产资本的人。这些新兴的资产者为了财富的升值，四处奔波，到处钻营、创业。大量社会财富被创造出来的同时，又刺激人们去争取更多的财富。

16世纪海上探险和地理大发现，使欧洲经济、贸易中心从地中海沿岸转向大西洋沿岸港口，为了垄断海上霸权，英国海军迅速壮大，很快压倒曾称霸一时的西班牙、葡萄牙和法国海军，开始在世界范围内进行殖民扩张，并于16世纪建立东印度公司、非洲公司等特许公司，大力扩展海运。英国殖民地几乎遍布世界，贸易和掠夺成为英国资本主义原始积累的重要手段。

早在15世纪，英国新兴的贵族为了发展毛织品贸易，发起了强占农民土地、扩大牧场的"圈地运动"。失去土地的农民涌进城市，不但为英国工商业提供了大批廉价劳动力，而且也要求社会为他们提供廉价的生活必需

---

① 1618—1648年，信奉新教的德国新教派、丹麦、法国以及英国、俄国等与崇信天主教的神圣罗马帝国、西班牙、德国天主教派及波兰、教皇之间的战争，其实质是为了扩展领地。即三十年战争。

② 1688年，被新兴的资产阶级控制的英国国会，推翻企图恢复天主教和封建专制的由国王詹姆士二世（James Ⅱ）控制的斯图亚特王朝，迎请信奉新教的荷兰执政及其妻为英国国王和女王，称威廉三世（William Ⅲ）和玛丽二世（Mary Ⅱ），史称"光荣革命"。

品，这又进一步扩大了国内的消费市场。更有许多人涌向海外殖民地，成为英国海外扩张的重要力量。1640年后，英国为摆脱近百年的经济危机，努力开展对外贸易，开始了所谓的"商业革命"。在1700—1800年间，贸易额从750万英镑猛增至5000万英镑，贸易范围向欧洲以外地区迅速扩展，商品种类构成发生了根本变化，由此成为英国产业革命的先导。①

16世纪以后，英国手工业作坊发展十分迅速，这里集中了一批优秀的技术工人。欧洲大陆常年的宗教战争使许多新教徒特别是一批拥有一定技能的尼德兰②、法兰西工匠逃亡英国，进一步充实了英国本土的技术力量。

近代的第一次技术革命，是以蒸汽动力的广泛应用和机器作业代替手工劳动为标志的，它大体经历了三个阶段：第一阶段是纺织业中机器的发明和引入；在第二个阶段中，瓦特（J.Watt）为了满足当时社会生产（主要是纺织及采矿）对动力的需要，将原来只供抽水用的直线往复式蒸汽抽水机，改革成可以供工厂、矿山广泛作为动力使用的万能动力机；在第三个阶段中，由于工厂制的普及，以及为满足大量制造各种机器的需要而对工作母机进行的发明和改革，奠定了近代机械化大生产的基础。

需要指出的是，近代以来的技术发明和改革，已经逐渐摆脱了经验的因素，科学性在不断加强。17世纪的科学革命，与机械技术直接有关的数学和力学首先得以完成，进入18世纪后，热力学的基本知识开始得到了阐明，人们区分了温度与热量，认识到比热与潜热。科学上的这一系列重大发现，直接为近代第一次技术革命中的许多技术发明提供了科学依据。

由于英国当时具备了上述优越条件，在产业革命蓬勃进行的同时，奠定产业革命技术基础的近代第一次技术革命也就应运而生了。

---

① ［日］川北稔：《工業化の歴史的前提》，岩波書店1983年版。
② 尼德兰（Netherlands）指莱茵河、马斯河及北海沿岸一带，相当于今荷兰、比利时、法国东北、卢森堡，16世纪被西班牙统治，1830年尼德兰南部独立成立比利时王国。当时该地区手工业、商业、国际贸易均十分发达。

（二）纺织业的机械化

1. 飞梭的发明

与英国工业革命相伴的近代第一次技术革命，起源于纺织业的机械化，其导火线是飞梭的发明。

15世纪末至16世纪，英国及欧洲大陆西部是典型的毛织物生产地区，半农半工的农民同时经营梳毛、纺纱和织造毛织品的毛纺织业家庭手工业作坊。分工合作的家庭制手工业，成为早期资本主义生产方式的基本特征。

英国经历圈地运动后，畜牧业的发展以及欧洲纺织工匠大量流入英国，使英国毛织业有了空前的进步，很快成为欧洲重要的毛纺织业中心。毛织品占英国出口总额的1/3，畅销欧洲和各殖民地。随着东西方贸易不断扩展，价格低廉的印度棉布也开始大量输入英国，为下层劳动者特别是大量失去土地而涌入城市的农民工所喜爱，成为英国当时风行一时的畅销货。为了抵制进口的棉织品的竞争，1700年英国国会通过议案，严禁印度棉布进口。但是，英国国内的劳动者喜欢物美价廉的棉织品，禁止进口后，由于国内对棉织品的需求增加而引起了棉织品价格飞涨，棉纺织业开始引起英国纺织业者的重视，许多人投向这一新兴的产业。

英国的棉纺织技术是在1685年间，由尼德兰安特卫普移民传入的，纺纱和织布使用的都是已有上千年历史的木制棉纺织机械，效率低且产品质量很差。无论是在技术力量上还是在竞争能力上，棉纺织业都比毛织业落后很多。棉纺织业者为了提高生产效率，开始了一系列的技术改革。棉纺织业是由纺纱和织布两个主要工

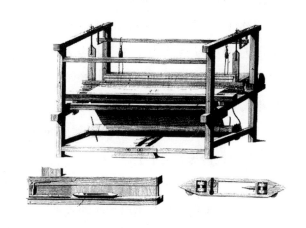

图7-1　飞梭及使用飞梭的织布机

序组成的，英国产业革命之前，无论是纺纱还是织布都是作为家庭副业由农妇手工完成的。

1733年，兰开夏从事制造织布机梭子同时还兼织布工的约翰·凯伊（J.Kay）发明了飞梭，由此引起了纺织业的变革，近代第一次技术革命由此开始产生。

凯伊将梭子固定在一个小滑车上，小滑车放在水平滑槽中，滑槽两端有一个由一个手柄的两条引绳牵引的木制梭箱，织布工拉动系在梭子上的绳子，就可以使梭子自动地在经线间飞快地穿插往返。在这之前，梭子是由织布工用手左右传递完成的，不但效率低而且纺织品的幅面也受到织布工手臂长度的限制。这一发明不但提高了织布速度，而且布幅也不受限制了。但这项发明未能很快普及，当地织布工惧怕新发明影响他们的劳动收入而袭击凯伊的住宅，逼迫他逃往曼彻斯特，最后藏在羊毛袋子里乘船逃亡法国，客死他乡。

后来飞梭逐渐地推广开来，1760年约翰·凯伊的儿子罗伯特·凯伊（R.Kay）发明了上下梭箱，进一步提高了织布性能。使用飞梭后，一个织布工需要10个纺纱工提供棉纱。

由于织布速度加快，使棉纱供不应求，棉纱价格不断上涨，造成了"纱荒"。为此英国政府大力鼓励纺纱，甚至监狱、孤儿院都被动员纺纱。

2. 哈格里夫斯的珍妮纺纱机

1738年，发明家怀亚特（J.Wyatt）发明了利用快速旋转的纱筒与纺锤相配合进行纺纱的纺纱机，并于同年获得专利。1741年，法国流亡者保罗（L.Paul）对其进行了改革，这种纺纱机由若干对旋转的辊子组成，被梳理的棉花或羊毛由一对辊引入机器，再传送到下面一对辊，后面辊比前面辊旋转快，这样棉花或羊毛在从前面辊到后面辊的传送过程中被拉伸逐渐变成纱，纱最后被传送到锭子上。

保罗出资在伯明翰建立了一个小工厂，雇用10个女工照看一台用两头驴子拉动的这种纺纱机。当时的纺纱机是用木材制造的，强度有限，因机件脆弱常常发生机械损坏事故，工厂于第二年即告破产。其发明被《绅士杂志》(*The Gentleman's Magazine*)主编爱德华·凯夫(E. Cave)买了去，凯夫在诺桑普坦建立了安装5台这种设备的工厂。他计划把事业大规模地兴办起来，雇用了50名工人，但是由于机器本身还不完善，加之工人的操作经验也不足，致使工厂没能维持下去，1764年被阿克赖特(R.Arkwright)收购。棉纺

图7-2　珍妮纺纱机

织业中的织布速度快而棉纱不足的矛盾，一直延续到18世纪60年代，1761年，"英国奖励工艺协会"悬赏发明一种能同时纺6根纱并由一个人操纵和看管的机器。

　　传统的手摇纺纱机只有一个纱锭，是横装的，1765年，木匠兼织布工哈格里夫斯(J.Hargreaves)无意中弄倒了自家的纺纱机，发现纱锭立着也在旋转，由此开始研制由一个人可以同时旋转多个纱锭的纺纱机——珍妮机，即多轴纺纱机，1770年取得专利。[①]哈格里夫斯发明的珍妮机开始时有8个纱锭，是竖装的，用辊条代替人工牵引纱线，后来增加到16个纱锭，最后用水车驱动的珍妮机达到80个纱锭。

　　这样一来，不但解决了长期的"纱荒"，而且降低了布匹价格，引起了社会对布匹的需求量进一步加大。至此，纺纱机和织布机还都是以人力为动力的，这些发明只不过是提高了家庭作坊的工作效率而已。哈格里夫斯也遭遇了当时许多发明家同样的命运，他的家被人捣毁，他被迫迁居诺丁汉，在那里出售他的珍妮机。

　　珍妮机造价低廉，结构简单，即使最小型的也抵得上七八个人的手工

---

① 哈格里夫斯弄倒的纺纱机，据说是他的妻子(亦说是其女儿)用的，他妻子(或女儿)名叫珍妮，为此这种多轴纺纱机被称为珍妮机。

纺纱量，因此很快取代了传统纺纱机被推广开来。到1790年，珍妮机已遍布英国农村，总数已有约2万台。

3. 阿克莱特的水力纺纱机

1767年左右，理发师阿克莱特在钟表匠约翰·凯伊（John Kay，不是飞梭的发明者）的帮助下，发明了以水车为动力的全木结构的机械纺纱机，即水力纺纱机（water frame）。这台全部木结构、高约80厘米的纺纱机，与怀亚特和保罗在1738年采用滚筒拉丝的纺纱机极为相似。1771年，阿克莱特与针织品批发商尼德（Need）合作，利用达温特河的湍急水流，在曼彻斯特的库拉姆福德创办了以水力为动力的纺纱厂，到1779年，该厂已有几千个纱锭和300多名工人。

阿克莱特出身贫寒，但擅于经营，为了工厂的扩展，他招募并培训工人，制定工厂的规章制度，显示出产业革命时期新兴资本家的创业精神。自1785年起，阿克莱特在兰开夏南部、德比郡北部、苏格兰、克拉依德建立了多家纺纱厂。一般认为，阿克莱特的工厂与传统的分散的家庭纺织业不同，是近代工厂生产制的起点。18世纪末19世纪初兰开夏和德比郡的许多工厂都是仿照他的工厂模式建立起来的。

阿克莱特的水力纺纱机纺出的纱很结实但较粗，多轴纺纱机（珍妮机）纺出的纱虽然很细，但是强度不足。1779年，兰开夏的一名织布工克伦普顿（S.Crompton）综合了上面两种纺纱机的优点，发明了一种称作"骡机"（mule，走锭精纺机）的纺纱机，这种纺纱机可以同时转动300到400个纱锭，能够纺出既纤细结实又均匀的纱来。这种机器无论是在纺纱速度上还是在纺纱质量上都是极为完善的，使用这种机器一个工人可以同时看管1000个纱锭。他并

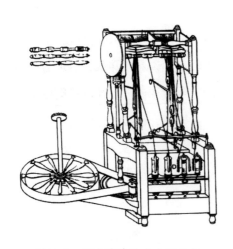

图7-3　阿克莱特的水力纺纱机

未申请专利，只是在自家工厂中使用，但是他这种纺纱机很快普及开来，到1812年时已经至少有360家工厂的460万个纱锭采用走锭精纺机。

4.卡特赖特的自动织布机

纺纱机的进步和织布业的相对落后又引起了纺织业新的不平衡。1785年，牛津大学文学博士、一个一直在乡间研究医学和农学的牧师卡特赖特（E.Cartwright），发明了用水力带动的自动织布机，并于1787年在唐卡斯特（Doncaster）创建了织布厂，1789年使用了蒸汽机。卡特赖特是英国产业革命时期第一个具有高学历的发明家，可惜不久后他的织布厂即因为织布工反对机械生产大肆破坏设备而倒闭。1804年，机械师拉德克利夫（W.Radcliffe）和霍罗克斯（J.Horrocks）用钢铁结构取代了卡特赖特织布机原来的木结构，又做了进一步的改良，机械织布才广泛普及开来。

18世纪90年代初，已经有上万人在新的机械纺纱厂中劳动，由此使织布业可以织出远比当时名噪世界的印度棉布更好的布来。1785年，英国的棉布年产量已达到5万匹之多。但是，由于英国毛织业在国际市场上已具有多年的声誉，在很长时期内毛织业仍是英国的主要产业。1783年，棉织业产值仅为毛织业的1/10，直到1810年英国棉花消费量才超过羊毛。1820年前，英国进口棉花长期占第一位的是印度棉花；1820年后，进口棉花中有50%来自美国南方，由此也促进了美国南方棉花种植业的发展。

纺织业的机械化，引起了技术的一系列连锁反应，净棉机、梳棉机、漂白机、染整机先后被发明出来，而且棉纺织业的机械化很快即影响到毛纺、化工、染料、冶金、采煤、机械制造等各部门。由于这些机器最初是由水车带动的，所以工厂只能建在远离城市的、水源丰富、水流湍急的河流旁边。交通不便、运输困难、水轮机装置费用高、地主借机哄抬地租、水流因季节有变化甚至有枯水期等都极大地影响到工厂的存在和发展，因此寻求一种新的不受上述条件制约的动力机，就成为当时一个急需解决的重大技术课题。

二、蒸汽机的发明与改革

（一）蒸汽抽水机的发明

16世纪，英国的炼铁业、玻璃业、金属业、酿造业等逐渐兴旺起来，由于这些工业历来以木材为燃料，因此英国的森林资源逐渐减少，不得不以煤炭取代木材。这样，英国自16世纪到17世纪间，家庭和工业用的燃料便从木材转向了煤炭。1538年英国煤炭年产量只有20万吨，1640年剧增到150万吨。煤的开采量逐年增加，矿井越挖越深，地下水渗出也越来越严重。

当时英国煤矿主要是用马作为抽水的动力，有的矿山需要用大批的马日夜抽水，效率低，费用昂贵，严重地阻碍了矿山的发展，因此，矿井排水就成为当时亟须解决的一个问题。导致蒸汽机发明的重要的科学前提，是大气压力的发现。伽利略的学生托里拆利（E.Torricelli）在1643年测得大气压强相当于30英寸长的水银柱的重量，并预言此压力随海拔的增高而降低。马德堡市市长居里克（O.Guericke）用直径20英寸抽成真空的汽缸和精密配合的活塞，50个壮汉未能将活塞拉起来，由此证实了大气具有巨大压力。

1. 汽缸活塞结构的提出

1680年，荷兰物理学家惠更斯（Ch.Huygens）设计了一种"火药发动机"装置，这种热机由汽缸和活塞组成，利用装在汽缸底部的火药爆燃而举起活塞，冷却汽缸造成真空，大气压力迫使活塞下降，与活塞相连的杠杆的另一端可以提起重物。

1690年左右，因躲避政治迫害流亡英国的法国物理学家、清教徒帕

图7-4 帕潘的蒸汽机

潘（D.Papin），曾给惠更斯和英国物理学家、化学家玻意耳（R.Boyle）当助手，在惠更斯的启发下，他设计了一种热机。他将直径约2.5英寸的用铁管制成的汽缸竖直放置，装上活塞和连杆，将少量的水放在汽缸底部，在汽缸外部加热，产生的蒸汽将活塞顶起，当冷却汽缸时，大气压力迫使活塞下降。虽然设计思想是正确的，但并未引起社会的关注，但他和惠更斯的汽缸活塞结构，成为后来许多热机的基本结构形式。

2. 萨弗里的"矿山之友"蒸汽抽水机

不久后，英国达特茅斯的军事工程师萨弗里（Th.Savery），发明了一种称作"矿山之友"（The Miners Friend）的可以实用的蒸汽抽水机。其工作原理是：加热锅炉，在锅炉中产生的高压蒸汽通过供气阀门交替向两个独立的密闭容器送入，关闭其中一容器供气阀门后向该容器喷淋冷水，容器中的水蒸气凝结形成真空，然后打开与矿井中的水相通的阀门，依靠容器中的真空将矿井中的水抽上来。由于采用的是单向阀门，不会使抽上来的水回流。再将供气阀门打开让高压蒸汽再次进入容器中，借助进入容器的蒸汽压力将水压入带有单向阀门的排水管道。设置两个容器是让两个容器充水排水交替进行，以提高抽水效率。1698年，他取得了专利，专利名为："一种靠火的推动力提水和为各种制造厂提供动力的新发明，对于矿井中的排水、城镇中的供

图7-5 萨弗里"矿工
之友"蒸汽抽水机

水以及位于既没有水力之利也没有恒定风力的地区的各类工厂的运作等,都将有极大的用处和效益。"[①] 他预言,即将出现的蒸汽机是一种不靠自然条件的普适性的万能动力机。

这种热机虽然设计很巧妙,但对30米以下的水是无能为力的,且动作缓慢,输出功率不大,所用的蒸汽压力过高,达8~10个大气压,汽缸有爆炸的危险。即使如此,他的蒸汽机曾用于向大型建筑供水,也在个别矿山使用过。

3. 纽可门蒸汽机

18世纪初,专门为锡矿提供铁制工具的经销商、铁匠纽可门(Th. Newcomen)在管道钳工卡利(J. Calley)的协助下,发明了大气压蒸汽抽水机。

这种蒸汽抽水机采用了活塞和汽缸结构,在汽缸下设有锅炉,锅炉用管道与汽缸联通,工作时打开汽缸与锅炉联通的阀门向汽缸充入蒸汽,将活塞顶起来,之后关闭阀门向汽缸喷射冷水,使汽缸中蒸汽凝结而形成真空,靠大气压力将活塞压下而做功。往复运动的活塞通过一个横梁摇杆机构(杠杆机构)带动水泵的抽水活塞把矿井中的水抽上来。他于1705年获得专利,1711年以此专利为基础创办工厂,1712年建成第一台蒸汽机,该机安装于英格兰达德利城堡煤矿,功率为55马力,每分钟12冲程,每冲程能将45升水提升46.6米。纽可门蒸汽抽水机较萨弗里蒸汽抽水机有明显的优点,可以安放在地面上,不需要萨弗里机那样高的蒸汽压力,排水

图7-6 纽可门直线往复型
蒸汽抽水机

---

① [英]查尔斯·辛格等主编:《技术史》第4卷,辛元欧主译,上海科技教育出版社2004年版,第117页。

效率高，操作简便。纽卡斯的贝通（H.Beighton）对这种蒸汽机进行了改良，安装上安全阀、可以自动开闭的活栓和蒸汽自动分配装置后，成为矿山广泛采用的蒸汽排水机。这种蒸汽机也称"纽可门蒸汽机"，虽然需要反复用蒸汽加热汽缸和活塞，再用冷水冷却汽缸，能量损失严重，因此消耗燃料大，费用也很昂贵，但是它比使用马为动力抽水还是便宜得多。例如安装在考文垂附近的一台蒸汽抽水机，同50匹马做的功一样多，但费用只有用马的费用的1/6。

纽可门去世前，他的蒸汽抽水机已在英国、法国、德国、比利时、西班牙的矿山普及开来，1765年前后，在莱茵河和维亚河沿岸的矿井里，已有100多台这种机器在运转，其中最大的是煤矿工程师威廉·布朗（W.Brown）所建造的，汽缸直径74英寸，高10.5英尺，由3个锅炉供气，用3根喷水管冷却，重6.5吨。

纽可门蒸汽抽水机的发明，有力地保证了采煤生产的顺利进行。

英国土木技师斯米顿（J.Smeaton）对英国各地的蒸汽机进行了调查，还自制一台蒸汽机进行试验。他发现，将559万磅的水提升1英尺高，蒸汽机平均消耗1蒲式耳（84磅）的煤，这一计算结果成为以后推算蒸汽机功率的一种方法，经斯米顿设计的镗床加工汽缸的纽可门蒸汽机，热效率几乎提高了1倍。纽可门蒸汽机到18世纪末19世纪初还在被大量使用。

（二）瓦特蒸汽机

对蒸汽机进行了划时代改革的是瓦特（J.Watt）。由于瓦特的努力，使蒸汽机成为一种万能的动力机械，由此导致了近代技术的全面变革，为近代工业化奠定了有力的技术基础。

瓦特的祖父是阿伯丁大学的数学教师，其父经营造船业，他虽然没进过正规学校，但是勤奋好学，13岁开始学习数学、航海术、天文学和物理，更对其父工厂中的机械产生兴趣。曾去伦敦学习器械制造，20岁回到家乡格拉斯哥。次年，因发表《国富论》而知名的经济学家、格拉斯哥大学校长亚当·斯密，雇用瓦特担任格拉斯哥大学教学仪器制造师，并配备了专门的工作室。此后瓦特开始系统学习力学、化学、法学、美学，掌握了法语、意大利语和德语，结识了布莱克（J.Black）等几位著名的科学家，并听过他们的课。

瓦特对蒸汽机的发明可分为两个阶段：其一是将纽可门蒸汽机增设分置的冷凝器，提高了蒸汽机的热效率；其二是复动旋转式蒸汽机的发明，使蒸汽机成为万能动力机。

1. 分置冷凝器的设计

1763年，瓦特受安德森（J.Anderson）教授的委托修理教学用的小型纽可门蒸汽机模型，在修理过程中瓦特对蒸汽机进行了各方面的实验，发现其热效率很低，他运用布莱克三年前发现的"潜热"现象和"比热"理论，认识到纽可门蒸汽机热效率低的原因在于，蒸汽冷凝时汽缸活塞也要随之降温而浪费掉大量的热能。经过仔细计算发现，竟有4/5的蒸汽热能消耗在重新加热的汽缸活塞上。1765年5月间，他制成了将冷凝器单独设置、汽缸直径为18英寸的蒸汽机模型，经计算其热效率可以提高4倍，于1769年获得了

图7-7 分离凝汽器（1765）

专利。但是这种蒸汽机也存在不少问题：首先，这仍然是一种直线往复式的，即由活塞连杆直接带动横梁摇杆机构沿直线往复运动做功；其次，它仍然利用蒸汽冷凝形成的真空，借助大气压力完成活塞移动；此外，由于当时缺乏精密的机械加工设备，因此活塞与汽缸间的间隙很大，运行中为防止漏气而不得不雇用工人随时用破布堵塞。

这一时期的蒸汽机是立式安装的，利用活塞杆上下的直线运动，通过一个带支架的横梁摇杆机构带动抽水机活塞杆上下运动进行抽水作业，活塞回落靠大气压力和活塞自身重量，也称"大气压蒸汽机"，因此这种蒸汽机的汽缸活塞只能直立安装，而且汽缸上端是开口的。

1765年以后，瓦特先在铅室法制硫酸的发明者、医学博士罗巴克（J.Roebuck）的炼铁厂中试制他的蒸汽机，1774年瓦特移居伯明翰后经罗巴克介绍，与企业家博尔顿（M.Boulton）合作创办"博尔顿－瓦特商行"，致力于制作蒸汽机。当时蒸汽机制造的关键问题是缺乏精密加工设备，特别是汽缸内径，这一问题不久后由机械师威尔金森（J.Wilkinson）于1775年发明镗床后在1777—1778年间解决，汽缸与活塞间的垫衬技术随之解决，再利用当时的气泵抽气技术，解决了瓦特蒸汽机整个系统的彻底排气，使蒸汽机完全依靠水蒸气作为工作介质，由此引起英国化学家普里斯特利（J.Priestley）于1781年开始对水蒸气潜热的研究。

完全依靠水蒸气作为工作介质是瓦特蒸汽机的重要特征，而纽可门蒸汽机是利用空气和水蒸气的混合气体作为工作介质的。

2. 复动旋转式蒸汽机的发明

1780年以后，在瓦特的努力下，把仅供抽水用的直线往复式蒸汽机改革成可以作为工厂动力源使用的万能动力机械。

1782年，瓦特将汽缸全封闭，将蒸汽从汽缸两端轮番送气推动活塞做功，由此发明了不再依靠大气压压动活塞下降的"双向送气式蒸汽机"。1781年，在合作者博尔顿的建议下，瓦特开始设计将活塞往复直线运动变为旋转运动的"行星齿轮"机构，于1784年完成，其后又改为摇杆滑块机构，活塞的往复直线运动驱动滑块转换成旋转运动。在历史上，一般认为是瓦特发明了"行星齿轮"机构，事实上，这一机构是瓦特公司的技师默多克（W.Murdoch）设计完成的。

1788年，瓦特又将在风磨上应用多年的离心摆调速器安装在蒸汽机上，保证了蒸汽机转速的稳定。自此以后，

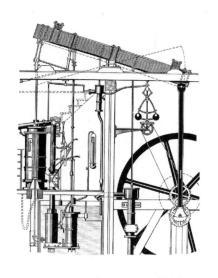

图7-8 瓦特双向送气旋转式
蒸汽机（1784）

蒸汽机不再单纯用于矿井抽水而成为可以广泛应用的万能动力机。1783年，威尔金森工厂最早使用瓦特蒸汽机驱动蒸汽锤；1785年，纺纱厂开始采用瓦特蒸汽机做动力；1789年，卡特赖特的织布机也使用了瓦特蒸汽机，随后制粉厂、铁工厂、木工厂等大量应用了蒸汽机，到1800年，英国已经拥有321台蒸汽机。

此间，瓦特在其朋友乔治·利（George Lee）的工厂中，开始研究与所驱动的机械相匹配的蒸汽机功率问题，为此必须弄清楚蒸汽机活塞的直径和行程与输出功率的关系。这一问题直到1796年描述压力与汽缸体积关系的示功图（P-V图）出现后，才得到解决。这样，可以根据用户需要来制造输出功率合适的蒸汽机了。

1801年，英国机械师塞明顿（W.Symington）在用蒸汽机作为拖船动力时，将摇杆滑块机构改成曲柄连杆机构，即用连杆直接驱动明轮的曲柄轴，这种结构成为后来热机的基本结构，直到今天，汽油、柴油发动机仍在采用这种结构。

由于受当时铸造工艺和机械加工水平的限制，发生过几次因蒸汽压力过高而使锅炉爆炸的事故，为此瓦特反对使用高压蒸汽。瓦特的蒸汽机虽然效率很难再提高，但是使用还是相对安全的。

（三）高压蒸汽机

18世纪末，许多人尝试对瓦特蒸汽机进行改革。瓦特手下的一个叫布尔（E.Bull）的工人与苏格兰机械师特里维西克（R.Trevithick）合作，在康沃尔建造了一台将汽缸倒置的蒸汽机，活塞杆与其下方的水泵杆直接相连，省去了瓦特蒸汽机的横梁摇杆机构，使蒸汽机抽水过程大为简化，可惜因瓦特蒸汽机专利尚未到期而未能实用。

利用水蒸气膨胀做功，即将活塞提到一定高度，如行程的3/4处，其余1/4行程利用水蒸气膨胀做功，是节约燃料的一个重要途径。瓦特在其1782年专利中，已经说明了蒸汽膨胀做功的原理，可是几经试验发现在低压（大气压）情况下，效果并不明显。1800年瓦特专利到期以后，为了节约燃料许多人开始研制高压蒸汽机。美国机械师埃文斯（O.Evans）于1797年获得蒸汽机车专利，还制成一台蒸汽挖泥机，之后开始研制高压蒸汽机。1803年英国机械技师沃尔夫（A.Wolf）发明了多级膨胀型蒸汽机（即复动型），1804年获得高压复动型蒸汽机专利。1814年，沃尔夫制成蒸汽压力40磅、有8～9倍膨胀率的高压多级膨胀型蒸汽机，然而出现了连续运转效率会下降的难题，在英国只生产6台即销声匿迹。1815年沃尔夫引擎被引入法国，这种蒸汽机运转平稳、安装容易、成本较低，虽然效率差一些，但在法国却很快得到普及，到1824年已有300台在运转。

1800年，特里维西克也在研究取消冷凝器用高压蒸汽直接推动活塞的高压蒸汽机。因在伦敦的企业破产而回到康沃尔的特里维西克，在1812年制成专为抽水用的高压杠杆式高压蒸汽机，该蒸汽机采用了他设计的26英尺长的内燃管式锅炉，可提供40磅的蒸汽压力，汽缸直径24英寸，冲程达6英尺，汽缸外面用稻草和灰浆隔热。他的这种蒸汽机因采用很高的蒸汽压力和利用蒸汽膨胀做功，因此效率高、维护成本低，一直应用到19世纪末。此外，他还制造了许多有专门用途的农用蒸汽机。

特里维西克在1815年建造的一台柱塞式蒸汽机，蒸汽压力达120磅，柱塞直径33英寸，冲程10英尺。特里维西克、埃文斯和英国机械师莫兹利（H.Maudslay）还致力于研制直接作用式蒸汽机，这种蒸汽机不需要笨重的摇杆机构，进一步提高了蒸汽机效率。莫兹利于1807年取得专利的这种蒸汽机，是将汽缸垂直放置铸铁平台中央，活塞杆推动带有滚轮的十字头在垂直的铁制导轨上上下运动，连接十字头的连杆驱动曲柄轴在平台下面的轴承上转动。这种蒸汽机在一些小型工厂中一直用了40余年。

这些发明使蒸汽机进一步缩小了体积，提高了热效率，拓展了蒸汽机的应用范围。但是在英国，由于受传统势力的影响而反对使用高压蒸汽机，直到1840年瓦特的蒸汽机仍然是动力机的主流。

蒸汽机的发明、改革与应用，很快引起社会生产技术基础的变革。

三、高炉的出现与钢铁冶炼

（一）高炉炼铁

16世纪欧洲的炼铁技术有了划时代的进步，出现了高炉。此前的熔炉由于炉温不足，熔融的铁呈海绵状与炉壁黏结在一起，需打破炉壁才能取出熔融的铁来。高炉已经使用水车带动的皮老虎风机（皮制鼓风机），可获得充分熔化的生铁。在14世纪前，炼铁时偶尔炼得生铁时，由于其含碳量过高而过脆，经常作为废物丢掉。当人们发现将生铁再放炉中精炼可得到可锻铁后，高炉炼铁才在欧洲迅速普及开来。在高炉炼铁时，用水车粉碎的铁矿石从炉顶放入，熔化的铁水从高炉底部的出铁口流出，实现了从矿石到铁水流出的连续作业。不但鼓风机、升降机、通风机、粉碎机几乎全部使用水车驱动，在矿石粉碎、筛选、焙烧方面也在用水车为动力。高炉可以连续使用，不但降低了炼铁成本，铁的产量也大为提高。

图7-9　水车驱动鼓风机进行高炉炼铁

（二）焦炭炼铁

瑞典的铁矿藏和森林极为丰富，瑞典以其钢铁质量上乘而闻名欧洲，很快成为主要的钢铁生产国。冶金学家斯韦登堡（E.Swedenborg）和普尔海姆（Ch.Polhem）进行冶金学研究，使瑞典的采矿和冶金技术有了很大的提高。

当时炼铁的燃料是木炭，到18世纪初英国的森林几乎被砍伐殆尽，许多人开始考虑用煤炼铁。英国炼铁业者达德利（D.Dudlley）在1619年曾尝试用煤代替木炭在强力鼓风情况下炼铁，并在1621年获得专利，还在哈斯科桥（Hasco Bridge）铁厂创下每周炼7吨铁的纪录。但是真正完成用煤炼铁的是达比父子。1713年，经营铸铁容器制造业的达比（A.Darby Ⅰ），在伯明翰附近科尔布鲁克代尔的铁工厂中，曾尝试将烟煤和木炭用石灰混合炼铁，由于煤中含的硫会与铁化合，使炼出的铁太脆而无法使用。达比的儿子（A.Darby Ⅱ）经多年的试验于1735年发明将煤先炼成焦炭，然后再用焦炭炼铁的方法，并于1750年获得成功。1779年开始用纽可门蒸汽机驱动鼓风机鼓风炼铁。焦炭炼铁发明后，自古以来在林区建立的炼铁厂迁到了矿区附近，矿区逐渐成为工业区。

1776年，英国机械师威尔金森在什罗普郡的炼铁炉开始使用瓦特蒸汽机鼓风。强力鼓风不但可以提升炉温，极大地降低燃料消耗，还可以吹掉硫及其他杂质。焦炭炼铁方法简便，炼铁速度大为加快，成本大为降低，生铁产量开始迅速增加。由此促进了铁在建筑、桥梁、机械等方面的应用。1740年英国生产生铁17350吨，1788年增加到68300吨，1791年猛增到124097吨。18世纪末，英国由一个生铁进口国一跃而成为生铁出口国，直到19世纪70年代，英国生铁产量一直占世界生铁总产量的50%左右，南威尔士成为欧洲的冶铁中心。到19世纪初，英国所产的生铁有90%是用焦炭炼制的，而欧洲大陆及美国还在用木炭炼铁。

虽然这一时期以焦炭炼铁的高炉技术得以确立，但是由于用焦炭炼制的生铁含有大量杂质，用这样的生铁和焦炭炼制的可锻铁和熟铁会变脆，因此仍然用木炭炼制铣铁，木材仍在大量用于烧制木炭。

（三）坩埚炼钢与搅炼法炼钢

在很长的时期内，钢的生产主要采用熟铁渗碳或铸铁脱碳的方法制得，规模不大，一直未能批量生产。当时，由于冶铁过程中很难去除铁矿石中的杂质，特别是硫和磷，因此钢的质量主要取决于所用的铁矿石。德国所产的含锰的铁矿石可以炼出优质钢来，而英国钢的质量却很不理想。1740年，英国的钟表匠亨茨曼（B.Huntsman）为了获得可以制造钟表盘簧的优质钢，亲自动手研究炼钢法。他将少量木炭、溶剂和铣铁放入坩埚中，发明了坩埚炼钢（铸钢）法。但是，坩埚炼钢法产量不大，仅用于制造弹簧、刀具及其他高级工具方面。

直到1783年后，英国炼铁业者考特（H.Cort）发明了搅炼法后，才使钢产量有了较大的增长。这种方法是将生铁在反射炉中熔化搅拌以炼得精炼生铁（1784年获专利），再将精炼生铁块反复加热锻打去除杂质以获得可锻铁（1788年获专利）。1788年，考特发明了压延机，可以批量生产钢板及各种型钢，钢也开始用于机械制造。

四、机械加工体系的形成

（一）镗床与车床

在瓦特蒸汽机发明前，作为机械设备的结构材料均以木材为主，制造机器也完全由工匠们凭自己多年形成的经验和技巧。这些木构件组成的机械强度很低，根本承受不了蒸汽机的巨大震动和强大的动力作用。由于是单件生产，零部件没有互换性，也给维修带来了困难。蒸汽机必须用金属（铁）来制造，瓦特蒸汽机成功的关键在于汽缸与活塞的加工精度，而且英国各类工厂的建立，也迫切需要有能够大量生产蒸汽机、纺织机的工作母机，即机床。

随着冶铁业的进步，铁已经开始用来制造机器和各种机械。这些机械所要求的精度已远远超过铁制农具、冷兵器，急需新的加工手段来完成。在这一社会需求中，英国一批学徒出身的工匠发明了各种机床。这样无论是在加工精度还是在加工难度上，铁制机械不可能再由工匠们用手工来制造了，用机器制造机器正是资本主义工业化的起点。

1. 镗床的发明

镗床主要用于加工金属圆筒内径。由于制造武器的需要，15世纪就出现了水力驱动的炮筒镗床。1769年，英国土木技师斯米顿设计了加工汽缸内径的镗制技术，直径18英寸的圆孔的加工精度为3/8英寸，这在当时已是相当精确的了。斯米顿认为镗制瓦特蒸汽机汽缸过于困难，因为穿过汽缸的又长又重的镗杆，会下垂偏离基准而加大加工误差。瓦特蒸汽机成功的关键是威尔金森的镗床的发明。

1774年，威尔金森成功地发明了加工大件金属的镗床，该镗床可以加工直径达1.83米的内圆。1775年威尔金森发明空心镗杆后尝试用这种镗床加工瓦特蒸汽机的汽缸。他将缸体固定在托架上，托架可以沿导轨移动，装有切削头的镗杆安装在两端的轴承上，大型驱动轮锁住镗杆尾端的方形柄。1776年，威尔金森又制成较为精确的汽缸镗床。此后的20年间，"博尔顿－瓦特商行"生产的蒸汽机的汽缸，都是由威尔金森工厂铸造和加工的。

2. 莫兹利的车床

蒸汽机的汽缸虽然可以用威尔金森发明的镗床精确加工，但是尺寸和形状精确的活塞需要用车床加工。机械制造业最关键的设备——带溜板刀架的大型全金属车床，是1797年由工匠莫兹利发明的。此前，钟表匠们曾制作了各种钟表车床，但是这些钟表车床大多是安装在桌子上的小型车床，而工业使用的车床几乎都是木制的。18世纪初出现的大型车床也多为铁木

图7-10 莫兹利制造的全金属车床

结构，以人工踏蹬脚踏板为动力。1770年，英国技师拉姆斯登（J.Ramsden）研制出可切削螺纹的车床，但是仍然以人工为动力。

莫兹利12岁就开始在考文垂兵工厂学徒，18岁时受雇于以发明抽水马桶（1778）和圆形暗锁（1784）而著名的技师布拉默（J.Bramah），19岁当上领班，帮助布拉默设计水压机并秘密从事机床的改革工作。莫兹利首先将铁木结构的车床改为铸铁的，由此增加了床身的稳度和强度，并把脚踏板和弹簧摆改成皮带轮，用蒸汽机驱动，于1797年制造出全金属结构的大型车床。这种车床带有滑座刀架（也称"溜板刀架"），刀具固定在刀架上，刀架与一根与床身平行的丝杠啮合，丝杠由床头箱中主轴驱动的齿轮带动旋转，通过丝杠的旋转带动滑座刀架沿床身按所要求的速度左右移动。滑座刀架上安装有手柄，摇动手柄可以使其上面的刀具前后移动。这种装置在进行切削加工时可以完全依靠手摇螺杆进行纵向和横向进刀，也可以依靠螺杆自动纵向进刀，便于确定工件的吃刀量。

以往的车床很像手工木旋床，工人用脚踏脚踏板通过曲柄连杆机构使工件旋转，用手拿着车刀压在支架上进行切削作业，这种方法必须凭借技艺娴熟的工匠的直觉和经验，而莫兹利发明的车床由于刀具固定在刀架上，而且能自动进给，即使是经验不足的工人也能够加工出正确尺寸的产品来。

1797年，因布拉默拒绝莫兹利因为要结婚而希望每周30先令工资的要求，莫兹利只好离开布拉默的工厂自行创业。1802年发明了木刨床，1810年与海军部制图员菲尔德（J.Field）合作成立"莫兹利-菲尔德公司"，开始正式生产经改良的更为先进的车床。

3. 螺纹的切削加工

莫兹利制造车床是为了用它车制尺寸准确的螺纹，为此车床丝杠的螺纹必须尺寸精确。他设计出一种用带刻度齿轮和切线螺杆定位以精确加工丝杠螺纹的方法，解决了这一关键问题。他用几个齿轮把主轴箱与经过精确加工的丝杠联结起来，当安装在主轴箱轴上的皮带轮转动时，经齿轮带动丝杠旋转。只要更换不同直径的齿轮，就可以改变丝杠的转速，具有这种结构的车床可以自动加工不同螺距的螺纹，与20世纪的普通车床如C618、C620已十分相近。

莫兹利研究了正确加工螺纹的方法，对提高加工精度做了许多非常重要的工作。其中一项是19世纪初制作的可以准确测量尺寸的千分尺，其结构是在经过精密加工的螺丝上安装尺寸测量头，螺丝的另一端装有一个圆盘，圆盘四周有100等分的刻度。由于螺丝的螺距是1/100英寸，因此，圆盘上的刻度恰好是测得的小数点后的尺寸。利用螺丝测定长度的方法，并不是莫兹利发明的，早在17世纪盖斯科因（W.Gascoigne）为了移动望远镜的目镜而发明的测微计，就利用过这种方法。此外，莫兹利在工厂中还应用了1770年瓦特发明的精度达1/1800英寸的螺旋测微器。

莫兹利不但是个出色的机械发明家，而且经他培养的徒弟如克莱门特（J.Clement）、罗伯茨（R.Roberts）、惠特沃斯（J.Whitworth）、内史密斯（J.Nasmyth）等，在机械制造业中都有许多发明创造，由此形成了近代机械加工体系。

（二）刨床、标准平面、标准螺纹与蒸汽锤

1. 克莱门特对车床的改进

克莱门特出身于织布工家庭，从小在父亲的作坊学习织布，后到格拉斯哥学习车工，自1814年起在莫兹利工厂工作，在这里掌握了较为全面的机械知识。1817年，克莱门特在普罗斯佩特租了一间房屋创办自己的工厂，从事工业制图和机械制造。克莱门特致力于对车床的改革，他基于在莫兹利

工厂从事螺纹切削、组装带导向螺丝的车床以及为了正确切削螺纹而安装滑座刀架等工作的经验，设想了车床的自动化问题，并为了加工6～7米长的丝杠，制造了带有自动调节装置的车床。

2. 罗伯茨的发明

罗伯茨16岁时在威尔金森的工厂当制图工，学习机械加工技术近10年之久，自1814年起在莫兹利工厂做车工和装配工，1816年离开莫兹利工厂在曼彻斯特开始创办自己的工厂。他专心改革机床，自己设计，自己制作，1817年制造出在床头箱中安有倒车齿轮的车床，其上装有用丝杠控制可以横向进刀的自动刀架。同年还设计了一台安装有可调节角度的刀架、能够水平和垂直进刀的牛头刨床。1821年，他建立了装备着自制机床的工厂。同年，罗伯茨开始制造螺杆和分度盘。他的工厂可以用铣刀制作直径30英寸以上的正齿轮、伞齿轮和涡轮。罗伯茨为测量工件尺寸，发明了塞规和环规。

罗伯茨还对走锭纺纱机进行了改革，发明了自动纺纱机，设计了装有差动齿轮的蒸汽机车。1847年他发明了冲孔机，这种冲孔机可以在铁板上冲出精确间距的孔，当时用这种方法加工出来的铁板主要用于铁路钢桥的建设。此外，他还发明了剪板机、螺旋桨、救生艇等，但罗伯茨不善于经营，一生贫困。

3. 标准平面与标准螺纹

惠特沃斯的父亲是位校长，惠特沃斯14岁时即在其叔父经营的工厂中学徒，接受了机械技术的基本训练。惠特沃斯22岁到莫兹利工厂做工，在这里他发明了制作标准平面的方法：采用三块铸铁平面，在一块铸铁平面上涂上用油调和的章丹，三块铸铁平面互相研磨，分开后把每块铸铁平面沾上章丹的部位用刮刀铲削，经多次研磨刮削后可制成极其平整光洁的三块平面。这种平面是机械加工中的重要标准备件。

1833年，惠特沃斯在曼彻斯特创办了自己的工厂，致力于各种机床的改革和制造。1835年他获得自动式牛头刨床专利，1842年制造成功。其床身每次完成横向运动后，刀头可以反向旋转，进行双向切削。1851年在伦敦召开的首届世界博览会上，他的工厂展出了车床、刨床、开槽机、钻床、冲床、剪板机、切齿机等23台机床，还展出了攻丝机及各种测量仪器。1856年他研制成能精密测定平面的仪器，误差在0.001~0.01毫米之间。

人类制作和利用螺旋的历史由来已久，古代在压榨葡萄制取葡萄汁液或是挤压橄榄制取橄榄油时使用的压榨机，就已经利用了螺旋。18世纪随着机械制造的发展，机械的各个部位都在大量使用螺旋。但是当时的螺旋尺寸、螺距、截面形状各不相同，给机械的制造和修理造成极大的不便。惠特沃斯研究了当时作为紧固件使用的各种螺丝的尺寸，提出螺纹剖面顶角为55°、以英寸标注直径的标准螺纹形式。1841年，他在英国土木工程学会会刊上公布了这一螺纹形式，英国工业规格标定协会在此基础上确定了螺纹规格，这一螺纹标准成为英制螺纹的基础。

4. 内史密斯的牛头刨与蒸汽锤

曾在莫兹利工厂承担制造小型船用发动机的工匠内史密斯，1829年制造出一台铣床，由于其床身由立柱支撑，强度不足而未能实用。1831年莫兹利去世后内史密斯回到故乡爱丁堡创办了自己的工厂，自制刨床开始生产小型高压蒸汽机，并致力于机床的自动化。1836年，内史密斯发明的牛头刨床，工件被固定在用丝杠驱动的可以横向运动的工作台上，夹持在水平滑枕上的刨刀可以进行自动刨削，滑枕一端与曲柄机构相连，可以快速回车。

为了锻造"大不列颠号"蒸汽船直径达30英寸的外轮轴，内史密斯于1843年设计出双立柱式蒸汽锤。立柱顶端安装汽缸，下部的活塞杆与锤头相连。这种蒸汽锤不但具有强大的冲击力，其冲击力还可以调节。此外，他

图7-11 安装蒸汽锤的锻压车间

还发明了利用蒸汽锤的打桩机，大量销往俄国。

近代机械加工体系的主要机床除铣床外几乎都是一些文化水平不高、常年从事机械工作、早年在莫兹利工厂学徒或工作过的英国工匠们发明的。

（三）铣床与零部件互换式生产方式的创始

铣床是美国人惠特尼（E. Whitney）为生产滑膛枪于1818年发明的。惠特尼出生于马萨诸塞州的一个农民家庭，年轻时入耶鲁大学学习法律，毕业后到佐治亚州担任教师。这时期佐治亚州盛行棉花栽种，收获量很大。然而从棉桃中摘掉棉籽却很困难，一个黑奴干一天也只能勉强处理1磅棉花。惠特尼听到这个消息后，着手轧棉机的创造，于1793年发明了比手指劳动效率高出50倍的手动轧棉机。惠特尼的轧棉机用两个带齿和带毛刷的铁圆筒组成，前者可以将棉纤维与棉籽分离，后者可以将分离出来的棉纤维刷下来，二者相互旋转就可以实现棉纤维与棉籽的分离。

在生产轧棉机的过程中，鉴于缺少技术工人，惠特尼设想出一种任何人只要稍经训练就能适应的新的生产方法。这种方法是把轧棉机分成各个简单的部件，一个人只制作一种部件，把这样分头加工出来的部件加以组装就可以制造出成品来。

惠特尼的轧棉机虽然申请了3年期限的专利，但是美国当时社会法制观念不强，而惠特尼的轧棉机结构又十分简单，南方很多农场主都在仿造这种轧棉机。惠特尼的工厂又遭受了火灾，机床、工具和设计图纸连同制造出来的轧棉机全部被烧毁，惠特尼只好放弃生产轧棉机的工作。

当时，海盗十分猖獗，美国海岸警备队急需大量枪支。由于当时枪支还是单件生产，零部件不具有互换性，这种生产方式效率很低，很难满足美国海岸警备队的要求。1798年，惠特尼成功设计出枪械零部件互换式生产方式并得到美国政府的认同，与美国政府签订了两年内生产1万支滑膛枪的合同。为了能快速地生产出合格产品，他确定了枪的各部件尺寸，制作了各种专用设备、模具和夹具，设计并制造出可以使工具保持正确位置和达到规定尺寸时机器会自动停止的装置。借助模具进行加工的方法是他的首创。采取零部件互换式生产方式在康涅狄格州密尔河畔建立起来的惠特尼工厂，成为后来位于鲁热河畔采用大量生产方式的福特汽车制造厂的雏形。

1818年，惠特尼制成一个小型铣床。这台铣床在安装铣削头主轴的下方，有一个与主轴垂直的可以水平移动的工作台。由于这台铣床仅作为

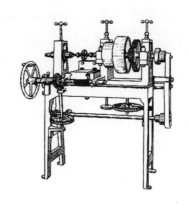

图7-12　豪设计的铣床（1848）

加工枪件的专用设备，所以并未在社会上流行。真正作为商品销售的铣床是美国的豪（F.W.Howe）于1848年制造的。豪设计的平面铣床的主轮由塔轮和后齿轮传动，工作台借助齿条和齿轮移动，利用一个倾斜的凸轮轴来实现自动进刀。随后豪加以改进，使刀具滑板可调整，卡盘可转动，铣轴安装在工作台上的主轴箱中，夹持工件的虎钳支撑在可进行垂直调整的床身上，铣削时可以借助于一个钻孔的板进行分度。主轴箱通过手动或自动进给装置沿床身做纵向或横向运动。

这样，在19世纪50年代之前，机器制造业中的主要设备，如车床、刨床、铣床、冲床、钻床、蒸汽锤，以及精确测量用的千分尺、卡尺、卡钳、环规、块规等都已经被发明出来，不少工厂开始应用零部件互换原理批量生产各种机械。

随着机器制造业的形成，不但解决了当时工厂对大量生产纺织机、蒸汽机的需求，也为近代生产的机械化奠定了坚实的技术基础，用机器生产机器的时代由此来临。

第八章

工业社会的形成

英国的产业革命（工业革命）自1760年左右开始，到1830年左右结束。经过产业革命，英国迅速成为世界上最发达的工业强国。英国产业革命的成功，极大地刺激了欧洲大陆各国，进入19世纪后，各国纷纷仿效英国，到19世纪末20世纪初，瑞士、瑞典、比利时、法国、德国、奥地利、意大利、美国、加拿大以及亚洲的日本，均完成了本国的产业革命，从农业国转变成发达的工业强国。一些欠发达国家则全力推行本国的工业化，工业化浪潮已席卷全球，以制造加工业为主导产业的工业社会已经形成。

一、近代交通与通信技术的兴起

（一）机车与铁路

近代以来，随着资本主义社会的形成，工商业日趋发展，迫切需要对原材料、制成品安全快速地运输，因此交通运输在近代以来出现了几次高潮，即18世纪的运河热、19世纪的铁路热、20世纪初的公路热和20世纪后半叶的航空热。

1. 蒸汽机车

早在18世纪，在欧洲煤矿中即出现了木制路轨的运煤车。1768年，木制路轨开始换成铸铁路轨。由于一匹马在铁轨上可以拖动相当于土路上15倍的重量，因此铁轨马车开始普及。1790年后，铁轨马车在欧洲的一些城市中成为公共交通车辆。

1802年，英国工程师特里维西克发明高压蒸汽机后开始研制蒸汽机车。由于担心光滑的车轮在光滑的路轨上摩擦力太小，1803年，他制造出一台在齿条型轨道上行驶的蒸汽机车，蒸汽机的活塞运动通过齿轮传至8英尺直径的大齿轮，这个大齿轮

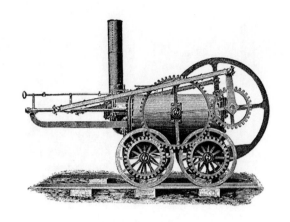

图8-1　特里维西克的蒸汽机车　（1804）

再传动齿轮型车轮。这台机车自重5吨，时速仅9千米，而且拖力有限。1812年，英国的哈德利（John Hadley）等人证明，机车再重，路轨与车轮间的摩擦也足以保证其运动，没有必要做成齿轮型车轮和路轨。

1814年，矿山水泵引擎修理工出身的乔治·斯蒂芬森（George Stephenson）开始研究蒸汽机车，他首次用凸边轮作为火车的车轮，以防止车轮脱轨。1821年，在乔治·斯蒂芬森指导下，英国铺设从斯托克顿到达灵顿间的第一条21千米的铁路。施工中，他在铁轨枕木下加铺碎石块以增大路基强度，4年后完成了这一铁路的铺设，于1825年9月27日交付使用。首次运行的列车是一辆拖了12节装有煤和谷物的货车及20节客车混编成的列车，车速为18千米/时。1828年，乔治·斯蒂芬森又指导了利物浦到曼彻斯特的32千米长的铁路筑路工程，于1830年完工。1829年，乔治·斯蒂芬森之子罗伯特·斯蒂芬森（Robet Stephenson）制造的"火箭号"蒸汽机车在利物浦的列因希尔与其他式样的蒸汽机车比赛中获胜，车速22千米/时，后经改进达46千米/时。斯蒂芬森机车采用热管锅炉的形式，使热效率大为提高，由此奠定了蒸汽机车的基本结构形式。

由于当时正值英国产业革命的完成和欧洲大陆产业革命的兴起，棉、煤等工业原料的大量运输成为迫切的社会问题，因此各国纷纷修建铁路，使工业化初期的运河热转变成遍布全球的铁路热。英国国会在1825—1835年

图8-2 "火箭号"蒸汽机车

的10年中，通过了25条铁路修筑案。到1838年，英国已修筑铁路790千米，到1848年，已拥有铁路8000千米。到19世纪末20世纪初，横跨美洲大陆及俄罗斯西伯利亚的铁路均已建成，世界铁路总长达65万千米。铁路铺设里程成为一国经济发展的重要指标。

19世纪中叶后，大批量生产钢的技术的出现，使路轨开始由铸铁、熟铁向钢轨转变；出现了钢结构的铁路桥。1837年，英国工程师维格里斯（Ch.B.Vigueris）设计的平底工字形路轨一直是铁路的标准轨型。

1831年，美国工程师杰维斯（J.B.Jervis）发明了机车转向架。1836年，美国工程师坎贝尔（H.R.Cambell）制成带有四轮转向架四轮驱动的机车，工程师哈里森（J.Harrisson）又加装了车轴均衡机构，使机车进入弯道时可以保持速度又不会出轨，这种机车成为当时标准的机车形式。同一时期，在美国宾夕法尼亚出现了卧铺车。20世纪后，蒸汽机车功率在不断加大，然而其热效率低的缺点一直无法克服，而且维修量大、污染严重，到20世纪40年代后开始被柴油机车和电力机车所取代。

2. 柴油及电力机车

1893年，德国工程师狄塞尔（R.Diesel）发明了柴油机。此后柴油机很快成为机车、船舶、拖拉机、坦克、汽车的动力机。实用的柴油机车是20世纪30年代出现的，使用增压二循环式柴油发动机。1945年，柴油发动机配备了涡轮增压系统，使功率得到进一步提高，由此使柴油机车在各国迅速取代蒸汽机车而成为主要的机车形式。常用的柴油机车传动方式有两种，液力传动和电力传动，电力传动应用最为广泛。这种传动方式并不是用柴油机直接驱动车轮，而是驱动发电机，发电机发出的电驱动电动机，再由电动机驱动车轮。这种传动方式有控制容易、效率高的优点，因此也可以称为柴油电力机车。

电力机车比柴油机车出现得早，它是靠外部供电驱动车载电动机工作的。最早的电力机车是1879年德国发明家西门子（E.W.Siemens）发明的有轨电车，这种车靠铁轨输电，车速7千米/时。1881年，西门子又研究出架空线供电的无轨电车，机车的电压和功率都大为提高。有轨电车发明后，由于当时欧洲城市人口不断增加，工厂规模不断增大，很快取代了城市的公共马车成为城市中的公共交通工具。直至今天，欧美的许多城市仍保留了有轨电车。

电力机车出现后，很快即取代蒸汽机车用于地铁牵引，使地铁成为洁净、快速的城市交通工具。1895年，美国建成巴尔的摩至俄亥俄的电气化铁路。由于电力机车具有速度快、牵引力大、无污染、控制容易等优点，进入20世纪后发展迅速。特别是在地形复杂中途不能加燃料的地区，电力机车有其他运输工具不具备的优点。但由于其架设费用高且复杂，影响了其普及速度。

3. 高速列车

进入20世纪50年代后，随着材料技术、机械加工技术、电子技术的进步，列车开始向高速化、自动化方向发展。高速列车指时速在200千米以上的列车。日本、法国、德国是当时高速列车发展水平较高的国家。1964年，日本东京至大阪的东海岸新干线高速列车开通，全长515千米，使用称作"子弹号"的O系列高速列车，时速为210千米。

法国在1978年制成TGV型高速列车，德国在1985年制成ICE型高速列车。1990年5月TGV型的最高试验车速达515千米/时，但正常车速在300千米/时以内。由于高速列车技术的成熟，到1997年，全世界已建成高速铁路线4369千米。

在传统的路轨式列车的基础上，20世纪60年代后，一些新的可高速运行的列车被研制出来。早在1909年，发明液体火箭的美国的戈达德（R.H.Goddard）即提出磁悬浮的设想。日本在1962年、德国在1971年均开始了这方面的研究。日本在1979年、英国在1983年、德国在1994年、美国在1996年均已建成短途的磁悬浮列车线路。

此外，高速铁路上的子弹型列车、飞行式列车等新的设计已经出现，未来的列车将更为安全、高速和舒适。

（二）蒸汽船的发明

早在1万年前，就出现了原始的船，这类船大多是一些用草类捆绑的木筏或兽皮船。公元前4000年，古埃及和两河流域出现了奴隶划桨的多层大船和军舰，不久后即出现使用风力的帆船。帆船、用桨或橹以人力为动力的船，直至今天还被使用。近代以来各种动力机的出现，使船舶发生了巨大变化。蒸汽机、内燃机、燃气轮机、电动机均成为舰船的动力机械。

1. 蒸汽船

1786年，美国人菲奇（J.Fitch）制成划桨蒸汽船。这种船有12片垂直桨，由蒸汽机带动作前后划动。虽然后来曾在特拉华河进行试航，终因结构的不成功而被迫放弃。真正实用的蒸汽船是美国画家富尔顿（R.Fulton）于1807年研制的"克莱蒙特号"，在哈德逊河上开始了商业航行。这种船是用蒸汽机驱动安装在船两侧的桨轮使船航行的。1819年，蒸汽动力和风帆并用的"萨凡纳号"用27天横渡大西洋，该船使用蒸汽机驱动短桨划行，成为早期蒸汽船的另一种方式。1838年，第一艘仅靠蒸汽动力的"天狼星号"蒸汽船横渡大西洋，从爱尔兰的

图8-3 "克莱蒙特号"

科克出发，经12天抵达纽约。但是明轮和短桨与风帆并用的船，一直到19世纪中叶仍是蒸汽船的主要驱动形式。

螺旋桨的发明彻底解决了动力船的高效率推进问题。1836年，英国的史密斯（P. Smith）和美国的埃里克松（J.Ericson）共同发明了螺旋桨推进器，他们分别制成用螺旋桨推进的蒸汽船。19世纪中叶后，螺旋桨蒸汽船开始逐渐为人们所认识，并用于新船的设计中。

传统的船体是木制的，但木制船结构复杂，强度低，不易做大，更不能承受长期的动力机械振动和快速行进。早在1787年，发明镗床的英国铁匠威尔金森即用铁板制成船，证明了认为铁比木料重做成船会沉的传统观念是错误的。

推动铁制蒸汽船发展的重要人物，是英国造船技师布鲁内尔（I.K.Brunner），他成功地建造了"大西方号"（1838）、"大不列颠号"（1840）和"大东方号"（1859）三只蒸汽船。"大西方号"是用铁加固的橡木蒸汽桨轮船，1838年首次横渡大西洋，开辟了大西洋定期航线，在8年内横渡大西洋47次。"大不列颠号"采用铁制船壳和新发明的螺旋桨推进器，并设6根船桅张帆助航。"大不列颠号"轮船长98米，载重量3270吨，为当时世界上最大的蒸汽船，也是第一艘采用螺旋桨推进的横跨大西洋的定期轮船。"大不列颠号"1843年7月从利物浦出发横渡大西洋，用了15天到达纽约，比起在这之前所用的桨轮推进在速度上有了很大的提高。"大不列颠号"航行达30年之久。1854年布鲁内尔开始主持建造"大东方号"，应用梁的力学理论在船体结构上首创纵骨架结构和格栅式双层底结构。船上安装两台蒸汽机，一台驱

图8-4 "大东方号"

动直径为56英尺的明轮，另一台驱动直径为24英尺的螺旋桨，蒸汽机总功率为8300马力。船上还有6根桅杆，船帆总面积为8747平方米。该船长207米，排水量27000吨，能载客4000人，装货6000吨，比当时的大型船大6倍，被认为是造船史上的奇迹。可惜因煤炭消耗量过大（正常航行每天需耗煤280吨左右）而无商业价值，但是在物理学家威廉·汤姆生（W.Thomson）指挥下，利用该船于1867年成功地铺设了大西洋海底电报电缆。

19世纪80年代后，钢结构船开始出现。狄塞尔的柴油发动机在19世纪末、汽轮机在1894年、燃气轮机自1947年后用作轮船的动力机。

2. 运河

在工业革命中，与道路同时发展起来的还有运河。煤炭、木材、矿石这些需要大宗运输的货物，很难用马车完成，船运成为最便利的运输方式。1750年，英国内河航道为1600多千米，到1850年已达6840千米，增加部分主要是新开挖的运河。

1759年完成的从圣海伦煤矿到默西的森基—布鲁克运河和1761年完成的从沃斯利矿区到曼彻斯特的布里奇沃特公爵运河，是英国最早的两条运河。其后的运河开凿已遍布英伦三岛，其中有的需翻山越岭，需开挖运河隧道或采用高架水渠形式以通过峡谷，由于各条运河水平面的不同，各种形式的船闸、升船机、船舶提升装置相继被发明出来，同时，也促进了桥梁的修筑。

在1730—1850年间，英伦三岛已是运河纵横交错，既有与自然河流相贯的运河，也有自成体系的运河网络。在威尔士，运河把煤和铁从矿区运到港口；在苏格兰，两条大运河横跨陆地将大海连接起来；在爱尔兰，两条运河连通了香农河与都柏林。

18世纪以来蒸汽机车和蒸汽船的广泛使用，极大地缩短了世界的距离，为扩大材料来源和商品流通提供了有力的交通工具，促进了机器大生产体制的完善。同时，它也为英国技术革命成果迅速地在世界范围内传播提供了条件。

（三）悬臂通信机

图8-5　悬臂通信机

通信要求信息准确而迅速地传递，传递的媒介自古以来主要是声和光。最早的声通信显然就是人的语言。在需要向更广的范围传布信息时，古人采用了鼓和锣，后来出现了号角、军号。但是声音的自然传播距离有限，信息远距离迅速传递的最原始方式是视觉通信，即光通信。

视觉信号经中继站向远处传递的方法起源相当早，古希腊人最早将烽火信号与水钟相结合传递信息，他们沿途设立烽火中继站，各站安置同样的水钟，当第一个烽火台发出信号时，接收到信号的中继站将水栓打开，当再接收到第一个烽火台发出的第二个信号时即关闭，由水面高度差来得知预先约定的信息内容。罗马帝国随着疆域的扩展和全国公路网的形成，在各地大量修建烽火台。17世纪望远镜的发明，使视觉通信方式更为实用，随之出现了手旗（手语）通信，这种手旗通信方式在航海中得到广泛应用。此外，有些地方还使用一种利用太阳光反射的光束通信的方法。

书信是较早的一种信息传递方式。最初是用善于长途奔跑的人来传递的，后来用马或马车代替人的奔跑，驿站制度在欧洲中世纪有普遍的应用。1840年，英国首创在信封上贴邮票的方法，由此开始了邮政业务，随着交通工具的进步，邮政形成了独自的通信系统。

在法国大革命高潮中，夏普（C.Chappe）发明了悬臂通信机，在电通信应用前的欧洲，对军事、经济、交通起过重要的作用。

用悬臂通信机进行的通信仍属于视觉通信，它的结构是在一根竖立的木杆顶端安装一个可以绕中轴旋转的横杆，横杆两端各有一个可旋转的悬杆。由横杆和悬杆的不同角度组合，表达一定的字母或数字，由此可以较为完整地传递信息。这种悬臂通信机安装在较高的建筑物上或塔楼上，人在地面用与悬臂相连的绳索调整，在望远镜可达的距离设立安有悬臂通信机的塔楼，这样可以实现信息的接力传送。晚间在悬臂上安上灯，也可以照常使用。

夏普在神学院读书时，正值法国大革命高潮时期，法国受到英国、荷兰、普鲁士、奥地利各国联军的进攻。1790年夏季，夏普着手为革命政府制造一种可以快速进行信息传递的通信机。此后的两年内，他试制了几种视觉通信装置。最后试验成功的通信装置很快被革命政府认可，给了他6000法郎的支持。1793年7月2日召开的国民议会对这种装置给予了很高的评价，将之称为tèlègramme，夏普自称为tachygraphe。会后夏普受命安装从巴黎到里尔144千米的通信装置，在时钟技师布雷盖（A.L.Breguet）的帮助下，于次年7月完成了由15个中继站组成的通信线路。1794年8月15日，传递回第一个消息：法军夺回了鲁凯诺瓦，两周后又传回了法军夺回孔代的消息，以后的战况不断快速传回巴黎，为法军挽回败局起了很大的作用。随着拿破仑的军事扩张，悬臂通信机迅速推广开来，到拿破仑帝政结束时，通信线路已达2863千米，建立了224个中继站。

1790年，进攻法军的英国兵在前线侦察中，发现随着法军的调动，一些类似塔式风车的巨大机构在奇妙地摆动。1794年11月15日，英格兰的报纸刊登了法国用悬臂通信机建立通信网的消息。第二年，英国海军司令部决定采用这一通信装置。马雷（L.G.Murray）爵士设计成一个由6个可动支杆组成的类似于夏普早期设计的通信机，可以组合成63个不同的信号，花费4000英镑安装了从伦敦到迪尔（Deal）间的通信网。1801年又规划了伦敦到雅茅斯间的通信网，1806年完成了从伦敦到普利茅斯的通信网。

瑞典在1795年、普鲁士在1793年、丹麦在1802年均开始引进夏普悬臂通信机，建立本国的通信网。到1832年，普鲁士已建成以柏林为中心连接马德堡、波恩、科布伦茨的通信网。之后俄皇尼古拉一世（Николай I）下令修建主要城市间的通信网，建立了220个通信基地。美国最早的悬臂通信系统是1800年开始建立的。

1805年，夏普因不断受到妒忌他发明的一些人的攻击，愤而自杀身亡。但是他的悬臂通信机到1844年已遍布法国，通信网达4800千米，设有556个中继站。

19世纪40年代后，由于电报机的进步，悬臂通信机逐渐被淘汰。其简化的单臂信号机在铁路车站作为进出站指示在其后应用了100多年。

二、欧洲大陆与美国的产业革命

（一）比利时与瑞士的产业革命

1. 比利时

比利时是欧洲大陆最先开始工业化的国家，纺织业在佛兰德斯很快发展起来。1802年英国人科克里尔（Cockerill）在吕蒂埃创办纺织机械厂。其子J.科克里尔（J.Cockerill）又与几个英国机械师创办了生产蒸汽机的工厂。1820年引进了英国的搅炼炉炼钢，1823年建立了比利时第一座焦炭高炉，使他的公司很快发展成包括矿山、机械厂、炼焦厂和炼钢轧钢厂在内的大型工业联合企业。1835年，又建立了欧洲大陆最早的机床厂，生产各种机床。

1830年，比利时从荷兰独立出来后，加快了工业化进程。1834年发布了铁路法，将铁路列为国有企业，1835年布鲁塞尔至梅赫伦间的铁路通车，一年后延长至安特卫普，到1870年，通车里程已达3000千米，使比利时成为欧洲各国中铁路密度最大的国家，而且成为欧洲工业发展最充分的国家。

2. 瑞士

瑞士是一个国土面积不大且多山的国家，19世纪前农村已有发达的手工业，中西部以制造钟表为主，东部以毛纺织业为主。1801年，瑞士创办了拥有26台纺纱机的第一家纺纱厂。5年后创办生产纺纱机的工厂，不久后该厂还生产水泵、造纸机械、机床等，成为享有国际盛誉的综合性大型企业。1836年后开始制造蒸汽船，1846年后开始生产蒸汽机车。

这一时期，瑞士的钟表业、针织业、纺织业、机械制造业均得到迅速发展。到19世纪中叶，瑞士已拥有200多家纺织厂。印染业、编织业产品质量上乘，主要用于出口。同时，起源于家庭手工业作坊的钟表业，出现了在基于零部件专业化生产基础上的协作生产方式，形成了几家具有国际影响力的大型钟表厂家。

到19世纪中叶，铁路开始兴建，同时与市场经济密切相关的金融业的国际影响和信誉不断提高，为瑞士的工业化提供了重要的资金保证。

（二）法国的产业革命

法国在近代科学形成中起到了重要作用。早在1109年就在位于锡特岛的巴黎总寺院内以总寺院学校的名义，创立了巴黎大学（当时称为"总寺院学校"），使之很快成为经院哲学的核心。英国剑桥、牛津以及德国、美国的许多大学均源于巴黎大学，可以说巴黎大学是近代欧美大学的共同源泉。1808年后，法国各大学在法国大革命中摈弃了经院哲学而转向近代大

图8-6　法国科学院

学，全国划分27个学区，各学区配备了
完整的高等、中等、初等学校，形成了
系统的、有组织的教育体系。法国很早
就开始创办法兰西公学院（Le Collège de
France，1530）、法兰西学术院（L'Académie
Francaise，1635）、皇家科学院（Académie
Royale des Scinces，1666），以及作为这些
学院管理机构的法兰西学会（L'Institut de
France，1795）等科学研究机构。皇家科
学院也称"法国科学院"，是官办机构，路
易十四从欧洲各国招募著名科学家，使皇
家科学院很快成为欧洲大陆最高的学术研究机构。

图8-7　雅卡尔织机

　　路易十四强力推行重商主义，创立皇家工厂，致力于发展工业，1794
年又创立巴黎综合理工学院（École Polytechnique）培养自己的技术人才。

　　法国产业革命始于1830年《英法自由通商条约》的签订，经历了30
余年。法国在大革命前，即从英国引进纺织机械和蒸汽机。早在1771年法
国即引进了珍妮机，不久后引进了阿克莱特的水力纺纱机，1778年又引进
了瓦特的蒸汽机。法国大革命后期对本国棉纺织业采取保护政策，决定自
1793年起禁止英国棉织品进口，由此极大地促进了法国棉纺织业的发展。
到1812年，棉纺厂开始采用蒸汽机为动力，到1815年几乎所有的纺织厂都
采用了英国的先进技术。特别是法国机械师雅卡尔（J.M.Jacgard）发明了
用穿孔卡片控制纬线的自动织机，由此可以大量生产图案复杂的织物，到
1824年法国已拥有3.5万台这种织机。

　　1815年后，法国开始生产蒸汽机，同时一些焦炭炼铁厂也开始建立。
在当时，法国是仅次于英国的第二大经济强国，1800年英国煤炭产量占世
界总产量的90%，达上千万吨/年，法国位居第二，为百万吨左右/年；1823
年，英国生铁产量占世界总产量的40%左右，为45万吨，位居第二的法国
生铁产量为16万吨。19世纪40年代后随着铁路热的兴起，冶铁业得到迅速

发展。到19世纪70年代即出现了上万人的采矿冶炼联合企业，钢铁企业开始大型化。法国科学院很早就关注钢铁冶炼的研究，雷奥米尔（R.A.F. de Reaumur）自1716年开始用了10年时间，进行了钢铁技术特别是渗碳法的研究，发现了熟铁（可锻铁）与钢、铸铁的区别。他的研究包含了后来金属组织学、金属物理学的相关内容。他的工作直接导致了贝托莱（C.L.C. de Berthollet）、蒙日（G.Monge）等人从近代化学的角度对冶金的研究。

法国的第一条铁路——里昂至纪埃河铁路于1832年通车，这也是欧洲大陆的第一条铁路。1842年，法国制定铁路法，这是一部介于比利时的铁路国有化和英国的铁路私有化之间的折中法律，它规定铁路由国家规划，私人和国家分别承担机车和路轨及路面设施，私人经营99年后收归国有。以巴黎为中心的铁路网不断扩展。从1847年的1830千米到1858年猛增至9000千米，到第二帝国即路易·拿破仑·波拿巴（Louis Napoléon Bonaparte）统治时期（1851—1870），已达18000千米，基本形成了现代法国铁路网的原型。

1830年，法国技师蒂蒙尼埃（B.Thimonnier）发明了缝纫机，使法国的服装业迅速兴起，到第二帝国时期，专业化的服装工业的就业人数和销售额均超过了纺织业，使法国的服装业在世界上处于领先地位。

到19世纪70年代，法国基本完成了本国的产业革命，成为欧洲大陆资本主义强国之一。

（三）德国的产业革命

德国原来是一些以"神圣罗马帝国"名义分散的小封建君主国的集合，19世纪上半叶这些分散的小国开始了农业改革，世袭的农奴制被废除，资本主义农业开始形成，工商业也发展起来。这些国家中最强盛的是普鲁士，其国王弗里德里希一世（Friedrich I）在1700年就创办了柏林科学院（Academy of Sciences of Berlin），哲学家、数学家莱布尼茨（G.W.Leibniz）担任首任院长。德国在19世纪最为重要的是教育的迅速发展和不断改革，1810年创立柏林大学，哲学家费希特（J.G.Fichte）为首任校长。1821年创立以技术教育为特色的柏林实业学校（Gewerbe Akademie），其影响很快遍布全国，各地纷纷设立中等技术学校，这些学校为德国产业革命培养出大批人才。不久后这些专业技术学校大都发展成为享誉世界的工业类大学，如卡尔斯鲁厄工业大学（1825）、慕尼黑工业大学（1868）、亚琛工业大学（1870）、柏林工业大学（1770）。"工业大学"这类适应工业化需要的工科专业高校起源于德国。同时，在专制王权统治下的德意志也受到先进国家发展的刺激，发展出可以与法国唯物论相抗衡的康德（I.Kant）、费希特（J.G.Fichte）、谢林（F.W.J.von. Schelling）、黑格尔（G.W.F.Hegel）的德国唯心论哲学，值得注意的是他们都在各自不同立场上试图为自然科学奠定基础，对下一个时期产生的影响是巨大的。

在这样的历史背景下，自然科学的各领域在德国都取得了明显的进展，与科学和社会密切结合的生产技术显著地得到进步。在数学方面，完成了群论、集合论的基础研究，数学家高斯（C.F.Gauss）、黎曼（G.F.B.Riemann）等人确立并发展了微分几何。在物理学、化学、生物学、地质学、古生物学、岩石学、医学等方面均取得许多重要成果，成为近代科学的主要研究中心。

德国的产业革命是受英国、法国的影响于19世纪30年代开始的。这一时期虽然普通消费品和奢侈品的大量生产仍为英国和法国所垄断，但德国借助于低工资和家庭工业，逐渐向出口工业领域发展。德国的产业革命虽然晚于英国和法国，但是欧洲大陆的第一家纺织厂于1783年在格廷根建立，它拥有五层楼的大厂房，是德国也是欧洲第一家近代形式的工厂。

德国的产业革命以铁路建设为开端全面展开。1834年，各联邦国订立关税同盟，以普鲁士为中心，德国境内2/3地区免除关税。1835年，纽伦堡至菲尔特间的铁路开始建设，尔后的30年中，几万名农民利用农闲投身于铁路建设。到1848年初，铁路总长达4300千米，超过了法国，到1875年猛增至27795千米。

1838年，在德累斯顿工业大学教授舒伯特（G.H.Schubert）指导下，制成德国首台蒸汽机车。企业家埃格尔斯（F.A.J.Eggels）在柏林创办生产蒸汽机车的工厂，到19世纪50年代该厂成为世界上最大的蒸汽机车生产厂。

图8-8　克虏伯公司生产的大炮

德国企业界非常注重利用19世纪钢铁、电力技术领域的新技术成果，对新兴技术的广泛应用和对新兴技术的不断改进成为德国产业革命的一大特点，由此很快确立了德国作为技术强国的地位。德国的钢铁工业在克虏伯（A.Krupp）引进贝塞麦转炉及西门子－马丁平炉炼钢法后，使克虏伯工厂所在的埃森成为举世闻名的钢铁城市，其生产的大炮闻名世界。以电力机械的发明与制造著名的西门子－哈尔克斯公司于1847年创立，至今仍是世界闻名的电力机械生产企业。德国的机械工业最早以引进英国技术为主，但很快即形成了自己的生产体系，重化工业成为国民经济发展的支柱产业，1870年左右德国产业革命即告结束。这样，德国仅用了不足40年，即从一个分散的农业小国变成一个工业强国。德国的工业化以英国、法国为榜样，充分利用自己培养的大批工程技术人员，充分利用电力技术革命中的新兴技术，很快跻身于世界强国之列。

（四）美国的产业革命

美国是一个移民国家，一直是英国的殖民地，直到独立战争（1775—1783）后才摆脱了英国的殖民统治，建立了美利坚合众国。战后美国南方的奴隶制种植园迅速扩大，19世纪前半叶一直是英国棉纺织业的主要原材料供应地，从属于英国的产业资本。

虽然美国是在18世纪末才摆脱了西欧列强的殖民地束缚而获得独立的，但是它的总体发展是极其顺利的。美国独立以后，随着公债的清理、近代租税制度的制定、中央银行的设立、货币制度的独立，以及后来伴随土地制度改革向西部的大量移民，这都助长了美国资本主义制度的发展。大规模的西渐运动给美国农业带来了变革。随着西渐运动的加强，个体农民到西部定居人数的日增，基于奴隶劳动的粗种滥作使土地肥力涸竭的南部农场主也寻求向西部发展，由此围绕西部土地争端的南北对立激化了。由于英国产业革命对棉花的需要激增，美国南部的棉花种植业在1830年已经在美国出口物资中占据首位。同时，中部、北部及西部定居的个体农民所从事的商业性农业及家畜的商业性饲养业，也获得了发展。

南北战争爆发前，纽约等中部五个州及新英格兰的工业生产及工人数量占美国总体的2/3以上，而南方产值不足美国总产值的10%，工业主要集中在北方，南方1200万人口中黑人奴隶达400万，是种植园的主要劳力。英国每年需要棉花14亿吨，大部分由美国南方供给，在保护关税方面与北方产生矛盾，加之北方资本家铺设铁路、架设通信网以满足国内市场不断扩展的要求，又与南方奴隶主扩展奴隶制、扩大种植园的要求发生冲突，由此导致了被称之为"南北战争"（1861—1865）的内战爆发。

南北战争以北方资本家的胜利而告终，由此完成了美国的市民革命，扫清了资本主义发展的障碍。

美国的产业革命始于北方工厂制生产方式的引进。1815年在波士顿创办了装备引进的金属压延机、铣床、动力纺织机等先进机械的大工厂。不久后，高压蒸汽机、无烟煤炼铁法、橡胶硬化法、缝纫机、电报机等各项发明，奠定了大工业发展的技术基础。以富尔顿蒸汽船实际应用为开端，水上交通工具的进步促进了许

图8-9　横跨美洲大陆的铁路通车仪式

多大运河的建设。

1862年美国国会通过了《太平洋铁路法案》，授权联合太平洋铁路公司从密苏里河西岸的奥马哈城向西修建铁路、中央太平洋铁路公司从加利福尼亚州首府萨克拉门托城向东修建铁路。1869年5月10日，两公司对向修建的铁路于犹他州的普罗蒙特里接轨。为了纪念接轨成功，最后使用金质道钉，并用镀银的铁锤将其钉入。以后，萨克拉门托到旧金山段的铁路建成，从奥马哈城到太平洋沿岸铁路通车，长达2880千米。在此期间，纽约中央铁路公司和宾夕法尼亚铁路公司整顿了奥马哈城到纽约的铁路，建成了从美国大西洋沿岸的纽约市通往太平洋沿岸的圣弗朗西斯科（旧金山）市的横贯美国大陆的铁路，全长4850千米。这条铁路的建成，促进了美国西部工业的发展。

在产业革命进程中，北部的产业资本迅速扩展，但总体上美国仍是英国产业资本的重要原料（棉花、谷物）市场，工业产品的销售也完全依赖于英国，虽然经过独立战争美国摆脱了英国的统治，但在产业结构中仍依赖于英国的资本主义再生产机制。美国在南北战争后，国内市场得以扩展，工厂制得以确立。机车、农机业、机床开始以大量生产的方式超过英国，适应产业资本发展的银行制度迅速推广开来，摩根商会等金融资本开始形成，经济上彻底摆脱了英国的控制。西部广大土地的开发，可以提供廉价农产品，更可以提供廉价的原材料。同时，随着愈来愈向西部发展，劳动力愈感不足，这就不得不依赖机器去补充，靠技术的进步以充实工业能力就成为一个现实的课题而受到重视。而且，由于美国的煤炭、石油、铁矿等地下资源十分丰富，国内市场极为广阔，进入19世纪后半叶，作为工业化基础的重化工业迅速兴起，钢铁工业从宾夕法尼亚向西部的俄亥俄转移，匹茨堡成为重要的钢铁城市。1855年引入了焦炭高炉炼铁法，1868年引入平炉炼钢法，生铁产量很快超过德国、法国，1870年标准石油公司的成立，加之美国式的大批量生产方式的确立，到1873年世界经济危机爆发前，美国已完成了本国的产业革命，成为新兴的资本主义工业强国。

三、日本与俄国的产业革命

（一）日本的产业革命

日本诸岛自远古即有人类活动，4 万年前进入旧石器时代，公元前 5000—公元前 300 年进入新石器时代，即绳纹文化。其后的弥生文化（前 300—250）已从中国经朝鲜传入铁器、青铜器和水稻种植。现代的日本人（大和民族）是源于西伯利亚的一个操阿尔泰语系的民族，在公元前 300—公元 200 年间经朝鲜迁居日本，其后朝鲜人、汉人及东南亚各岛岛民不断涌入相互融合而形成的。日本原住民高加索人种的阿伊努人（虾夷人）则被迫迁往北方。[①]

日本在 5 世纪前处于氏族社会，5 世纪后大和国达到鼎盛，其统治者自称"天皇"，大和民族的称谓由此产生。6 世纪佛教由朝鲜传入，但日本直到 6 世纪末仍处于女权社会，推古女皇之侄圣德太子任摄政后，开始向大陆派人系统学习隋唐特别是唐朝的文化和汉字，之后的奈良、平安均仿唐宫建造宫殿。现存最早的文献《古事记》《万叶集》均由汉语写成，出现于 8 世纪。9 世纪出现用于记音节的平假名，10 世纪出现由奈良时代僧人所创的片假名。

日本在很长时期内一直是诸侯割据，以幕藩（诸侯）体制为主。1543

---

① 日本历史大体经历了：绳纹文化（前 5000—前 300）→弥生文化（前 300—250）→古坟时代（250—550）→大和国（550—710）→奈良时代（710—784）→平安时代（794—1185）→镰仓时代（1185—1333）→足利时代（1338—1573）→德川时代（1600—1867）→明治时代（1868—1911）→大正时代（1912—1926）→昭和时代（1926—1988）→平成时代（1989—2019）→令和时代（2019—　）。

图8-10 日本铁路宣传画

年，一只中国帆船因遭暴风雨袭击漂流到日本萨南的种子岛。船上有3名葡萄牙人，他们带有火枪，向日本介绍了枪炮及其制造技术。种子岛岛主命令手下工匠尽快学习枪炮制造技术。这就是日本历史上所说的"铁炮传来"。以后，葡萄牙传教士将以天主教为中心的西方文化传入日本，史称"南蛮文化"，从此揭开了日本文化与西方文化接触的序幕。

但是，德州幕府于17世纪30年代颁布严格的"锁国令"，直到1854年在美国舰队司令佩利（M.Perry）的逼迫下，才开始了局部地区的对外开放。1868年明治天皇继位取代德川统治后，中央集权制开始确立，迁都江户改名东京，发布《五条誓文》[①]，由此开始了日本的近代化运动——明治维新。

明治维新是一次彻底的社会改革，在"殖产兴业""富国强兵""文明开化"口号下全面吸收欧洲发达的资本主义文化和政体模式。1870年废除封建制，1871年废藩置县加强了中央集权制，1872年颁布义务教育法，1889年颁布宪法，1890年召开国会。近代社会的政治体制得以完成。

自明治维新开始，日本致力于引进、移植西方技术，在电报、铁路、海运方面学习英国，在钢铁、兵器、化工方面学习德国。在大量聘请外国技术人员的同时，着力培育本国的技术力量。1857年即开始生产机床，1860年在长崎开始了西式炼铁，1869年开通横滨的电报业务，1867年在鹿儿岛设立了近代纺织厂，第一条铁路于1872年建成（新桥—横滨）。1888—1894

---

① 《五条誓文》内容：一、广兴会议，万机决于公论；二、上下一心，盛行经纶；三、文武百官以至庶民，各遂其志，勿失人心；四、破除旧习，以天公地道为基本；五、求知识于世界，以大振皇基。

年间工厂数增加了4倍，工人数增加了3倍。

　　日本的近代技术发展仿照西方各国工业化的模式，全套引进西方技术，注重传统技术部门与引进技术的结合，在满足国内市场的同时，努力开辟国外市场。这样，到明治末期，近代技术体系已在日本形成，成为东方最早实现工业化的国家。

（二）俄国的产业革命

　　俄罗斯有文字记载的历史并不悠久，1世纪左右出现用以表示最简单的计算符号、占卜符号的线组成的图形（文字），9世纪下半叶拜占庭传教士基里尔（Кирилл）与梅福季（Мефодий）兄弟为传教的需要创始原始的斯拉夫字母，到10世纪初形成了为斯拉夫人所通用的基里尔字母。

　　在9世纪，尚处于游牧社会的东斯拉夫人逐渐向现俄罗斯欧洲部分迁徙。10世纪后半叶，基辅罗斯出现，其后分裂成许多诸侯国。13世纪中叶，蒙古人入侵，建金帐汗国。14世纪，莫斯科大公国强盛，伊凡三世（Иван Ⅲ）摆脱金帐汗国控制，兼并了东斯拉夫人的土地。1689年彼得一世（Петр Ⅰ）推翻其姊索菲娅（А.Софья）的统治执政后，在政治、经济、军队、文化、教育领域开始全面向欧洲学习，并于1721年改国名为俄罗斯帝国，自封为沙皇。1762年，沙皇彼得三世（Пётр Ⅲ）的妻子、出生于德意志受过良好教育的叶卡捷琳娜二世（Екатерина Ⅱ）登位，在其统治的30年中，俄国的领土通过军事手段迅速扩张至亚洲腹地贝加尔湖。到19世纪初，在库图佐夫（М.И.Кутузов）元帅指挥

图8-11　莫斯科（18世纪）

下，俄军对拿破仑的战争获得胜利，使俄罗斯成为欧洲大陆最大的军事强国。1864年，沙皇亚历山大二世（Александр Ⅱ）签署了改革法令和废除农奴宣言，后来实行的地方自治、司法税制改革虽不彻底，但是已经向资本主义君主制迈出了重要一步。同时，沙皇俄国为了领土的扩张鼓励并支持探险家的探险活动，探险与武力征服相结合，向远东地区大举殖民扩张。从1858年开始，通过《瑷珲条约》（1858）和《中俄北京条约》（1860）强占了中国黑龙江以北乌苏里江以东100多万平方千米的土地，俄罗斯疆域迅速向东扩展到太平洋，获得不冻港海参崴。

古代俄罗斯的科学技术发展缓慢，直到10世纪才出现了砖石结构建筑。1563年在莫斯科开始了活字印刷。彼得大帝时期鼓励工商业的发展，冶金、采矿、造船等工场手工业迅速兴起。到18世纪下半叶，俄罗斯的封建农奴制开始解体，资本主义生产方式逐步形成，在工场手工业作坊中开始了劳动分工，出现了棉纺、丝绸、玻璃、金属等制造行业。同时，俄国与西方各国在政治、经济、文化上的交流不断加强。

俄国在学习西方的过程中，注重对近代科学文化的培育。1718年，彼得大帝访问法国了解到法兰西科学院的活动后，于1724年创立彼得堡科学院。彼得堡科学院很快拥有了自己的图书馆、印刷厂、植物园、天文台及物理化学实验室，涌现出罗蒙诺索夫（М.В.Ломоносов）、门捷列夫（Д.И.Менделеев）、罗巴切夫斯基（Н.И.Лобачевский）、巴甫洛夫（И.П.Павлов）等一批为近代自然科学做出重要贡献的科学家。1755年，罗蒙诺索夫创立俄国第一所大学——罗蒙诺索夫－莫斯科国立大学，近代教育体制开始形成。

19世纪40年代后，英国商人来到俄国，建立了多家纺织厂，俄国的产业革命开始兴起，手工业作坊向工厂制生产转变，纺织业、印刷业开始了机械化，蒸汽机开始成为工厂的主要动力。1851年，莫斯科至彼得堡的铁路通车，10年后俄国铁路通车里程已达1500俄里（1俄里=1.0668千米）。俄国近代工业的发展，是由于大量铺设铁路促进的，铁路的施工、机车的生产是在德国、美国专家帮助下进行的。俄国庞大的铁路规划，不但推动了冶金、采矿、机械等技术的发展，而且沿铁路线开发了大量矿藏，加之巴库油田的开发，使俄国很快形成了以煤炭、冶金、石油为中心的重化工业体系。

1875年，随着西伯利亚铁路的兴建①，对西方先进技术和外国资本的大力引进，到19世纪末俄国出现了工业大发展的10年。但由于缺乏全国性的推动以及资产阶级民主势力和社会民主势力的兴起，加之1905年日俄战争的失败，沙皇的统治很快走向崩溃，近代国家形态始终未能得以完整确立。

---

① 西伯利亚铁路从欧亚交界处的车里雅宾斯克到太平洋港口符拉迪沃斯托克（即海参崴）路段，全长2371千米，从设计到竣工用了13年，其中经中国部分即1898年到1903年修建的"中东铁路"（东清铁路）。

第九章
近代自然科学的形成
——数学·物理学

近代自然科学又称经典自然科学，是近代科学革命后发展起来的较为完备的科学体系。近代自然科学的形成大体经历了三个世纪，即17、18和19世纪。到19世纪末，数学、物理学、化学、天文学、地学、生物学几大门类均已形成，科学研究已经成为独立的社会建制，科学的社会功能日益凸显，科学教育成为大学教育的重要内容。

近代自然科学方法论有两条主线，其一是弗朗西斯·培根在《新工具》（*Novum Organum*，1620）中提出的：通过实验用归纳法发现自然现象的原因与规律，即实验哲学方法，这一思想方法为英国皇家学会成员所继承；其二是伽利略所倡导和实践的：分析现象本质，将其本质要素数学化，提出假说，通过数学演绎推出结论，再用实验进行验证。这在欧洲大陆科学界较为流行。近代自然科学就是在这两种方法论的推进中丰富发展起来的。

一、数学的符号化，微积分与解析几何

（一）数学的符号化

数学起源于古代人类计量的需要，有文字记载的历史可追溯到公元前3000年以上。不同地区的民族曾创立了2、5、10、12、16、20、60等进位制，并创立了各种计数方法。在近代数学创立前，欧几里得的《几何原本》、尼科马库斯（Nicomachus）的《算术入门》、丢番图的《算术》，在欧洲一直流行了近千年，其中的一些内容至今仍是数学教学的重要内容。

数学在近代的发展，其一是数学符号化的完成，其二是常量数学向变量数学的转变。

古印度对数学的发展做出重大的贡献，最先形成了流行至今的记数方法，采用了10进位制，创立使用分数、负数、无理数的代数学。2世纪，印度已经有了1~9的数码，到8世纪后出现了0，此间，印度数码不断演变，印度人发明的记数法和0传入阿拉伯后，阿拉伯人对之进行了改造后传至欧洲。

12世纪初，意大利数学家斐波那契（L.Fibonacci）在其《算法之书》（*Liber Abbaci*）一书中认为，印度的1~9再加上0，可以表示任何数。0的采用是数学发展中的一个突破。这在以直觉思维为主的古代，将"无"设为0，将0加以抽象与其他数字组合以表示数，是人类思维的巨大突破，这使数字表达与计算变得十分简单，这一先进的记数法为近代数学的迅速发展奠定了基础。

16世纪后，数学的最大进步是符号体系的创立，对此做出重大贡献的是法国数学家韦达（F.S.Viete）。1591年，他在《分析术引论》中，首次用拉丁字母代表数学中的已知数、未知数和系数，这是第一部符号化的代数学的著作。一些重要的数学运算符号在15世纪后已被陆续创用。①

表4　数学运算符号表

符 号	含 义	创立者	时间（年）
＋ －	加 减	［德］魏德曼（J.Widmann）	1489
×	乘	［英］奥特雷德（W.Oughtred）	1631
÷	除	［英］雷恩（J.H.Rahn）	1659
√	平方根	［法］笛卡儿（R.Descartes）	1637
f（x）	函数	［瑞］欧勒（L.Euler）	1734
＝	相等	［英］雷科德（R. Recorde）	1557
＞＜	大于 小于	［英］哈里奥特（Th. Harriot）	1631

① 　徐品方、张红：《数学符号史》，科学出版社2006年版。

（二）对数、微积分与解析几何

文艺复兴之后，欧洲人发展了希腊人的数学观，认为数学是研究自然的重要工具，哥白尼、开普勒将数学应用于天文学，伽利略等将数学应用于力学，使数学研究在欧洲得到了更多人的重视。

1. 对数

由于16、17世纪天文观测、航海等方面的需要，一些人致力于三角函数表的制作。1614年，曼彻斯特的一位对天文学感兴趣的数学家耐普尔（J.Napier），发表《关于对数的奇异规则的描述》（*Mirifici Logarithmorum Canonis Descriptio*），为了简化三角计算编制三角函数表创立了对数，并叙述了对数的性质。牛津大学的数学教授布里格斯（H. Briggs）取log1=0，log 10=1，创用了以10为底的常用对数，1617年发表了常用对数表。而第一张自然对数表是中学教师斯佩得（J.Speidell）于1619年提出的，到1620年格雷哈姆学院的甘特（E.Gunter）研制出对数尺。

2. 微积分

近代数学的重要发展，是微积分的创立。微积分也可称为无穷小分析，是牛顿和莱布尼茨创立的，在他们创立微积分之前，由于天文学、力学的需要，不少人已经完成了其前期的准备工作。

牛顿在担任剑桥大学教授期间创立了微积分，创立过程大体经历了三个阶段。

第一阶段是将变量看作是无穷小量的集合。

第二阶段的工作体现在1671年完成的《流数法与无穷级数》（*Methodus Fluxionum et Serierum Infinitarum*）一书中，认为时间是恒稳流逝的，把随时间变化的量称作"流量"，用x、y、z表示，把流量的变化速度即变化率称作"流数"，在字母上加一点表示，如$\dot{x}, \dot{y}, \dot{z}$。认为变量是由点、线或面连续运动产生的。

第三阶段的思想表现在写于1693年的《曲线求积术》（*Tractatus De Quadratura Curvarum*）一文中，他进一步否定了无穷小量方法，不再认为流数是两个实无穷小量的比，而认为流数是初生量的最初比与消失量的最后比。在《自然哲学的数学原理》中，他指出最初比与最后比的物理原型是初速度和末速度的数学抽象。在1676年前后牛顿引入了"导数"概念，把导数作为增量之比的极限。

创办柏林科学院并担任首任院长（1700）的莱布尼茨，是德国著名的哲学家、数学家，几乎与牛顿同时期各自独立地创立了

图9-1　莱布尼茨

微积分。1673年，莱布尼茨首先创立"函数"（function）一词，用以表示一个量随另一个量的变动关系。1684年，莱布尼茨在《教师学报》上发表了第一篇关于微分学的6页的小论文：《关于求极大极小及切线的新方法，对有理量及无理量均可通用，且对这类运算特别适用》（Nova Methodus pro Maximis et Minimis，Itemque Tangentibus，Quae nec Fractas，nec Irrationales Quantitates Moratur，et Singulare pro Illis Calculi Genus）。文中提出了变量的微分概念，变量的和、差、积、商及幂的微分公式，以及微分方法在求切线、求极值方面的应用。他设计了比牛顿所用的符号更为灵活适用的整套沿用至今的微积分符号，如dx、dy、d^n、$\int$等。

牛顿和莱布尼茨创立微积分之后，发生了剧烈的优先权之争，欧洲大陆的数学家支持莱布尼茨，英国数学家支持牛顿。牛顿和莱布尼茨去世后，人们发现他们是各自独立创立微积分的，只是牛顿先于莱布尼茨提出了微积分，而莱布尼茨早于牛顿公开发表了他的微积分研究成果。这场争论造成英国数学的长年落后，而欧洲大陆在数学解析方面超过了英国近百年。

微积分创立后，曾受到一些人的质疑和批判。自17世纪末到18世纪中叶，在欧洲各国学术界、哲学界针对微积分问题展开了一场规模宏大的辩论，历史上称作"数学的第二次危机"，甚至有人认为微积分只不过是"计算和度量一个其存在性不可思议之物的艺术"。在一批数学家的努

力下，到19世纪中叶微积分得到了充实和发展，成为近代数学的基础性理论和方法，不但与力学、物理学相结合形成新的理论，同时开辟了数学新的领域。在几何学方面，出现了射影几何（1636，G.Desargues）、画法几何（1799，G.Monge）、非欧几何（1826，Н.И.Лобачевский）、黎曼几何（1854，G.F.B.Riemann）、微分几何（1809，G.Monge）等；在代数学方面，1693年莱布尼茨用分离系数法提出行列式概念，1855年剑桥大学教授凯利（A.Cayley）引入矩阵概念后，线性代数迅速发展起来。几乎在同一时期，求证函数极限方法的变分法在18世纪由欧勒（L.Euler）和拉格朗日（J.L.Lagrange）确立，研究大量同类随机现象的数量规律的概率论，在18世纪由瑞士巴塞尔大学教授约翰·伯努利（J.Bernoulli）创立。研究整数性质的数论在这一时期也得到迅速发展，出现了费马定理（$xn+yn=zn$，当 $n>2$ 时无整数解，$xyz=0$ 的解除外）、哥德巴赫猜想（任意大于2的偶数可以表示成两个素数的和）等一些重要成果。

3. 解析几何

欧几里得几何是一门典型的研究度量性质和关系的度量几何，自其创立之时，即建立了完整的演绎体系。17世纪后，传统的几何论证方法逐渐被代数方法取代。到18世纪，又被数学分析取代，代数学也成为数学分析的一部分。

图9-2 欧勒

解析几何也称"分析几何"，是17世纪出现的。

1637年，笛卡儿的《方法论》（*Discours De La Méthode*），研究了将几何问题化为代数问题的方法，由此创立了解析几何。此前，法国图卢兹议会顾问、业余数学家费马（P.Fermat）于1629年发表的《平面和立体轨迹引论》（*Ad Locos Planos Et Solidos Isagoge*）以及1636年对求极大值极小值的方法的研究，将平面上的点与数联系起来，从方程出发推导出轨迹图形而创立解析几何。[①]

解析几何的重要发展是瑞士数学家欧勒（I.Euler）完成的，他于1745年发表的《无穷小分析引论》（*Introduction to Analysis of the Infinite*）一书中，提出了现代形式的解析几何，并证明任何一个有两个变数的二次方程总可以成为某一标准形式：

（1）$\dfrac{x^2}{a^2}+\dfrac{y^2}{b^2}=1$（椭圆）；　　　（2）$\dfrac{x^2}{a^2}+\dfrac{y^2}{b^2}+1=0$（虚椭圆）；

（3）$\dfrac{x^2}{a^2}+\dfrac{y^2}{b^2}=0$（点）；　　　　（4）$\dfrac{x^2}{a^2}-\dfrac{y^2}{b^2}=1$（双曲线）；

（5）$\dfrac{x^2}{a^2}-\dfrac{y^2}{b^2}=0$（相交直线）；　（6）$y^2-2px=0$（抛物线）；

（7）$x^2-a^2=0$（平行线）；　　　（8）$x^2+a^2=0$（虚平行线）；

（9）$x^2=0$（重合直线）。

并将曲面分为锥面、柱面、椭球面、单叶和双叶曲面、双曲抛物面及抛物柱面6种标准形式。

1788年，拉格朗日的《分析力学》（*Mechanique Analytigue*）一书出版，该书对有方向的量进行了研究。在此基础上，19世纪80年代美国数学家吉布斯（J.W.Gibbs）和希维西德（O.Heavisid）创立向量分析（向量代数）。到20世纪，发展出泛函数分析和代数几何，而向量代数成为空间解析几何的重要内容。

（三）力学的解析化

牛顿的《自然哲学的数学原理》虽然于1687年出版，但是在直到1730年的40余年间，由于受到欧洲大陆学派惠更斯、莱布尼茨等人的强烈反对，

[①] y轴是100多年后瑞士的克莱姆（G.Cramer）引入的。"坐标"一词是莱布尼茨于1692年创用的，纵坐标是1694年莱布尼茨提出的，横坐标是18世纪沃尔夫（B.Ch.von Wolff）引入的，而极坐标是雅可布·伯努利（Jacob Bernoulli）于1691年确立的，1715年又创用了通用至今的三坐标系。

仅在英国学术界得到认可。直到1735—1736年间法国科学院派出远征队测得地球是一个南北方向短的旋转椭圆体后，牛顿力学才得到欧洲大陆学派的认可。

牛顿的《自然哲学的数学原理》一书中，只少量应用了微积分，运动方程式还仅停留在质点力学的阶段。由于18世纪数学的进步，牛顿力学的解析化和将质点力学向流体力学、刚体力学的扩展成为18世纪力学研究的重要课题。在这方面，法国数学家做出重要贡献，拉格朗日是解析力学的主要创立者，1788年《分析力学》的出版是其标志。在此基础上，英国数学家哈密顿（W.R.Hamilton）于1834年提出哈密顿原理，拉格朗日给出了运动方程的微分形式，而哈密顿提出了运动方程的积分形式。德国数学家雅可比（C.G.J.Jacobi）进而对变换理论进行研究，推导出"哈密顿－雅可比方程式"。这些成果特别是用解析方法对物理现象的分析，对后来麦克斯韦电磁方程式的提出以及热力学、统计力学、相对论和量子力学的研究提供了重要方法。

二、经典物理学理论的形成

（一）热力学与统计物理

热力学的形成大体经历了量热学，热素说，热力学第一、二定律，分子运动论诸阶段，其中核心问题是关于热的本质的研究。

1. 量热学

18世纪蒸汽机的发明，炼铁炼钢技术的进步，使人们开始关注火与热、与光的关系。然而，热力学作为自然科学的第一步是对温度的测量。

原始的温度计是伽利略1597年将玻璃泡连接一根直长玻璃管制成的，

只能粗略估计冷热程度，这实际上是一个温度气压计。后来不少人进行改进，出现了使用酒精、水、水银的各种液体温度计。1702年，法国物理学家阿蒙东（G.Amontons）对伽利略温度计进行改进，他将U形管短臂接上玻璃球，长臂有45英寸长，内装水银，温度由长臂中的水银高度表示（以英寸为单位）。

1714年，德国物理学家华伦海特（G.D.Fahrenheit）受阿蒙东温度计的启发，发明了水银温度计，1729年左右确立了华氏温标。他以氯化铵（NH_4Cl）和水的混合物的温度为0°F，以人的体温（当时用其妻子的体温）为96°F的96度温标，即1个大气压下，水的冰点为32°F，沸点为212°F的180度温标。几乎在同一时期，法国科学院的生物学家雷奥米尔（R.A.F.de Reaumur）发现酒精在水的冰点和沸点间体积由1000个单位膨胀到1080个单位，为此他把装有酒精的玻璃管在水的冰点和沸点间的一段分为80等分，设计了以他名字命名的80度温标。

1742年，瑞典乌普撒拉天文台台长、天文学家摄尔修斯（A.Celsius）将水沸点与冰点之间的汞柱高度差等分为100格，1格对应于1度，确立了摄氏温标（1个大气压下，水的沸点为0℃、冰点为100℃的百度温标）。8年后，摄尔修斯的同事施勒默尔（M.Schlemmer）将摄氏温标改为冰点为0℃、沸点为100℃的百度温标。1800年前，欧洲流行的温标多达19种，但是19世纪后只有华氏温标（英、美等国）和摄氏温标（德、法、俄等国）得以流行，特别是在科学研究中，主要采用的是摄氏温标。

2. 热素说

关于热的本质早在温度计发明前就有一些人从哲学角度做出描述。弗朗西斯·培根、笛卡儿提出热的运动说，牛顿、惠更斯、玻意耳（R.Boyle）则从力学角度认为热是物质微粒的振动，而一些从事化学研究的人则认为热是一种无质量的流体，即热素（Calovique）。最早提出热素说的是荷兰医生博尔哈夫（H.Boerhaave），华伦海特曾是他的助手。格拉斯哥大学教授布莱克（J.Black）自1780年开始研究潜热，发现冰在融化过程中始终需加热，水温却未上升，认为是水吸收了热。1760年左右，他对博尔哈夫1732年发

图9-3　罗蒙诺索夫

现的不同温度的水与水银混合后的温度不是二者温度的平均值现象，认为不同物质对热的容量不同，由此确定了热容量概念。

对热素说持强烈支持态度的是法国化学家拉瓦锡（A.L.Lavoisier），1780年他与拉普拉斯（P.-S. Laplace）共同测定物质的热容量，他在1789年出版的《化学纲要》（*Traite Elemcntaire de Chimie*）中，认为热素与光同样是一种元素，并认为热素可处于"自由"和"被结合"两种状态。法国数学家傅立叶（J.B.J.Fourier）在此基础上推导出热传导方程式，为求解这个偏微分方程引入了傅立叶级数。进入18世纪后，虽然欧勒、俄国科学家罗蒙诺索夫等人提倡热的运动说，但由于在解释中有很强的思辨性，与其说是自然科学莫不如说是自然哲学，很难被科学界接受。

3. 热的运动说

在美国独立战争中担任英军军官后返回英国的物理学家伦福德（B.Th.Rumford），1798年在德国慕尼黑发现炮筒钻孔时会放出大量的热，当将整个装置放入水中时，放出的热量可以将水加热甚至沸腾。他认为，如果热是物质的话，一定的金属只能存在一定的热素而不会持续放出热量，由此否定热素说而认为热是摩擦（运动）的结果。他的这一认识得到了英国化学家戴维（H.Davy）将冰在机械摩擦条件下融化的实验支持（1799）。然而，热素说由于受到法国化学家、染色技术权威人物、元老院议员贝托莱（C.L.C.Berthollet）的支持，又存续了半个世纪，直到分子运动论的出现才被科学界彻底否定。

对气体热性质的研究为热力学的形成提供了条件。17世纪，利用继承其父的遗产自建实验室的英国化学家玻意耳，与其学生胡克共同改进真空泵时，发现了气体体积与压力的关系。进入18世纪后，法国物理学家阿蒙东、达朗贝尔（J.R.d'Alembert）等进行了气体热膨胀的实验研究。1787

年，法国物理学家、巴黎工艺学校教授查理（J.A.Charles）发现压力一定时气体膨胀温度会上升。1788年，戴维发现气体迅速膨胀温度会下降。1802年，法国化学家、物理学家盖-吕萨克（J.L.Gay-Lussac）对气体进行了综合研究，得出气体的膨胀系数。到1873年，关于实际气体状态的范德瓦尔斯方程被确定。

对热力学进一步做出贡献的是法国物理学家、军事工程师卡诺（N.L.S.Carnot）。1824年，

图9-4 卡诺

他从热素说出发，发表论文《关于火的动力及产生这种动力的最合适的发动机的考察》（Reflections on the Motive Power of Fire，and on Machines Fitted to Develop that Power），提出了热机效率的卡诺定理，即热机效率取决于高温热源与低温热源的温度差；提出了卡诺循环，即工作介质（气体）在热机（汽缸）中经过等温膨胀、断热膨胀、等温压缩、断热压缩四个阶段，由此提出了提高热机效率的途径。对卡诺定理进行解析的是法国物理学家、铁路技师克拉佩隆（E.Clapeyron）于1834年在论文《关于火的动力的理解》（Reflexion Sur la Puissauce Matrice du Feu）中解决的。1850年，德国物理学家、苏黎世大学教授克劳修斯（R.Clausins）则以此为基础确立了热力学第二定律。值得指出的是，无论是卡诺定理的提出，还是克拉佩隆的解析，均是以热素说为基础完成的。

4. 能量守恒定律

热力学第一定律，即能量守恒定律，是19世纪中叶由几个科学家从不同角度发现的，其中主要有法国物理学家卡诺、德国化学家李比希（J.Liebig）、德国医生迈尔（J.R.Mayer）、德国物理学家赫姆霍兹（H.L.F.Helmholtz）、英国酿造业者焦耳（J.P.Joule）和英国律师格罗夫（W.R.Grove）、英国工程师兰金（W.J.M.Rankine）等。

18世纪末，卡诺已经注意到力与距离乘积的问题，瓦特引入了表征蒸汽机性能的功率概念，并确定了马力。明确地将力与距离之积定义为功的，

图9-5 赫姆霍兹

是1829年射影几何学创立者、法国科学院教授、数学家彭斯莱（J.V.Poncelet）。迈尔作为随船医师到热带后发现船员的血液更红一些，进而受德国哲学家谢林（F.W.J. Schelling）关于自然界是一个统一体的影响，认为自然界中一切物体运动、化学作用、热、生物等都是自然界普遍存在的"力"的不同形态，其总量应当是守恒的。1845年，焦耳用实验测定了热功当量（1 cal=4.18joule）。在此基础上，柏林大学的赫姆霍兹于1847年6月23日在柏林物理学会上所宣读的论文《论力的守恒》（Uber die Erhaltung der Kraft），提出了对能量守恒定律的完整叙述。虽然在科学史上一般认为热力学第一定律的确立，迈尔、焦耳、赫姆霍兹起了核心作用，但在他们的论述中，一直将"能"称为"力"，能（Energy）这一概念是英国物理学家、格拉斯哥大学教授威廉·汤姆生（W.Thomson）和工程师兰金于1853年提出的。

在上述发展基础上，经威廉·汤姆生和克劳修斯的努力，热力学体系基本完成。1848年，威廉·汤姆生以热素说为前提，对卡诺循环进行研究，提出绝对温度概念，即不依赖于物质特定性质的温度。1850年，德国物理学家克劳修斯从热的运动说角度发展了威廉·汤姆生的理论，提出了理想气体状态方程式：$PV=nR(\alpha+t)$，其中$\alpha=273$，P为压力，V为体积，t为摄氏温度，n为气体的物质的量（mol），R为理想气体常数，证明了卡诺定理与热力学第二定律的等同性。1852年，威廉·汤姆生提出在一切自然过程中，能总以热的方式在扩散。1854年，克劳修斯对此进行数学解析：$N=\int \dfrac{dQ}{T} \geq 0$，其中T为绝对温度，等号为可逆过程，不等号为不可逆过程。并明确使用"第二定律"这一术语，对于可逆过程，$\dfrac{dQ}{T}=dS$，S即后来所说的熵。

19世纪50—60年代，焦耳和威廉·汤姆生对气体的热力学性质进行了实验研究，由此使热的运动说与气体的热力学性质结合起来，导致了关于将气体的性质用气体分子的热运动加以说明的气体分子运动论的产生。1859年，英国物理学家、伦敦大学教授麦克斯韦（J.C.Maxwell）用概率方法求出气体热运动的速度分布率（麦克斯韦速度分布率）。1865年，奥地利物理学家、维也纳大学教授洛喜密脱（J.Loschmidt）计算出空气分子大小为10^{-7}厘米，19世纪60—70年代，奥地利物理学家玻尔兹曼（L.E.Boltzmann）及麦克斯韦创立了统计力学。1882年，美国物理学家、耶鲁大学教授吉布斯（J. W. Gibbs）将热力学理论应用于化学反应，奠定了化学热力学基础，引入热函数，赫姆霍兹提出了自由能的概念，加之20世纪初热力学第三定律的提出，热力学已经形成完整的科学体系。

（二）电磁学

1. 人类对电磁现象的早期认识

人类很早即对电磁现象进行了观察和记述，如中国古代有"琥珀拾芥"的记载。约公元前600年，古希腊哲学家泰勒斯对静电现象进行观察研究，发现用丝绸摩擦过的琥珀具有吸引绒毛、麦秆等轻小物体的能力，他把这种不可理解的力量叫作"琥珀电"（ηλεκτρον）。

磁（Magnet）一词起源于古希腊一个发现磁铁矿的牧羊人名字Μαγνης。最早对磁现象进行系

图9-6 《论磁铁、磁性物体和大磁铁》封面

统研究的是曾参加十字军远征的法国古典学者佩尔格里奴斯（P.Peregrinus），1269年他出版了《磁石通信》（*Epistola de Magnete*）一书，在该书中记述了他对磁石实验的结果：磁石异极相吸与同极相斥；一个磁石分成两半会变成两个磁石，不可能得到单一磁极；记述了铁的磁化法以及地磁等概念，还设想通过磁力运动获得能量；认为天球上有磁极，从而造成磁石具有指向性；发明了将磁石放在软木上再放入水中，以及将磁针放在支架上以制作指南针的方法。佩尔格里奴斯被同时代的英国哲学家罗吉尔·培根称作"最伟大的实践科学家"。

1600年，英国皇家医学院医学教授吉尔伯特（W.Gilbet）发表了他对磁现象的研究成果《论磁铁、磁性物体和大磁铁》（*De Magnete*, *Magneticisque Corporibus*，*et de Magno Magnete Tellure*，*Physiologi a Nova*，*Plurimis et Argumentis et Experimentis Demonstratadoi*，6卷）。他认为地球本身就是一个大磁体，否定了佩尔格里奴斯认为天球上有磁极的错误认识；描述了铁的磁化和指南针的原理，指出地磁倾角的存在，以及铁在磁化后，只能在冷态保持磁性，受热会失去磁性（即后来的居里温度）的特点；研究了摩擦起电，发现不仅是琥珀，硫黄、树脂、玻璃、水晶等均会因摩擦带电，并用琥珀的希腊语来表述其性质；还认为行星是在磁力的作用下保持其轨道的，电和磁除了具有类似性外，还有很大的本质差别；根据希腊文琥珀（ηλεκτορν）创用"电"（electric）一词。

18世纪，富兰克林（B.Franklin）开展对雷电现象的研究，发明了避雷针。1800年前人们主要是对静电静磁现象进行研究，摩擦起电机和莱顿瓶是这一时期的重要发明。

2. 库仑定律

1777年，年轻时担任军事工程师，后任法国科学院院士的库仑（Ch. A.Coulomb）对英国机械师米歇尔（J.Michelle）设计的扭秤进行改进，利用扭秤对静电力、静磁力进行实验，发现静电力与静磁力都遵循与距离平方成反比规律，总结出关于静电静磁的库仑定律。

两点（电荷）之间的力与二者之间距离成反比的规律，早在1771—

1773年间就被英国化学家、物理学家卡文迪许（H.Cavendish）发现。卡文迪许写了关于静电力的两篇论文，第一篇发表于1771年，主题为"由单一流体形成的电，其微粒间至少以与距离二次方成反比的大小相互排斥，并吸引其他微粒"；第二篇论文则是他去世后由麦克斯韦整理的，论文集中于1879年发表。这一平方反比规律也被胡克发现，最早反映在牛顿的万有引力定律中。卡文迪许生性怪僻，很少讲话，年轻时在剑桥

图9-7　卡文迪许

大学读书但未获学位，搞科学研究达痴迷程度，独自搞研究60余年，家境巨富，终身不婚。他的主要成果还包括发现了氢（1766）和氩（1785），用实验证明氢燃烧生成水，弄清水的组成（1784），通过扭秤实验测算出地球的平均密度是水密度的5.481倍（现值为5.517），测得万有引力常数G值为6.754×10^{-11}（现值为6.67×10^{-11}），由此求得地球重量和密度（1798），此外，他还留有大量实验笔记。

3. 伏打电堆与欧姆定律

电学研究中的重要转折点是伏打电堆的发明。18世纪摩擦起电机的发明和莱顿瓶的发明，引起了医学和生物学界的关注，一些人开始进行肌肉在电击作用下收缩的实验。

1789年，意大利博洛尼亚大学的解剖学教授伽伐尼（L.Galvani）偶然发现，一只被切下来的青蛙腿在电击下会发生痉挛。活体在电击下会痉挛的现象在当时已为人所周知，但死去的离体动物肌肉会出现这种现象，尚属首次被发现。对这一发现有多种传说：伽伐尼用一个是铜叉头和一个是铁叉头的叉子碰触蛙腿神经时，发现蛙腿肌肉痉挛（George Gamow：*Biography of Physics*）；挂在庭院铁架上的蛙腿，当暴风雨来临时蛙腿就会剧烈颤抖（F.Cajori：*A History of Physics*）；放在起电机旁的蛙腿，当起电机放电时蛙腿会痉挛（广重彻：《物理学史》）；伽伐尼在解剖青蛙时发现，如果用铜探

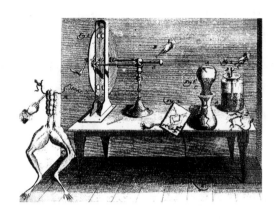

图9-8　伽伐尼蛙腿实验器具　　　　　图9-9　伏打电堆

针接触青蛙腿肌肉，用锌探针接触青蛙神经时，蛙腿会抽搐（Ernest Henry，Ph.D. Wakefield：*History of the Electric Automobile*）。

伽伐尼认为存在一种特殊的电，他称作"动物电"，随后伽伐尼对这种动物电进行了各种实验，发现用不同金属接触蛙腿时，蛙腿都会痉挛，但是用同种金属接触时，蛙腿没有反应，他最终发现，Cu-Zn组合的金属叉子会使蛙腿发生最大的痉挛。1791年，他以《论电对肌肉的作用》为题发表了他的实验成果。

帕维亚大学物理学讲师伏打（A.Volta）[①]读到伽伐尼的论文后进行追加实验，一开始他很相信伽伐尼的"动物电学说"，不久他得知苏尔泽（J.G.Sulzer）发现舌尖同时接触锌板和铜板的一端时，舌尖会有刺激感的消息后，在1792—1797年间做了大量实验，确定了所谓的"动物电"与不同的金属接触有关，由此与伽伐尼开始了学术论争。伏打设计了灵敏的检电器，并将各种金属进行接触实验。1796年他发现了金属的电压序列（伏打序列）：锌—锡—铅—铁—铜—白金—金—银—石墨—木炭，再度试验后于1797年订正为：锌—铅—锡—铁—铜—银—金—石墨，在这一序列中，当前面的与后面的金属在电介质中相接触时，前面的带正电，后面的带负电。

---

① 意大利物理学家A.Volta在中国有两个汉译名，除"伏打"外，电压单位为"伏特"。

并发现任意两种金属间的电位差，等于中间所有电位差之和。1799年9月，他将铜板和锌板中间夹以纸板浸入盐水中，制成了最早的电池进行实验，为了获得更高的电压，他将这种电池多层叠加，用导线引出正负极。这种电池组被称为"电堆"，伏打将之称为electromotor，并于1800年3月将实验结果写信告诉了英国皇家学会会长班克斯（J.Banks）爵士，由此导致了19世纪人们对电磁现象的研究和各种电池的发明。

在对"伽伐尼电"的解释方面，伏打提出了与动物本身无关的因不同金属相接触的"接触说"。同一时期，德国物理学家、化学家里特（J.W.Ritter）也证明"伽伐尼电"与动物无关，提出强调溶液作用的"化学说"，这两种学说曾进行过长期争论。

电堆出现后，引起一些科学家对电流的研究。德国物理学家欧姆（G.S.Ohm）自己动手制作实验器具对电流进行实验，他受1822年法国数学家傅立叶对热传导研究的影响，将电流比作热的流动（热素的流动），两点间热的移动要有温差，还涉及物质的导热度（导热系数），由此认为电流的形成也需要两点间存在电位差，还受传导电流的物质的电传导度（后来的电阻）的影响。他在实验中使用了德国物理学家、柏林大学教授波根道夫（J.C.Poggendorff）发明的将线圈与磁针组合检验电流的装置。开始时使用伏打电堆，因电压不稳而未能成功，后来使用塞贝克（T.J.Seebeck）的热电金属偶对做电源才获得成功[①]，1827年，欧姆比照热力学中温差、热传导率、热流量概念，提出电动势E、电传导度R、电流强度I概念。欧姆的成果在发表之初不但未得到学界认可，反而丢掉了大学教师的职位。1841年后，他的成果才被英国皇家学会认可，并被接收为会员。

图9-10　欧姆

---

① 1821年，德国的塞贝克发现将两种相互接触的金属加热或冷却时会产生微弱电流，由此发现了热电效应。

4. 电流的磁效应

1820年，丹麦哥本哈根大学的奥斯特（H.Ch.Oersted）发现了电流的磁效应。当时还没有"电流"概念，他认为用导线将伏打电堆两个电极相连，正负电荷会发生冲突而中和，并将这情况称作"电荷相克"（electric conflict），他发现在此过程中，导线周围会产生对磁针发生作用的空间，电力与磁力得到结合，电磁学由此而产生。

奥斯特的这一发现在欧洲科学界产生很大反响，担任巴黎天文台台长的法国天文学家、物理学家阿拉戈（D.F.Arago），向法国科学院报告了这一消息。听到这一报告后，巴黎理工学院的安培（A.M.Ampère）即开始研究通电直导线间磁力相互作用问题，由此发现了安培定律。1823年安培将其成果以《基于实验而推导的电动力学现象的数学理论》（Theorie Mathematique des Phenomenes Electrodynamiques Uniquement Deduites de l'experience）为题发表，创用"电动力学"（electrodynamics）一词，并认为电磁力的作用是一种超距作用。阿拉戈则通过通电线圈中放置的铁芯被磁化直接研究了电流的磁效应。法兰西学院教授毕奥（J.B.Biot）与萨伐尔（F.Savart）则进行了电流产生磁力的研究，他们成功地将电流与所产生磁力的大小、方向用数学模型加以表示。1820年10月和12月，他们将研究成果在法国科学院作了报告。

1849年后，莱比锡大学的物理学教授韦伯（W.E.Weber）提出了电流强度和电磁力的绝对单位，高斯在韦伯的协助下提出了磁通量的绝对单位，使以牛顿力学超距作用为基础的电动力学体系化。

1856年，韦伯与科尔劳施（R.Kohlrausch）完成了电量的电磁单位与静电单位之间关系的测量，得到的比值即是真空中的光速值，这一测量结果给麦克斯韦创立光学电磁理论（光的电磁波说）以启发。

5. 电磁感应

对电磁学做出重要贡献的另一重要人物是英国的法拉第（M.Faraday）。在奥斯特、安培等人对电磁现象研究的影响下，1831年8月29日，法拉第进行了一次重要实验：他在软铁环上绕上两组线圈，一组与检流计相连，一

组与电池相连，当与电池连接的线圈通、断瞬间，
另一组线圈产生了感应电流。他用这种装置又进行
了几次实验，观察当一个线圈电流变化或一个线圈
电流固定，另一线圈相对运动时，与检流计相连的
线圈中的电流变化。他还将线圈与磁铁组合，让两
个线圈相对运动，观察线圈中的电流变化，由此发
现了电磁感应定律。

图9-11 法拉第

法拉第发现电磁感应定律后即转而研究电解。
1837年，他认为电磁作用力是通过中介媒质实现
的，又通过在磁铁四周撒布的铁粉形状提出了"力线"（Line of Force）概
念，认为回路中因磁力线变化而产生电动势，其大小与磁力线数的变化速度
有关，并认为带电体周围空间存在一种实体之物，为此提出"场"的概念。
1850年，法拉第用实验证明了磁体周围磁力线的存在，由此否定了电磁力
的超距作用。法拉第是19世纪科学家中少有的学徒出身自学成才的人物，
他数学能力虽弱，但有很强的实验动手能力，被誉为"最后一个不用数学的
物理学家"，其实验成果汇总于《电学实验研究》（*Experimental Researches
in Electricity*，3卷，1839、1844、1855）中，创用了电极、电解、电解质、
阴极、阳极等电学术语。

1830年，美国普林斯顿大学的亨利（J.Henry）发现在切断线圈电流的
瞬间开关处产生电火花，由此发现了线圈的自感现象。法拉第则于1834年
独立地发现了自感现象。

为了说明法拉第的电磁感应定律，1846年，韦伯以安培定律为基础，
采用了莱比锡大学物理学教授费希纳（G.T.Fechner）1845年所提出的，电
流是由相反运动的等速的数量相同的正负电荷组成的这一假说，提出了数学
表达式。同一时期，德国柯尼希斯堡大学教授诺依曼（F.E.Neumann）也试
图从超距作用的角度将电磁感应定律数学化。

6. 电磁学理论的形成

法拉第有很强的动手能力，但由于未经历正规高等教育，提出的几个

图9-12 麦克斯韦

电学定律经常表现为实验的总结。对电磁感应定律完成解析化的，是英国物理学家麦克斯韦。

麦克斯韦出生于法拉第发现电磁感应定律的1831年，1854年在剑桥大学毕业后即开始对电磁学的研究。虽然他一生短促，但在气体运动论、力学、天体物理、色彩论、热力学、电磁学各领域均有建树。1856年，麦克斯韦发表了关于电磁研究的第一篇论文《论法拉第力线》（On Faraday's Lines of Force），在文中他完成了用数学方式表述电磁现象及力线，构造了麦克斯韦电磁方程式的原型。1862年，发表了第二篇论文《论物理力线》（On Physical Lines of Force），从流体力学模型的角度论述了磁场、静电场及电流，文中引入了位移电流概念，将其作用效果与电流等同对待，计算出电磁力在介质中传播速度为3.10×10^{10}厘米/秒，这个值接近于1849年法国物理学家菲索（A.H.L.Fizeau）对光速的测定值3.14×10^{10}厘米/秒。由此麦克斯韦认为，光与电磁现象具有相同的传播介质，是介质的横振动。1864年麦克斯韦发表第三篇论文《电磁场的动力学理论》（A Dynamical Theory of the Electromagnetic Field），建立了包括20个变量的方程，由此提出了电磁场的基本方程式。1873年，他的电磁理论集大成著作《电磁学》（A Treatise on Electricity and Magnetism）出版。麦克斯韦的电磁理论，摈弃了力的超距传递论，而认为电磁场与光一样，是利用弥漫空间（包括真空）的称作"以太"（Ether）的介质传播的，并认为以太是一种物质实体。

麦克斯韦的3篇论文和专著中，有许多艰奥的数学推演，加之一般人对位移电流概念也很难接受，理论本身也缺乏系统的整理，因此在当时未能很快得到科学界的认同。对科学界承认麦克斯韦理论起了重要作用的，是德国卡尔斯鲁厄大学教授赫兹（H.R.Hertz）对电磁波存在的实验证明。1888年，赫兹用实验证明了空间存在电磁横波，由此为麦克斯韦位移电流的存在提供了实验证据。赫兹于1890年左右对麦克斯韦方程式进行了整理，引入了矢量记法，成为今天的形式。

　　赫兹关于电磁波的实验得到了英国物理学家、利物浦大学教授洛奇（O.J.Lodge）的确认。意大利物理学家、博洛尼亚大学的里吉（A.Righi）则验证了电磁波与光的关系。荷兰物理学家、莱顿大学教授洛伦兹（H.A.Lorentz）进而认为，以太不是一般的物质，而是电磁现象的固有媒质，并从绝对静止以太的角度，构造了运动物体的电磁理论，用运动物体长度随运动速度缩短，来解释迈克耳孙-莫雷实验光速各向同性的结果，由此引起了19世纪末科学界对以太力学结构的探究。

（三）光的粒子说与波动说

　　光学仪器的核心部件是光学透镜，而光学透镜的品质则取决于光学玻璃的质量和后期的成型、研磨与抛光。16世纪以后，欧洲的玻璃制造业已相当发达，到17世纪初，望远镜和显微镜等许多光学仪器被发明出来，促进了科学家对光的本质的探究。

1. 光的本质

　　关于光的本质，古希腊人即有微粒说（毕达哥拉斯和德谟克里特学派）、波动说（亚里士多德）两派观点。近代的微粒说最早是笛卡儿提出来的，他认为光是由大量微小弹性粒子组成的，而意大利物理学家格里马尔迪（F.M.Grimaldi）去世后出版的《发光、颜色和彩虹的物理数学》（*Physico-Mathesis de Iumine*，*Coloridus*，*et iride*，1665）一书，则认为光是一种流体，提出光的波动说。在同年出版的胡克的《显微图谱》（*Micrographia*）中，认为光是发光微粒的小振幅快速振动。

　　将光的波动说发展成理论的是荷兰的惠更斯，他在《论光》（*Traite de la Iumière*，1690）

图9-13　惠更斯

237

一书中，认为光是在某种特殊媒质中传播的波，与声波类似，这种媒质是由坚硬的本身不运动的弹性微粒组成的"以太"。在传播光时，每个微粒都会变成一个球形子波中心，即波动光学的惠更斯原理：一个波阵面上的每一点都是一个基元子波的中心，由此可以很好地解释光的反射和折射。

惠更斯在研究方解石双折射现象时发现了光的偏振现象，然而用波动说却无法圆满地给出解释。牛顿发现行星在充满以太的太空中的运动并未受以太的影响，对以太发生疑问而倾向于光的粒子说。

进入19世纪后，在英国和法国科学家的努力下，牛顿的颜色理论与惠更斯的波动说，在严密的数学理论基础上得到结合，波动光学形成严密的数学逻辑体系，其影响一直到现代。

图9-14 托马斯·杨

英国医生、物理学家托马斯·杨（Thomas Young），认为光是类似于声音的一种波动，整个宇宙空间充满了具有弹性的以太，以太也渗透到各种物体内部，光是发光体在以太中激起的波动，光的颜色取决于光波动的频率，依此提出了著名的光的干涉原理。根据干涉原理解释了牛顿环现象，并通过实验测得红光和紫光的波长。在1800年发表的《在声和光方面的实验与问题》（Outlines of Experiments and Inquiries Respecting Sound and Light）和1802年发表的《光和色的理论》（On the Theory of Light and Colour）中，详细阐述了他的这些观点。但是由于托马斯·杨的光学理论缺乏足够的数学推演而未能引起当时学界的重视。直到10年后，曾担任土木技师的法国物理学家菲涅耳（A.J.Fresnel），用严密的数学推演将托马斯·杨的干涉原理与惠更斯的波动理论结合起来，托马斯·杨的光学理论才在欧洲科学界得到承认。

1821年，菲涅耳通过对光的偏振现象的实验，提出光具有横波性，并由此圆满地解释了光的偏振、反射与折射、双折射等现象。然而这一问题为当时的科学界提出一个无法解释的难题，因为横波只能在固体中传播，那么光在宇宙空间以太中的传播，以太只能是一种固体而不是惠更斯设想的极稀薄的流体。到20世纪初量子力学创立时期，科学界才弄清关于光的本质问题，即光是一种电磁辐射，具有微观粒子的波粒二象性。

2. 光速测定

19世纪中叶后，一些科学家设计了各种方法，对光速进行了测定。1849年，法国物理学家菲索用转动齿轮法测得光速为C=315300±500千米/秒。1850年，菲索和巴黎天文台物理学教授傅科（J.B.L.Foucault），用旋转平面镜法测得光速为C=298000±500千米/秒，傅科还用这套装置测得光在水中的速度小于在空气中的速度，由此进一步支持了光的波动说。美国实验物理学家、芝加哥大学教授迈克耳孙（A.A.Michelson）用旋转平面镜法在不断改进实验条件的情况下，对光速进行了长年的测定实验，1926年他发表的结果是C=299766±4千米/秒。

第十章
近代自然科学的形成
——天文学·地学·化学·生物学

一、天文学与地学

（一）太阳系起源的星云假说

在古代，许多民族不断地对宇宙或从神话、或从猜测、或从观察的角度进行探究。在欧洲，哥白尼的《天体运行论》出版之后，经布鲁诺（G.Bruno）、伽利略、开普勒等人的努力，日心说已成为科学界的共识。牛顿万有引力定律的提出，使天文学进入了天体力学时代。到18世纪，关于太阳系起源的假说被提出。

18世纪，由于天文望远镜的不断改进，关于太阳系的观测知识开始丰富起来，天文学家发现行星轨道几乎处于同一平面上，而且所有行星绕太阳运转的方向都相同，其轨道都是接近圆形的椭圆，更发现了一些云雾状的星云。在这些发现的基础上，德国哲学家康德（I.Kant）于1755年发表了《自然通史及天体理论》（*Allgemeine Natur Geschichte und Theorie des Himmels*），这是一本部头不大的小册子，译成中文仅10万字左右。在该书中，康德提出了关于太阳系起源的"星云假说"。

康德在该书第一部分中论述了恒星的规则性结构，认为宇宙中存在无数的"太阳系"，所有的"太阳"（恒星）都在绕一个中心运转。

图10-1　康德

在第二部分，他阐述了天体的形成、天体运动原因及相互间的关系。他认为，太阳系起源于运动着的物质微粒所构成的星云，在这弥漫的星云中，微粒运动从开始的混沌状态逐渐向同一方向旋转形成旋涡，微粒密度大的地方逐渐形成引力中心，速度小的微粒受引力中心的引力落到中心团块上，最终形成太阳。整体运动逐渐成为盘状，速度大的团块保持了与中心引力的平衡而形成各行星，在这些行星的形成过程中，也会因类似情况而形成各自的卫星。在这一部分，还论述了彗星的起源、黄道光、土星环；最后设想了不同行星上居民的状况。

康德提出的星云假说，可以很好地解释太阳系各行星的同向性、共面性和轨道的近圆性。同时，该书也是"宇宙生物学"的最早论著。

康德早年学习自然科学，而他关于宇宙论的学说，虽然有一定的天文知识背景，但有很强的自然哲学的猜测性和思辨性。由于他太年轻，他的著作在当时并未引起人们的注意，后来他转向哲学研究，成为德国古典哲学的主要创始人。

直到40多年后，法国数学家、天文学家拉普拉斯（P.S.Laplace）独立地提出了关于太阳系起源的星云假说后，人们才注意到康德早年的工作，后来将这两个假说合并称为"康德－拉普拉斯关于太阳系起源的星云假说"。事实上，康德和拉普拉斯的著作，所论及的已远远超出太阳系而涉及范围更广的宇宙空间。

1796年，拉普拉斯的《宇宙体系论》（*Exposition Du Système Du Monde*）出版，该书共5篇51章。拉普拉斯充分运用了当时的力学知识，对太阳及其行星、卫星、彗星的运动状态作了全面的分析，还研究了潮汐、大气、地球形状及表面重力的变化，最后总结了自古以来的天文学历史。

一般认为，拉普拉斯在这部书中独立地提出关于太阳系起源的学说，实际上，该书

图10-2　拉普拉斯

正文主要研究了太阳系各天体的运动及其原因，只是在书后7个附录中的最后一个不长的小文中提出了太阳系的起源问题。

拉普拉斯与康德一样，认为太阳系起源于一团原始星云，但拉普拉斯认为原始星云不是固体微粒而是炽热的气体，"在我们所假想的太阳的原始状态里，它像我们在望远镜里所看见的星云，它是周围有星云气的、或亮或暗的一个核所构成。当周围星云气向核的表面凝聚时便变成一颗恒星。如果按类比推理，认为恒星都是这样形成的，我们可以想象在上述星云气状态以前，还有其他状态，星云物质愈早愈弥散，而核心也愈早愈暗淡。追溯到尽可能早的时候，便可达到异常弥散的星云气，以致我们几乎怀疑其存在"[①]。

由于拉普拉斯在欧洲科学界的名声，他的这本书问世后，很快引起了社会反响，由此对欧洲长期流行的关于自然的神创论思潮产生了巨大冲击。值得注意的是，近代自然科学从产生后到18世纪末，已经从以观察为主的收集资料阶段进入研究阶段，各类自然事物的起因、形成的历史成为科学界关心的问题。

（二）岩石成因

随着欧洲采矿业的发展，关于矿石、岩石、化石的知识开始丰富起来。其中，关于岩石的成因问题到18世纪末19世纪初形成了水成论和火成论两派对立的学术观点。

以德国地质学家、弗赖堡矿业学校教授维尔纳（A.G.Werner）为首的水成论学派认为，地壳中一切矿床和岩石都是在原始海洋中经结晶、化学沉淀、机械沉积而形成的。维尔纳一生致力于对矿物和岩石的记录与整理，称其成因方面的学问为"地球构造学"（geognosie），他认为地球水位的下降才使岩石圈较高部分形成山脉和陆地。

---

① ［法］皮埃尔·西蒙·拉普拉斯：《宇宙体系论》，李珩译，上海译文出版社2001年版，第444页。

火成论创始人是英国地质学家赫顿（J.Hutton），1795年他发表了两卷本的《地球的理论及其证据和解说》（*Theory of the Earth，with Proofs and Illustration*）后，很快形成关于岩石起源的"火成论"学派。该学派认为，地球内部充满熔融的岩浆，岩浆喷发后形成花岗岩等岩石；结晶岩是地下深处熔融物质上升到地表结晶后形成的；层状岩石是海底沉积物受上部压力和地心热力作用，固结成岩后抬升，形成陆地。近代火山学创立者法国火山地质学家德马雷（N.Desmarest）沿着玄武岩层追寻至火山口，证明玄武岩是火山喷发的岩浆冷却形成的。英国地质学家霍尔（J.Hall）为证明火成论的正确性，进行了熔化火山熔岩使之缓慢冷却形成玄武岩，将石灰石密闭加热制造结晶质碳酸岩，熔融玻璃缓慢冷却结晶形成不透明体等实验，由此对火成论产生了强有力的支持。

两派经过长时间的学术论争，虽然一度火成论者大占上风，但最后大家发现，地质中绝大多数岩石是火成岩，不过也有不少种类的岩石如砂岩、页岩是水成岩。

（三）化石成因

当时，欧洲的采矿业正处于迅速发展之中，矿井愈掘愈深，大量被埋藏地下的古生物化石被发掘出来，同时人们发现不同地层中出土的化石是不同的，化石似乎是分层埋葬的。

古生物学奠基人、曾担任巴黎大学校长的法国古生物学家居维叶（G.Cuvier），于1812年出版《地球表面的革命》（*Discours Sur Les Revolutions De La Surface Du Globe*）一书，根据不同地层中化石种类的不同，他认为地球在历史上曾发生过多次大的洪灾，每经一次洪灾，旧的生物灭绝，新的生物产生，由此创立了关于化石成因的灾变论。

1830—1833年间，近代地质学创始人英国地质学家伦敦大学教授赖尔（Ch.Lyell），发表了三卷本的《地质学原理》（*Principles of Geology*），其副标题为《以现在还在起作用的原因试释地球表面上以前的变化》。书中用大量资料证明地球表面上的一切自然物和自然过程都是缓慢变化的，地质的演进是一个长期渐进性的积累过程，认为灾变论过分地低估了过去时间的长度，对自然界的各种作用力量和程度都夸大了，由此创立了关于化石成因的渐变论。

这两个学派经历了长年的论争，由于居维叶的过早去世似乎渐变论占了上风，而且恩格斯也对居维叶的灾变论给予了激烈的批判。总体看来，赖尔的渐变论对地球整体的演变是正确的，但在这漫长的演变中也不能排除个别时段、个别地区的灾变。当代根据对生物化石的统计分析，历史上生物出现过五次大灭绝，如在晚白垩纪就有75%的物种灭绝，其中哺乳动物有50%的属灭绝。

赖尔的渐变论的地质学思想影响了达尔文进化论的创立。

二、无机化学与有机化学

（一）从燃素说到原子论

化学起源于古代的炼金术，到16世纪炼金术在欧洲发展成医药化学。1661年，英国玻意耳的《怀疑的化学家》(*The Scepical Chemist*)出版，书中研究了气体，强调化学实验的重要性，并通过化学分析提出了元素的定义。一般认为，近代化学作为一门学科由此得以确立。

1. 燃素说

17世纪后形成的关于化学反应和燃烧的燃素说，在欧洲科学界曾是占统治地位的"基本理论"，许多化学家在这一理论指导下完成了一些重要的科学发现。

这一理论最早是德国美因兹大学医学教授贝歇尔（J.J.Becher）创立的，1669年，他提出可燃物质中含有硫黄性的油性原质（terra pinguis），物质燃烧时会释放出来。18世纪初，他的学生斯塔尔（G.E.Stahl）发展了这一燃烧理论，认为可燃物含有燃素（用表示"可燃之物"的拉丁化的希腊语phlogiston表示），燃烧就是燃素放出的过程，使燃素说成为一种化学理论。当时对焦炭、木炭炼铁，用燃素说可以很好地做出说明：含有燃素的燃料加热后放出的燃素，与容易与之结合的金属灰（金属氧化物、矿石）结合而变成金属。这一朴素易被人接受的学说，在欧洲很快被学界所接受，有人就用燃素说描述了炼铁过程中的化学反应，并认为生铁失去过剩的燃素就变成钢，再进一步失去燃素就变成熟铁。

燃素说存在的最大问题是其重量问题。金属灰化（氧化）过程中应放出燃素，然而这些金属灰（金属氧化物）反而重了。斯塔尔曾提出燃素具有负重量，但是木炭燃烧后，木炭灰的重量轻了，说明燃素应有正的重量，这使得许多人在进行化学研究中陷入混乱。

18世纪后半叶，人们在燃素说理论指导下研究了气体、空气和水并出现了许多重要研究成果。英国的布莱克（J.Black）1754年通过煅烧石灰石发现了一种与空气化学性质完全不同的气体，称为"固定空气"（CO_2），由此使人们认识到空气之外还存在着其他的气体。1766年，英国化学家、物理学家卡文迪许发现稀酸与金属反应会放出一种易燃且比普通空气至少轻9倍的气体，他将其命名为"可燃烧性空气"（H_2）。1772年布莱克的学生卢瑟福（D.Rutherford）发现了"怠惰气体"（N_2），他认为空气不是元素，是"火的空气"（氧）与"怠惰空气"一比三的混合物。英国化学家、牧师普里斯特利（J.Priestley）于1774年加热朱砂获得一种气体，他命名为"脱燃素空气"（O_2），并将不助燃的氮命名为"被燃素饱和的空气"。后来，化学家又发现了氯化氢、二氧化硫、一氧化碳、硫化氢、氧化氮等多种气体。这些气体的发现使人们认识到空气是一种混合物，否定了当时科学界把空气当作一种元素的错误认识。

在对水的研究方面，普里斯特利于1781年用电火花将可燃性空气（H_2）与脱燃素空气（O_2）生成水，后经卡文迪许进一步实验弄清了水是2.2倍的可燃性空气（H_2）与1倍的脱燃素空气（O_2）结合而成的。至此，人们认识

图 10-3 拉瓦锡及其夫人

到水是一种化合物。

2. 拉瓦锡的《化学纲要》

在上述研究中，许多人坚持用燃素说解析其化学研究，例如，卡文迪许对水的合成进行了精密实验，但他认为水是一种元素，氧是夺得燃素的水，而氢是燃素过剩的水。真正否定燃素说的是法国化学家拉瓦锡（A.L.Lavoisier），他于 1789 年出版的《化学纲要》（*Traite Elementaire de Chimie*）一书中，全面否定了燃素说，建立了正确的燃烧理论，对元素概念给出明确的规定，奠定了近代化学的基础。

拉瓦锡自 1768 年开始研究化学，通过精密的实验和对前人成果的总结，于 1777 年提出化学反应中的质量守恒定律。同年开始研究燃烧理论，他用在密闭容器中加热金属，其总体重量不发生变化的实验，否定了玻意耳提出的金属在空气中加热灰化（氧化）中重量增加是因为吸收了"火的粒子"这一错误结论，证明金属灰化是结合了空气中的一种特殊气体。1774年，普里斯特利到巴黎将他发现的"脱燃素气体"（氧）告诉了拉瓦锡，拉瓦锡于 1775 年认为氧是空气中存在的一种元素（一开始称作"高纯度空气"，后来改为 oxygene）。1777 年，瑞典化学家、乌普萨拉大学制药厂的舍勒（K.W.Scheele），弄清空气是由支持燃烧的氧和不支持燃烧的氮所组成，拉瓦锡进一步实验，得出其体积比为 1:3，普里斯特利实验后则得出体积比为 1:4 的正确结论。

然而，拉瓦锡对燃素说的否定和创建的新燃烧理论并未能很快被人们所接受，而是遭到卡文迪许和普里斯特利等人的坚决反对。1794 年，普里斯特利移居美国后还发表支持燃素说的论文，成为燃素说最顽固的支持者。但拉瓦锡的理论受到法国科学家贝托莱、英国化学家布莱克等人的支持。在《化学纲要》一书中，拉瓦锡将元素定义为在化学分析中不可再分的物质，并列出包括光、热、石灰在内的有33种元素的化学元素表（真正的元素为23种）。他出身豪门，又身兼国王路易十六（Louis XVI）的包税官，51岁时在法国大革命时期被革命群众处以绞刑（1794）。

3. 道尔顿的原子论

旅居西班牙的法国化学家普鲁斯特（J.L.Proust）于1799年通过化学分析，发现碳酸铜中铜（Cu）、碳（C）、氧（O）的重量比为5:1:4，由此发现了定比定律。早年行医，后转攻化学的沃拉斯顿（W.H.Wollaston）提出"当量"概念。在这些发现的基础上，英国气象学家、化学家道尔顿（J.Dalton）于1808年出版《化学哲学的新体系》（A New System of Chemical Philosophy），提出了近代原子论。

道尔顿早年担任乡村小学教师，靠自学开始了科学研究生涯。1802年他在研究空气的压强时，发现混合气体各成分并不互相影响，其压强等于各成分单独存在时的压强之和，由此发现了分压定律，进而又对氮的氧化物进行研究，发现了化合物的倍比定律。他以拉瓦锡的元素概念和牛顿力学的粒子概念为基础，根据普鲁斯特于1799年发现的定比定律和自己发现的倍比定律，认为存在保持元素固有性质的不可再分的粒子，即原子。就原子论而言，人类认识已经历了古希腊德谟克里特的自然哲学原子论、近代牛顿的力学粒子论，道尔顿的近代原子论（化学原子论）的提出为近代化学的发展奠定了基础，也是人类对自然认识的一大进步。

然而道尔顿在其原子论学说中有一个错误的认识，他认为原子间的化合是1对1的，即所结合的原子数是1对1的关系，他称之为"最大的单纯性"，由此认为水为HO，氨为NH。指出这一错误的是意大利托里诺大学的物理学教授阿伏伽德罗（A.Avogadro）。1811年，他提出在同温同压下，一切气体在同容积中具有相同的气体粒子数（分子数），即阿伏伽德罗定律，反对当时流行的气体分子由

图10-4　道尔顿

单原子构成的观点，认为氮气、氢气、氧气都是两个原子组成的气体分子，由此确立了阿伏伽德罗分子假说。安培于1814年也提出同样的假说，但道尔顿等一批科学家不承认阿伏伽德罗定律，直到1860年在卡尔斯鲁厄举办的国际化学大会上，阿伏伽德罗定律才得到科学界的认可。

（二）有机化学的兴起

从19世纪30年代至60年代，是近代有机化学的形成时期。在这一过程中，德国和法国起了重要作用。

"有机化学"一词，最早是瑞典科学院院长、化学家柏采留斯（J.J.Berzelius）于1806年提出的，当时认为有机物具有内在的生命力是不可能合成的，这一观念在1828年被打破。1824年，德国化学家、格廷根大学教授维勒（F.Wohler）研究氰酸铵的合成，他将氰气通入氨水中时，发现有白色有机物沉淀。此后用了几年时间进行实验研究，最终证明这种白色沉淀物是尿素。1828年，维勒用无机物直接合成了有机物尿素，这对当时认为有机物具有特殊生命力（Vital force）的神秘主义思潮产生重大冲击，此后有机化学在柏采留斯及维勒、李比希等人的努力下得到迅速发展。

有机物是由有限的几种元素组成的复杂化合物。对有机物的研究，始于元素分析，即某类物质是由哪些元素的原子组成的，始于对同分异构性的认识。

1825年，德国化学家李比希发表了与其老师法国化学家盖－吕萨克（J.L.Gay-Lussac）合写的关于对雷酸银进行元素分析的论文，同一时期，维勒发表了对氰酸银进行元素分析的论文，二者结果几乎一样，而且英国的法拉第也有同样的发现。柏采留斯将这种化学元素相同但结合方式不同而形成不同物质的现象，称作同分异构性（1830）。

此前，从巴黎留学回国的李比希与同事共同开办了化学药学研究所，李比希制作了各种化学分析的装置开展了化学实验。1832年，他发现某一化合物（苦扁桃油）变成其他化合物（苯甲酸）时，其原子集团的基（苯基

C_7H_5O-）在与其他原子结合或分离时不发生变化。1834年，李比希又发现了乙基（$-C_2H_5$），迪马（J.B.Dumas）发现了甲基（$-CH_3$），由此认为有机化合物是由称作基的原子团与其他基或原子结合而成的。由于当时人们还不了解分子中原子的排列，分子的结构式还表示不出来，因此他们的这一结论受到一些化学家的反对而发生争论。

图10-5 凯库勒

这一争论，因对原子价研究的进展而获解决。德国化学家凯库勒（F.A.Kekule）于1858年提出碳的原子价为4并构造了碳原子的初步模型，曾任法国外交部部长的化学家贝特洛（P.E.M.Berthelot），致力于有机化合物的合成，创用"化学合成"这一术语，合成甲烷（1856）、乙炔（1859）。凯库勒进而于1865年弄清了苯（C_6H_6）的环状结构，由此"结构化学"这一术语开始出现。

分子结构学说促进了染料合成的进步。此前，1856年英国的工业化学家帕金（W.H.Perkin）无意中合成了最早的苯胺染料苯胺紫，此后以炼焦副产物煤焦油为原料的合成染料工业迅速兴起。1868年，德国化学家格雷贝（C.Graebe）合成茜素红，1878年德国化学家、慕尼黑大学教授拜耳（A.Baeyer）合成靛蓝，由此红、蓝两大系列染料开始用化学合成方法生产出来。

催化剂的发现是有机化学发展中的一个重要事件，1812年德裔俄国药剂师、化学家基尔霍夫（G.S.C.Kirchhoff）发现，在淀粉溶液中加稀硫酸加温转化成糖的过程中，酸本身未发生变化。1814年，发现麦芽提取物也具有这种作用。1834—1836年间，不少研究发现，有些物质不参与化学反应但能促进反应，柏采留斯称之为触酶（katalytische，即催化剂），并认为，活的动植物组织和体液间，存在众多的催化过程，在这过程中生成了各种各样的由化学元素组成的物质。

（三）化学元素周期律

随着19世纪前半叶有机化学的发展，科学界知道的有机化合物数量迅速增加，同时新发现的元素数量也在增加。拉瓦锡时期，人们所掌握的元素数仅为23个，1828年柏采留斯发现钍时，元素数达到54个，到1850年化学界所掌握的元素数为59个。到19世纪60年代末，许多人发现各元素之间呈现一定的规则，由此导致化学元素周期律的发现。

1860年，在卡尔斯鲁厄的国际化学大会上，确定了原子量的基准，这对阐明化合物的化学结构起了重要作用，也为元素周期律的发现作了准备。

早在1815年英国医生普劳特（W.Prout）发表的匿名论文中，就指出各元素的原子量是元素中最轻的元素氢的整数倍，这一假说已暗含了一切元素的原子都是氢原子的集合的思想。这一假说虽然得到许多化学家的支持，但对后来发现的氯的原子量为35.5、镁的原子量为24.5却无法解释，这一问题直至数年后同位素的发现才得以解决。

最早认识到各元素原子量间有一定秩序的是德国化学家、耶拿大学教授德贝赖纳（J.W.Döbereiner）。1829年，他发现三元素组的现象，如锂（Li），钠（Na），钾（K）；氯（Cl），溴（Br），碘（I）；硫（S），硒（Se），碲（Te）等，中间元素的原子量大体等于两边元素原子量的平均值。由于当时原子量、分子量、当量的概念还比较混乱，而未引起化学界的普遍重视。1862年，法国地质学家尚古尔多阿（A.E.B.Chancourtois）发现，元素按原子量顺序呈现圆筒图形并列，而表现出周期性，他称为"地螺旋现象"（Telluric Helix Vistelluriqie）。1865年，英国化学家、糖厂技师纽兰兹（J.A.R.Newlands）发现各元素按原子量顺序排列呈现一定的规律性，他将当时所发现的元素每8个纵向排列，发现横向各元素有类似化学性质，他对比乐音音阶称作"八音律"。虽然他们的这些发现未引起科学界的太多注意，但正是由于这些人的努力，推动了门捷列夫元素周期律的发现。

俄国化学家、彼得堡大学教授门捷列夫（Д.И.Менделеев）于1869年提出了他最早的化学元素周期表，1869—1871年间，他写作《基础化学》

（*OCHOBAЯ XИMИЯ*，2卷），其中记载了他的化学元素周期表。

图10-6　门捷列夫

　　与门捷列夫发表化学元素周期表的同一年稍晚，德国化学家、蒂宾根大学教授迈尔（J.L.Meyer）发表论文《作为原子量函数的化学元素本性》（Die Natur der chemischen Elemente als Funktion ihrer Atomgewichte），其中也列有自己编排的化学元素周期表，并阐述了化学元素的性质是其原子量的函数。可以说，化学元素周期律是门捷列夫和迈尔各自独立发现的，但门捷列夫利用周期表预见了当时尚未发现的元素，为后来人们发现新的元素提供了理论线索，因此，现在一般将发现化学元素周期律归功于门捷列夫。

　　化学元素周期律揭示了自然界中各种元素间的内在联系，反映了元素间的普遍联系性，其科学意义、哲学意义都是巨大的。

三、细胞学说、进化论、遗传学与微生物学

（一）细胞学说

　　1665年出版的胡克的《显微图谱》中，记载了他用显微镜观察软木塞切片看到的蜂房组织，他称为cellar（英文cell），即细胞，可惜并未引起人们的重视。到19世纪中叶，细胞学说在德国的植物学家施莱登（M.J.Schleiden）和生理学家施旺（Th.Schwann）的努力下，才开始建立起来。

　　施莱登在植物学研究中，摆脱了历来仅注重形态学的不足，而是从物

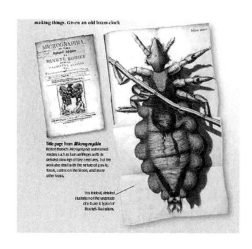

图10-7　胡克的《显微图谱》

理学的因果分析法入手，去寻找构成生物的基本单元。他研究了植物细胞的形成过程，从结晶学的角度，认为细胞的形成如同结晶的形成，于1838年发表了题为《植物发生论》（Beiträge zur Phylogenesis）的论文，认为"达到某种高水平的植物，是由完全独立的具有个体性的细胞集合而成的集合体"。他明确提出，植物的基本单位是细胞。

施旺接受了施莱登的这些思想，于1839年发表论文《关于动物与植物的结构与生长一致性的显微镜研究》（Mikroskopische Untersuchungen über die übereinstimmung in der Struktur und dem Wachstum der Tier und Pflanzen），提出了包括动物和植物在内的一切生物的细胞说。其后经许多生物学家的进一步研究，明确了植物和动物在结构上的同一性，并纠正了施莱登等人的错误，认识到细胞的生成是由细胞的分裂完成的，此后对生命现象的研究开始建之于细胞学说的基础之上。德国病理学家微尔和（R.C.Virchow）将细胞学说引入病理学，研究疾病与细胞变化的关系，1858年提出著名的"细胞来源于细胞说"。

（二）生物进化论

自古以来，人们就注意到地球上的生物有一定的类缘关系，但直到19世纪后，受法国启蒙思想影响的法国皇家植物园的拉马克（J-B.Lamarck）和曾担任巴黎大学校长的法国古生物学家居维叶，才开始了系统的思考与研究。

居维叶认为，生物进化是由于"天变地异"（灾变）造成已有生物的灭绝和新的生物的产生；而拉马克则认为，生物进化过程是由于生物器官的"用进废退"及"获得性遗传"造成的，由此提出了"用进废退说"。他在1809年出版的《动物哲学》(*Philosophie Zoologique*，2卷)中提出，经常使用的器官不断发达，不经常使用的器官会退化、消失。1815年，拉马克开始写作《无脊椎动物志》(*Histoire Naturelle Des Animaux Sans Vertébres*)，1821年77岁双目失明时已完成前9卷，之后口述完成后两卷(1822)。书中提出："生物个体一生中所获得的性状，会通过繁殖而传给子孙后代个体。"并认为，生物会能动地通过主体的作用而达到进化。拉马克的生物进化学说，受到居维叶及其弟子的强烈反对。

英国产业革命之后，国力十分富足，派出许多探险队、考察船到世界各地去进行科学考察。早年在爱丁堡大学学习医学后转入剑桥大学学习神学的达尔文(Ch.R.Darwin)，1831年大学毕业后担任英国海洋测量船"贝格尔号"的神父，随船到中南美、澳大利亚、南太平洋航海考察达5年之久。由于达尔文早年即受英国经济学家马尔萨斯(Th. R. Malthus)《人口原理》(*An essay on the Principle of Population as It Affects the Furure Improvement of Society*，1798)中关于生物的生存受环境影响的启示，这次长时间的航海更为他后来的进化论思想形成提供了重要的条件。他认真观察和分析了加拉帕戈斯群岛(厄瓜多尔)的生物形态与分布，以及个体的变异，于1859年出版了进化论的重要著作《物种起源》(*The Origin of Species*，全名为《通过自然选择的物种起源》)，提出自然界生物间存在着自然选择和生存竞争——"物竞天择，适者生存"[①]，之后又完成了《动物和植物在家养下的变异》(*The Variation of Animalsand Plants Under Domestication*，1868)和《人类的由来及性

图10-8　达尔文

[①]　中国近代启蒙思想家严复，将英国生物学家赫胥黎《进化论与伦理学》(*Evolution and Ethics*)一书译成汉文后，书名定为《天演论》，其中将生物间的自然选择和生存竞争归结为"物竞天择，适者生存"。

选择》。

自然选择说的思想，不仅是达尔文，另一位曾在南亚从事生物考察的英国生物学家华莱士（A.R.Wallece），自1848年用了4年时间在南美考察中，也形成了生物进化的思想，创立了自然选择说，并提出关于动物分布的"华莱士线"。

对人类起源说做出重要贡献的是曾担任英国皇家学会主席、以研究海产动物著称的英国生物学家赫胥黎（T.H.Huxley），他积极拥护并宣传达尔文学说，认为人是由类人猿进化而来的，人与猿有共同的祖先，并于1853年出版专著《人类在自然界的位置》（*Evidence as to Man's Place in Nature*），进一步宣传进化论。

1852年，英国社会学家斯宾塞（H.Spencer）发表论文《进化的假说》，将"优胜劣败，适者生存"的自然进化理论应用在社会学理论上，认为在国家间、民族间也存在这一原理，首次提出社会进化论思想。

英国科学家和探险家高尔顿（F.Galton）于1869年出版的《遗传的天才》（*Hereditary Genius*）一书中，通过对政治家、作家、诗人、音乐家、画家等社会名流家世的调查，认为人的才能也是遗传的。"优生学"（Eugenics）是他在1883年的著作《关于人类的能力及其发展研究》（*Inquiries into Human Faculty and Its Development*）中提出的，他称为"改良血统的科学"。他最早提倡在犯罪认证中采用指纹鉴定（1892）。

（三）遗传学

奥地利生物学家、修道院司祭孟德尔（G.J.Mendel）自1856年至1864年8年间用豌豆进行植物杂交实验，发现了植物遗传中的"优性规律""分离规律"和"独立规律"，即孟德尔遗传定律。1865年发表了他的研究结果，次年在布吕恩自然科学学会上，发表了以《植物杂交实验》（Experiments on Plant Hybridization）为题的研究论文，强调了植物遗传的规律性，认为生物性状的遗传是由遗传因子控制的，并提出了遗传因子的分离和自由组合定律。但由于当时生物学界对其繁复的科学推理和数学计算不感兴趣，并未得到生物学界的认可和重视。直到1900年，荷兰、德国和奥地利的科学家几乎同时宣布重新发现了孟德尔遗传定律，不久后又发现了遗传物质DNA，现代遗传学开始形成，孟德尔被誉为"现代遗传学的奠基人"。

（四）微生物学及其医学应用

图10-9　孟德尔

19世纪中叶，随着化学的进步，直接促进了生物学、医学的发展，出现了用染色方法进行细胞学的研究。

1875年，德国动物学家赫特维希（O.Hertwig）将细胞核染色研究了海胆的受精和核分裂，弄清了染色质个数在不同的生物中是一定的。1888年，德国解剖学家瓦尔代尔－哈尔茨（H.W.G.Waldeyer-Hartz）提出"染色体"这一术语。此后，染色方法在病原微生物的发现中得到广泛应用。

19世纪后半叶，生物学界开展了对细胞内原形质的物理化学研究，同时，微生物的研究也取得重大进展。法国细菌学家巴斯德（L.Pasteur）于1857年发现消旋酒石酸和牛乳发酵均是由发酵微生物引起的，并通过实验否定了"微生物自然发生说"（1861）。1865年，英国外科医生利斯特（J.Lister）在巴斯德研究的基础上，为防止手术感染发明了石炭酸消毒法，并获得成功。

1876年，德国细菌学家、细菌学创始人柯赫（R.Koch），发明了使用固体培养基的"细菌培养法"，分离并成功培养炭疽病的病原体炭疽杆菌，确立了特定细菌引起特定传染病的病原菌学说。之后许多病原菌相继被发现，特别是1878年德国细菌学家埃尔利希（P.Ehrlich）设计出用显微镜观察被色素染色的细菌的方法后，柯赫用这种方法发现并培养出结核杆菌（1882—1990）和霍乱菌（1884）。德国卫生学家勒夫勒（F.A.Löffler）发现了白喉

图 10-10　巴斯德

杆菌（1884）、猪丹毒杆菌（1885）、鼠疫杆菌（1891），并预言了白喉毒素的存在。法国细菌学家耶尔森（A.E.J.Yersin）在中国香港发现了鼠疫杆菌并制成治疗鼠疫的血清（1894），日本的志贺洁发现了赤痢菌（1894）。与此同时，各种传染病的预防方法和治疗方法的研究也获得进展。1880年，巴斯德发现给鸡注射灭活性鸡霍乱菌后，鸡对鸡霍乱菌产生免疫性。第二年用同样方法给绵羊进行炭疽病预防接种获得成功，进而成功制成狂犬病疫苗（1885）。这样，英国医生詹纳（E.Jenner）在18世纪末开发的接种牛痘预防天花的免疫接种法，得到了科学的解释。

随着对病原体微生物的毒素及抗毒反应研究的进展，血清疗法在这一时期也开始出现。1890年德国免疫学家贝林（E.Behring）与日本细菌学家北里柴三郎制成破伤风和白喉免疫血清，成功地利用血清对这些传染病进行了治疗。这一时期，法国微生物学家梅契尼柯夫（E.Metchnikoff）发现了白细胞的噬菌作用（1892）。

在制药方面，杀灭梅毒螺旋体及嗜睡症病原体锥形虫的药物到20世纪初均被合成，此后化学合成法成为制药的重要方法。

第十一章
近代技术的全面发展

——电力技术革命·冶金与化工

19世纪既是经典自然科学全面发展的"理性的世纪",也是近代技术全面发展、近代工业技术体系形成的世纪。伴随电力技术革命的兴起,热机、钢铁、化工、石油等重化工业在这一时期发展起来,大批量生产方式的确立,零部件的标准化,都为工业社会构筑了坚实的技术基础。资本主义市场经济由自由竞争走向垄断,在美、德、英、法等一些发达国家出现了一批大型、超大型的垄断企业,国际竞争空前加剧。

一、电力技术革命的兴起

(一)电力技术革命产生的历史背景

19世纪发生的电力技术革命,与18世纪的蒸汽动力技术革命有很大的不同,如果说蒸汽动力技术革命时期的许多技术发明还是一些没受过正规学校教育、学徒出身的工匠们凭经验和个人技巧完成的,那么,电力技术革命中的主要技术发明则是在相应的电磁学原理的指导下完成的,发明者大都是受过良好教育的科学家或工程师。

19世纪上半叶,随着蒸汽机的广泛应用,其动力传递的不足已经严重地制约了生产的合理安排与布局。当时,每个车间都要配备一套包括锅炉、烟囱、鼓风机、蒸汽机在内的蒸汽动力发生系统,蒸汽机产生的动力要驱动置于车间上部俗称"天轴"的动力轴,再由套在天轴上的平皮带将动力引向各类机器或机械。蒸汽机一旦驱动起来，没有特殊原因是不能停的，而且也不可能对不同机器或机械精确分配动力。因此，当时的社会生产急需更为灵活的动力机械和动力分配方式。而同一时期电磁学的进步，为电力技术的形成与发展提供了科学基础。

电力技术一开始主要是利用各种电池为能源的电动机和取代化学电源的各类发电机的发明，以满足动力、通信、照明及电化学方面的需要。直到19世纪末，由于三相交流电机的出现和远距离输变电的成

图11-1　用蒸汽机为动力的机械加工车间（直到20世纪初）

功，电动机才真正取代蒸汽机成为广泛应用的动力机械，电力也成为人类生产、生活的主要能源（二次能源）。

（二）电机的发明

人类对电的认识与研究，以1800年伏打电堆的出现为分界，此前是静电研究时代，此后进入了动电即对电流的研究时代。1820年丹麦物理学家奥斯特（H. Ch. Oersted）对电流磁效应的研究、安培定律的发现、毕奥（J.B.Biot）与萨伐尔（F.Savart）对电流与磁场关系的研究，特别是1831年英国物理学家法拉第电磁感应定律的提出，为19世纪电力技术的形成与发展提供了坚实的科学前提。可以说，由电磁理论的兴起所引发的电力技术革命，是技术科学化的开始，科学性的技术成为近代技术的主流，而传统的经验性技术退居次要地位。

电机可以分为电动机和发电机两大类。

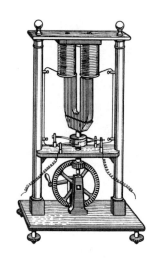

图 11-2 皮克希手摇发电机

电动机是最早受到人们关注的电力机械。1800年后各种化学电池出现后，即有人试验使用化学电池的电动机。1821年，法拉第在实验中发现，通电导线周围的磁针不是沿着电流方向运动，而是垂直于电流方向运动。由此他从电流与力间直角关系的物理原理出发，推导出在条状磁铁周围的通电导体会连续旋转的电动机原理，并组装成称作"旋转器具"的雏形电动机。

英国物理学家、数学家巴洛（P.Barlow）在1824年，美国物理学家亨利（J.Henry）在1831年均设计了电动机。巴洛设计出一种称作"Barlow轮"的单板电机，亨利则发表题为《关于由磁铁的吸引与排斥产生旋转运动》的论文。1833年，伦敦大学教授里奇（W.Ritchie）制成一个让电磁铁垂直旋转的电动机模型。德国物理学家雅可比（M.H. Jacobi）在亨利制成电磁铁的启发下，于1834年制成15瓦的电动机。由于这类电动机使用当时价格昂贵的化学电池为能源，而未能实用。

发电机的发展大体经历了永磁式直流机、它激式直流机、自激式直流机和交流电机四个阶段。

法拉第提出电磁感应定律的第二年，法国钟表匠皮克希（H.Pixii）即制成永磁式手摇发电机，此后为提高发电机效率，不少人进行了各种改革，最早实用的发电机是伦敦仪器制造商克拉克（E.M.Clarke）于1835年发明的，这种发电机是让永磁铁不动，手摇线圈切割磁力线发电。1842年，雅可比在俄国政府支持下也制成一台发电机，用于引爆地雷。

由于永磁铁产生的磁场较弱，出现了将多个永磁铁组合以增大发电机的输出功率的永磁式发电机。1856年，英国的霍姆斯（F.H.Holmes）制成使用36个蹄形磁铁的发电机，以获得较大的输出功率。他制成的这台发电机输出功率为1.5千瓦，但重达两吨，需要用2.5马力的蒸汽机驱动，是世界上第一台商用直流发电机。

1863年，英国电气工程师威尔德（H.Wild）发明了用电磁铁取代永磁铁激磁的它激式发电机。这种电机使用外接化学电源供电，价格昂贵也很不方便，未获广泛应用。当时，在通信、照明及电化学方面，迫切希望有更为经济的电源。德国电气工程师、发明家西门子（E.W. Siemens）自1854年起，用了10余年时间于1867年完成了自激式发电机的发明。这种发电机利用自身产生的电流激磁的电磁铁作场磁铁，激磁电流随输出功率增大而增大，由此可以产生极强的磁场，使发电机输出功率大为提高。1863年，意大利物理学家、比萨大学教授帕奇诺蒂（A.Pacinotti）偶然发现发电机与电动机具有可逆性，并制成发电、电动两用机。此后，不少人又做了大量努力，1870年比利时工程师格拉姆（Z.Gramme）发明了环状电枢，1873年德国西门子公司的阿尔特涅克（H.Alteneck）又发明了鼓状电枢，使直流发电机达到相当完善的地步，开始进入实用阶段。

20世纪作为电机主流的三相交流电机，是在19世纪末随着三相交流输变电系统的出现而出现的。由于矽钢片及绝缘材料的进步，电机的体积、重量不断减小而功率不断增大。

（三）火力发电与水力发电

早期带动发电机的原动机主要是蒸汽机，后来在火力发电站使用的是汽轮机，在水电站使用的是水轮机，而小型移动式发电机组多用柴油机或汽油机。

汽轮机又称透平或蒸汽涡轮机，不但是现代火力发电站、核电站广泛应用的原动机，也可以单独用于船舶、冶金等方面，还可以利用余热供热。早在公元前120年，古希腊的希罗（Heron）就制作过一个靠蒸汽喷射的反作用力旋转的蒸汽球。1626年，意大利的布兰卡（G.Branca）在其著作中设计了一个利用蒸汽推动轮盘粉碎药剂的装置。真正实用的汽轮机是瑞典的拉沃尔（C.P. Laval）于1882年发明的，其结构是在圆筒周围安有叶片，蒸汽

图 11-3　帕森斯汽轮机　　　　图 11-4　卡普兰水轮机

通过喷嘴冲击叶片使轮子转动，这是最早的冲击型汽轮机。1884 年，英国的帕森斯（Ch.A.Parsons）为驱动发电机，发明了一种利用蒸汽在叶片之间边膨胀边通过而产生反冲作用的汽轮机，转速达 8000 转/分，他还发明了与这种汽轮机配套的发电机。1896 年，美国西屋公司购得帕森斯的这一专利，几经改进，成为火力发电站的主要设备。帕森斯于 1894 年还制成船用汽轮机，1897 年安装在汽船"达比尼亚号"上，航速达 34.5 海里/时。

美国发明家爱迪生（Th.A.Edison）于 1879 年发明了白炽灯后，为发展电灯事业于 1882 年在伦敦建立了发电站，安装 3 台爱迪生于 1880 年研制的110 伏自激式直流发电机，这种发电机可以为 1500 只 16 烛光的白炽灯供电。同年 9 月 4 日，爱迪生在纽约建立的安装 6 台直流发电机的发电站投入运行，对 8000 只白炽灯供电。由于该电站采用低压直流输电，离电站近，输出电压下降得低，灯就亮一些，故称"中央发电站"。此后爱迪生还为工厂、商店、运动场建造了上百个小型发电站。

帕森斯发明的汽轮机，很快即用于电站装备，火电站所用的汽轮机为提高效率多采用凝汽式汽轮发电机组。20 世纪 50 年代，燃气轮机开始用作火电站的原动机，由于其以空气而不是用水为介质，省去了锅炉、冷凝器、给水处理等大型设备，体积小、重量轻、占地少、机动性好，多用于机动性电站。1970 年，法国研制成燃气—蒸汽联合发电机组，可以用煤气或天然气为燃料，而且由于可以利用燃气轮机发电后的余热产生蒸汽，因此有更高的热效率，在各国新建火电站中得到广泛应用。

水轮机亦称"水力涡轮机"，其原型是水车。19世纪后，各种形式的水轮机被发明出来。法国矿山学校教授布尔丹（C.Bürdan）给新式水车起名为"透平"（Turbine，源于拉丁文turbo），他的学生富尔内隆（B.Fourneyron）于1827年制作出反冲式水力涡轮机，可在落差5米的情况下运转，功率达200马力。1849年，美国土木工程师弗朗西斯（J.Francis）发明了外侧安装固定叶片，内侧安装旋转叶片，适用水位落差40～300米的混流式水轮机。这种水轮机与富尔内隆的水轮机的水流方向相反，是由叶轮的外圈向内流动的，有许多优点，成为应用最广的水轮机。1870年，美国人佩尔顿（L.A.Pelton）发明了一种水从喷嘴中喷出，让喷出的水冲击叶片，靠水流的动能使叶片旋转的冲击型水轮机，适用于水量不多但落差较大（300～800米）的水电站中。1920年，奥地利的卡普兰（V.Kaplan）制成卡普兰水轮机，这种水轮机适用于水量多、落差小的水电站，它可以随水量的变化而变动螺旋桨叶片，以保持最高效率。

与火电站并行发展的是水力发电站，它利用堤坝提升水位，以水轮机为原动机驱动发电机发电。早期的水电站多为小型电站。1873年，瑞士建成最早的水电站，总容量为620千瓦。1895年美国的尼亚加拉水电站建成，总容量为14.7万千瓦。巴西与巴拉圭交界处的伊泰普水电站，装机容量达1269万千瓦。

火电站和水电站是目前各国广泛使用的两种电站类型。20世纪后，还建成利用潮汐水位差发电的潮汐电站，目前最大的潮汐电站是1966年投入运行的法国布列特尼圣马洛湾电站，装机容量为24万千瓦。还有利用风力的风力发电站、利用地热的地热电站，但规模都很小。20世纪后半叶出现的核电站已成为可以与水电、火电并列的电站形式。

（四）远距离输变电

在19世纪70年代到90年代，电力技术在通信、照明、运输、动力等方面都得到了广泛应用，社会对电力的需求开始急剧增大。由于当时的电力都是直流电，因此输送不远，限制了电力的应用。

早期的工程师们都致力于研究直流电，发电站供电范围有限。用直流输电，由于用户的电压不能太高，因此要输送一定的功率就要加大电流，而电流愈大，输电线路发热就愈厉害，损失的功率就愈多。离发电站愈远的用户，所得到的电压也就愈低。为了减少输送线路中电能的损失，只能用高压。如果在发电站能将电压升高，到用户地区后再将电压降下来，就能解决低损耗远距离输电的问题。能够采用这种输电方式的唯有交流电。关于电能的输送方式，即采用直流输电还是交流输电问题，曾引起很大的争论，美国的爱迪生和英国物理学家威廉·汤姆生都极力主张采用直流电，而美国发明家威斯汀豪斯（G.Westinghouse）和英国物理学家费朗蒂（S.Z.Ferranti）则主张采用交流电。

伦敦和纽约的中央电站建立后，白炽灯很快压过了煤气灯和弧光灯。但是爱迪生的技术系统是以直流为出发点的，他创建的发电站由于受输电距离所限，也只是些小型电站。爱迪生没有受过学校正规教育，因此虽具有发明家、企业家的气质，但是由于交流电涉及复杂的数学计算，阻碍了爱迪生对交流电的理解，使他在这场交直流供电的论争中，成为保守势力的典型。

图11-5 多里沃·多布洛沃尔斯基

当时，由于电能的应用从照明向动力的扩展以及大型电站的创建，迫切需要解决低损耗远距离输电问题。许多科技工作者投入了大量的精力进行了这方面的理论和实验研究。费朗蒂用实验证明，采用交流高压输电方式是可以达到这一目的的。在远距离输电方面迈出决定性一步的是法国电气技师德普勒（M.Deprer），他在1882年慕尼黑的电气技术博览会上，将距离慕尼黑57千米的来斯巴赫的一台高压直流发电机（输出电压1500～2000伏，功率2.3千瓦）发出的电力，输送到会场，带动一台与发电机相同的电动机，作为喷高2.4米喷泉的动力机，输电效率在25%以下。1888年，由费朗蒂设计的伦敦泰晤士河畔的大型交流电站开始输电。他用钢皮铜芯电缆将1万伏的交流电，送往相距11千米的市区变电站，在这里将1万伏的电降为2500伏，再分送给各街区的二级变压器降为100伏供用户点灯。但是这还不是三相交流，输送距离也不算远。三相交流技术是由德国通用电气公司（AEG）的电气技师多里沃·多布洛沃尔斯基（M. Von Dolivo-Dobrowolsky）创始的。他在1888年成功地将线圈按120度配置，由三点引出位相差120度的三相电来，并很快发现这种三相方式可以产生旋转磁场。1889年，他研制成功输出功率为100瓦的最早的三相交流异步电动机。到1890年，他设计成功三相四线配电方式。1891年，德国的通用电气公司在他的指导下，架设了178千米长的远距离输电线路。这条线路采用了三相制，用15～30千伏的高压，将内卡河用水力发电机发出的电能输送到法兰克福世界博览会会场，然后用变压器降压到120伏和400伏，分别供照明和带动一台400马力的电动机，输电效率达70%～80%，由此证实了三相交流高压输电方式的可行性。

美国威斯汀豪斯的西屋电气公司，对交流电机和变压器做了大量的研制工作，该公司为了推广高压交流输电方式，在不到一年时间内设计制造了包括12部三相发电机在内的全套交流输电设备，并于1893年在芝加哥举行的哥伦比亚世界博览会上，又一次证实了高压交流输电方式的优越性。当时美国正在尼亚加拉建设水电站，但采用哪种供电方式并没有确定，由于威斯汀豪斯的胜利，该电站决定采用高压交流三相供电制，并决定使用西屋电气公司生产的发电供电设备。该电站于1896年投入运行，总容量达10万千瓦，在电站将发电机发出的5000伏电压升到11000伏后，再输送到40千米的巴法罗市，由此进一步证明了高压交流输电方式的可行性。

进入20世纪后，在全世界范围内形成了电气化高潮。由于输电电压愈高电能损失就愈少，因此输电电压在不断增高。1923年，美国建成了世界上最早的22万伏交流输电线路，1952年采用了33万伏，60年代出现了40万伏供电线路。电力价格在1905—1935年的30年间下降了90%，发电量、电力网的长度都成为衡量一个国家工业化的重要指标。

（五）交流理论的完成

交流输电方式的进步，要求交流理论随之发展。

1891年，多里沃·多布洛沃尔斯基在法兰克福的国际电工学会上提出一份报告，在这一报告中，他提出了交流理论的第一命题，即在给定频率及绕线圈数时，磁通的大小由电压值所确定；并进一步提出，磁通量如果按正弦波变化，电压也按正弦波变化，且有90度的位相差，并将此作为交流理论的第二命题，由此阐明了电压与磁通间的相位关系。他还提出并分析了"激磁电流"及"动作电流"的概念，建议将电流的基本波形用正弦曲线表示。多里沃·多布洛沃尔斯基的三相交流理论成为19世纪90年代交流电动机和变压器设计的基本理论。

在交流理论的发展中，最重要的是复数的引入。

最早用复数去研究电现象的是英国物理学家希维赛德（O.Heaviside），1884年，他在求解铁芯中的感应电流时，最早使用了虚贝塞尔函数。在1886—1887年间，他又提出了传输线的自感概念，建立了匀质导线的电流传输方程式。虚数的引入为用复数求解交流现象开辟了道路。

爱迪生的助手、哈佛大学教授肯内利（A.E.Kennelly）在1893年发表的论文《阻抗》中，把电感、电容作了数学解析，将导纳和阻抗用矢量表示，阐明了欧姆定律和基尔霍夫定律适用于"调和电流"（正弦电流）。1894年，肯内利提出了表示电压、电流位相的符号，提供了应用双曲线函数表征电路中电压、电流的基本方程式。

在交流电路理论的形成中起了重要作用的是斯泰因梅茨（Ch.P.Steinmetz）。他早年在德国参加学生运动，后来为了逃避宪兵追捕而流亡美国。1893年，在第5次国际电气会议上，他提出的论文比肯内利的论文内容要广泛得多。他关于交流电路及电路设计的有关理论，在尼亚加拉电站的送电实验中得到验证。此外，斯泰因梅茨还对输电线路的电晕现象、避雷、过度现象用2000伏的脉冲机进行了试验，建立了输电线路过度现象的有关数学理论。

19世纪80年代在电机设计中发现的磁滞理论和斯泰因梅茨的交流电路理论，都成为远距离高压输电网建设的主要理论。

（六）电照明、电报与电话

电在早期的主要应用是照明，电照明对人类的生活和生产产生了巨大的影响，它极大地延长了人们的生产和生活时间，也可以说延长了人类的生命。而电报和电话通信的出现则与19世纪商业、军事通信的需要是分不开的，而这一时期铁路的大量铺设，行车安全又直接推动了早期有线电报的普及。

1.电照明

1802年，苏格兰工程师默多克（W.Murdoch）制成煤气发生装置，为波尔顿·瓦特公司的工厂照明用。10年后默多克的助手克雷格（S.Clegg）创设了最早的城市煤气公司。1815年，美国在费城设立煤气灯公司，煤气灯开始在美国工厂中使用。煤气照明尽管可以很亮，但效率低又不安全，人们同时也在寻求其他的照明方式。1807年戴维（H.Davy）发现伏打电堆开闭时有电火花出现。戴维用直径1/6英寸、长10英寸的浸在水银槽中的木炭制作电极，距离1/40英寸时，开始出现电弧，两极移至4英寸时还在继续放电出现电弧，他将这种放电现象定名为"Electric Arc"，由此发明了电弧灯。

由于电弧灯需要用纯炭做电极，因此一直到1845年查奇（J.Charch）等人提纯碳素的技术出现后，电弧灯才开始在工厂、公共场所推广开来。由于两个炭电极是对接安装的，在点燃电弧过程中炭极不断燃烧而缩短。1846年，英国的电气技师斯泰特（W.E.Staite）和法国的塞林（V.Serrin）等人设计出一套复杂的电极自动调整机构，才解决了这一问题。斯泰特在所制作的弧光灯上装设了一种时钟机构，以便使炭棒能以固定速率进给，次年又利用电弧所发出的热量使铜线膨胀，使掣子提起，于是与齿轮啮合的齿轮链便向上推出炭棒，保持上下炭棒间的距离。后来不少人都制作了类似的碳弧灯，但要自动调节处于同一直线上垂直炭极间的间隙毕竟很复杂，成本昂贵。

1876年，俄国的雅布洛奇科夫（П.Н.Яблочков）在研究液体电解时，发现只要将两个炭极并行放置，就可以不用复杂的电极调节机构产生持续的电弧放电，随后他制成了当时称作"电烛"的弧光灯。这是两根平行放置距离很近的直径4毫米炭极，中间由黏土隔离，电流接通后两极炭棒间形成电弧，并逐渐向下点燃发出弧光，轻而易举地解决了自动调节处于同一直线上炭极间的间隙这一难题。当时制成的这种弧光灯，每对电极可点两小时左右。为了延长点燃时间，他设计出在一个灯座上放几组电极、可以依次点燃的"电烛"，这种弧光灯传到英国和法国后，主要用于街道、广场、商店、剧场的照明。1878年巴黎歌剧院周围安装了16台"电烛"用于照明。

在戴维试验弧光灯的同时，法国的德拉里夫（Ch. G.De la Rive）将白金丝封入高真空玻璃管中进行点燃试验，由于当时真空技术不过关而失败。其后正是弧光灯全盛时期，但人们很快发现弧光灯光线太强，造价昂贵，不适合居家使用，且易使人眼疲劳，并不是理想的光源，转而探究德拉里夫的燃灯方法。

英国化学家斯万（J.W.Swan）自1860年左右即开始白炽灯的研究，然而由于真空泵的不完备，更没能找到实用的灯丝而始终未能制成。1865年，斯普伦格尔（H.Sprengel）发明了水银真空泵，斯万自1877年利用水银真空泵重新研制白炽灯，1878年制成碳丝白炽灯。

同一时期，美国的爱迪生在发明留声机后，也转而研制白炽灯。他认为不应当仅注重用白金丝和炭棒制造灯丝，1879年10月21日，他制成用炭化棉纤维做灯丝的白炽灯，寿命达40小时。爱迪生发明白炽灯后，于1885成立爱迪生电灯公司，发明了计量用户电量的电表，为推广白炽灯创造了条件。

白炽灯的出现彻底改进了照明方式，也促进了电站的建立和对输变电系统的研究。进入20世纪后，亮度大、寿命长的钨螺旋灯丝和充入惰性气体的白炽灯的出现，使电照明迅速普及。

图 11-6　斯万的碳丝灯（1878）　　　图 11-7　爱迪生的碳丝灯（1879）

2. 电报

19世纪初，德国美因兹大学解剖学教授索默林（S.Th. Sömmering）等人发明了一根导线对应一个字母的电解式电报机。1820年，丹麦物理学家奥斯特（H.Ch. Oersted）发现电流的磁效应后，英国电气技师库克（W.F.Cooke）和惠斯通（Ch. Wheatstone）于1838年发明了实用的五针电报机，后又研制出双针电报机和直读电报机，这种电报机很快用于铁路运输中。库克创办的电报公司，到1855年已架设了7200千米的电报线。到1868年，英国已拥有25000千米的电报线路。对有线电报起了重要作用的是美国画家莫尔斯（S.F.B.Morse）。1837年，他制成由按键、电磁铁、钢笔、记录纸构成的可以打印记录纸的电磁式电报机，并发明了用点划组合表示字母的"电码"。1851年，这种电报被铁路采用，到1872年莫尔斯去世前，他的这种电报机已经在欧洲、美洲广泛应用。

1851年，最早的海底电报电缆在英吉利海峡敷设成功。为了完成跨越大洋的洲际间电报通信，特别是美洲与欧洲的电报通信，在美国的一些资本家和英国政府的共同资助下，1857年8月开始敷设大西洋海底电缆，经过几次失败后于1858年7月敷设成功，英国女皇与美国总统互致电报祝贺。但3个月后，电缆中断。直到1867年，在英国物理学家威廉·汤姆生的指导下才最终敷设成功。到19世纪末20世纪初，有线电报电缆已将地球各大洲联结起来，世界各主要城市包括中国的上海、天津、香港均可以互通电报。

图 11-8　莫尔斯

在一条电报线上可同时进行往返通信的双工通信法，被美国的斯特恩斯（J.B.Stearns）在1858年研究成功后，很快得到普及，到1878年实现了大西洋海底电缆的双工通信。与此同时，四工通信自1855年开始研究后，许多发明家投入到这一研究中，直到1874年，爱迪生才最终完成了四工通信。

有线电报的普及与电力的普及使城市中排满了架空线路，电线杆林立成为继第一次技术革命后工厂烟囱林立的又一景观。

19世纪末，电磁波的发现和马可尼（G.Marconi）与波波夫（A.C.Попов）无线通信实验的成功，导致了20世纪初无线电通信的出现。有线电报开始被无线电报取代。20世纪80年代前，无线电报在交通运输、部队指挥、民间远距离通信中得到应用，但由于其发送的是莫尔斯电码，操作十分不便，到20世纪末已被无线及有线电话所取代。

3. 电话

电话通信是"声—电—声"的转换过程，电话机是语言通信的终端设备。1851年多佛尔海峡电报电缆的敷设成功，使有线电报业发展到一个新阶段。受电报业迅速发展的刺激，19世纪下半叶许多人开始研究用电远距离传递声音的装置。

1860年德国人赖斯（J.P.Reis）用制作啤酒桶的木板做了一个人耳形的东西，耳孔处蒙上猪肠衣薄膜，利用声音使膜振动而使连动部分的电流发生变化，制成最早的送话器。他用一个放在线圈中的缝纫针做成受话器。他将这套装置称为"telephone"，但由于德国当时社会混乱，赖斯的电话未能达到实用。

1876年，美国人梅乌奇（A.S.G.Meucci）制成一种自称为"teletrofono"的电磁式电话系统，可惜因无力交付专利维持费而使专利失效。同年，美国的贝尔（A.G.Bell）得知赫姆霍兹曾做过用电磁铁使音叉振动的实验后，即产生了用电进行通话的设想。在电工沃森（T.A.Watson）的帮助下，于1876年制成包括送话器和受话器在内的电话设备。这套设备十分简单，将簿铁片靠近永磁铁安置，铁片在声音振动下与磁铁发生作用，在线圈中产生感应电流，由此制成送话器，而受话器结构则与此相反。

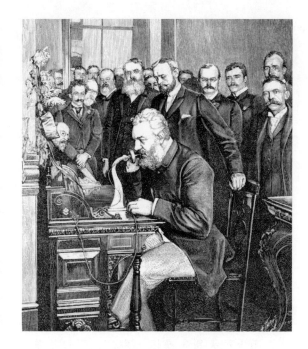

图11-9　贝尔电话试验

　　贝尔的电话于1876年在费城博览会上展出，并在各地演示，引起人们的广泛兴趣。1877年贝尔创办"贝尔电话公司"，全力进行电话的改进，电话在美国产业革命中心波士顿等地得到普及。1877年爱迪生发明了炭精送话器，1878年在美国发明印刷电报机的英国人休斯（D.E.Hughes）发明的微音器，使电话的通话效果大为改善。由于没有拨号装置，最早的电话交换是人工进行的，这一情况直到1891年美国的斯特洛杰（A.Strowger）发明了电话自动交换机后才有了改进。20世纪20年代后，出现了使用机械式拨盘机构的电话，70年代后随着电子技术的发展，出现了全电子交换系统的电话，拨盘也发展成为按键。同时，出现了灵巧的俗称"手机"的无线电移动电话。

　　早期的电报、电话都是有线通信，即用导线传输电信号，传输网是由架空或埋在地下的电缆线构成的。

二、冶金与化工

（一）钢的大量生产，转炉、平炉与电炉

产业革命发生后，对钢铁的需要量与日俱增，炼铁业逐渐成为大型企业。然而铸铁和生铁作为结构材料却有很大的不足，搅炼法生产的钢产量有限。19世纪中叶后，几种主要的炼钢方法被发明出来。

用生铁大量生产钢的方法，最早是美国人凯利（W.Kelly）完成的，1847年他发现向熔化的铁水中吹入空气时，由于铸铁中含的碳迅速燃烧而使铁水温度不会降低反而升高，由此可以得到钢，他称之为"依靠空气使铁水沸腾法"。1851年他根据这一方法建造了炼钢炉，但直到贝塞麦（H.Bessemer）公布他的炼钢法，他的方法一直密而不传。

英国贝塞麦爵士早年发明了活字铸造机和制造铅笔的新方法，在1850年的克里米亚战争中，贝塞麦对来复枪产生了兴趣，由于来复枪的枪管开有来复线，为了保证来复枪的发射力，枪弹必须与枪管密切配合。但是这样很容易因膛压剧升而炸膛，为此他开始研究炼制高强度铁材料（钢）的方法。

当时用坩埚炼钢需要用含碳量极低的可锻铁（即铣铁，俗称"熟铁"），可锻铁在熔融中控制碳的渗入量即可得到钢。

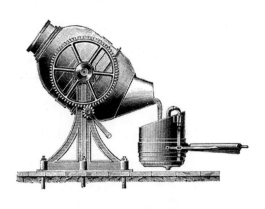

图11-10　贝塞麦转炉

为了炼制可锻铁，要将铁矿石加入熔融的铸铁中，使铁矿石中含的氧与熔融铸铁中的碳结合生成一氧化碳而使铁水脱碳。1856年，贝塞麦设想，如果直接向熔融的铸铁（铁水）中通入含氧的空气，不是既可以去掉铁水中的碳也可以使铁水冷却得到可锻铁吗？但是实验结果却相反，由于吹入的空气使铁水中的碳和杂质被氧化而放出大量的热，铁水不但没有被冷却反而剧烈升温。他认为，只要在适当时间停止供气，就可以使铁水的碳含量恰在铸铁与可锻铁之间，这样就可以不必先炼出可锻铁而直接炼出钢来。他为了炼制这种钢，设计出容易倾倒钢水的转炉。

1856年8月11日，贝塞麦在英国科学振兴会年会上，以《不用燃料生产可锻铁和钢的方法》（On the Manufacture of Malleable Iron and Steel without Fuel）为题公开了他的研究成果，由于他使用的转炉炉衬用的是硅酸材料，俗称"酸性转炉"。这种酸性转炉炼钢法1858年传入法国，1862年德国的克虏伯（A.Krupp）将其引进德国，经改进后，一台转炉在25分钟内可炼得20吨钢。此前，一台搅炼炉两个小时仅能炼得250公斤的钢。

由于贝塞麦转炉用的是酸性炉衬，因此仅可以用于炼制含硫、磷低的铁，而西北欧铁矿石含磷较高，铁中有害元素去除困难。1875年，伦敦法院书记员托马斯（S.G.Thomas）利用业余时间发明了采用碱性炉衬并在炼制中投放石灰石的办法，解决了钢水脱磷问题，而且由于矿渣中含有磷，粉碎后可作农业肥料使用，这一方法也称"托马斯碱性转炉炼钢法"。

与此同时，移居英国的F.A.西门子（F.A.Siemens）为生产玻璃发明了蓄热法，后与其兄Ch.W.西门子（Ch.W.Siemens）合作研究成功平炉炼钢法，这种平炉与贝塞麦转炉不同，转炉利用向铁水中鼓风，以维持铁水中发生化学变化的热量，不需要热源，而平炉则需要热源。1861年，他们采用煤气发生炉供热，用煤气取代了固体燃料。1864年，采用了法国炼钢技师马丁（P.Martin）提出的向铁水中投入铁屑以稀释含碳量的做法。平炉炼钢的原材料既可以是矿石也可以是废铁，而且可以用低品位的煤炭制成的煤气为燃料，1900年后得到了推广。这种方法后称"西门子－马丁平炉炼钢法"。

1867年，德国的W.西门子（W.Siemens）发明的电炉炼钢法，可以炼制出含微量特定元素的特种钢。

这三大炼钢方法的完成，使钢可以大批量生产，1889年美国钢产量位居世界首位，其次是德国。19世纪中叶以后，由于钢的大量生产，不但满足了传统机械生产的需要，而且钢结构桥梁开始出现。同时，钢结构与水泥、混凝土的结合，使高层建筑于19世纪末在美国出现。

（二）化学工业的新进展

1. 无机化学工业

在英国产业革命中，由于纺织业织物漂白的需要，罗巴克（J.Roebuck）铅室法制硫酸（1746）、卢布兰（N.Leblanc）法制烧碱（1791）及坦南特（C.Tennat）漂白粉（1798）的发明，到19世纪20年代，无机化工业在英国基本形成。

但用铅室法制造的硫酸浓度、纯度都不高，无法满足有机合成反应中对发烟硫酸的需要。接触法（即将二氧化硫直接氧化成三氧化硫制硫酸的方法）的发明，解决了这一问题。早在1817年，戴维就发现接触白金丝可以促进二氯化硫的氧化。19世纪70年代后，随着有机合成工业特别是茜素合成对发烟硫酸需求大增。1875年，德国弗莱堡矿山学校的温克勒尔（C.Winkler）将铅室法生产的硫酸高温分解成三氧化硫和氧气，再用五氧化二矾为催化剂，制得发烟硫酸，但工业化生产未能成功。后来采取低温（400℃以下）进行合成反应，才取得工业化生产成功，此后接触法成为硫酸的主要制造方法。

在制碱（碳酸钠）方面，19世纪后半叶随着钢铁工业的发展，利用炼焦的副产品氨制碱的方法于1865年被比利时的工业化学家索尔维（E.Solvay）研究成功，称为"氨

图 11-11　索尔维

碱法"或"索尔维法"，1874年在英国建立了索尔维法生产碱的工厂，该工厂到20世纪发展成为世界上最大的综合化工企业——帝国化学工业公司（ICI）。到19世纪80年代索尔维法开始超过卢布兰法成为制碱的主要方法，卢布兰法到1920年左右被淘汰。

在烧碱（苛性钠）工业方面，1890年，德国用食盐电解法生产氯气和苛性钠，烧碱开始了工业化大量生产。

2. 煤化工

煤是地球上储量最多的化石燃料，人类用煤已有2000余年的历史，但主要是用作燃料。19世纪，随着焦炭炼铁的普及，对炼焦过程中产生的副产物的研究逐渐形成了煤化工。

早期的炼焦仅为了生产焦炭，各种挥发物质全被燃烧掉。1792年英国的默多克（W.Mordock）发明了封闭式铁制焦炉，首次用煤炼制出煤气。19世纪70年代，在欧洲出现了带有回收挥发性物质的炼焦炉，这种炼焦炉将焦化与加热分离开，使煤干馏后的挥发物质得以充分回收。利用焦炭制造电石的设想是美国的哈尔（R.Hare）于1839年完成的，1892年美国建成最早的电石厂。电石出现后，将电石加水即可生成乙炔，乙炔最早用来照明，后发现其燃烧温度极高而发明了乙炔焊。19世纪末，法国、德国和俄国的化学家们以乙炔为原料，制造出乙醛、乙酸、氯乙烯、丙烯腈等化工原料。20世纪后，又用乙炔制成合成树脂、合成橡胶，电石成为重要的工业原料。煤焦化产生的副产品煤焦油中含有多种有机化学物质。这一时期从煤焦油中发现或提取的主要有机物如下：萘（1819），苯（1825），蒽（1833），苯酚、喹啉、吡咯和苯胺（1834），芘（1835），甲基吡啶（1836），甲苯（1845）等。这一系列的发现，证明煤焦油是一种重要的化工原料。

图11-12　帕金

1856年，英国的帕金以苯为原料制成苯胺紫染料，第二年在英国创办第一家煤焦油染料工厂，以后，以煤焦油为原料制造人工染料、医药、香料、炸药等产品的煤焦油工业开始兴起。进入20世纪后，煤焦油工业成为染料、塑料、溶剂工业的基础产业。

煤气化的直接目的是为了生产燃料，特别是城市集中供气不但可以避免煤的远距离运输，还可以避免因城市燃煤造成的大气污染与粉尘污染。用煤的气化产物制取化工产品始于20世纪上半叶，1926年，美国杜邦公司以煤制得的合成气为原料生产甲醇和氨。

煤的液化出现在20世纪上半叶，将煤粉在高温、高压下与催化剂、溶剂发生复杂的化学反应，成为一种类似石油的液体燃料，从中可以生产芳香烃、脂肪烃。1911年，德国进行了最早的煤加压氢化试验，后建成煤液化工厂。第二次世界大战中，德国为解决石油的不足加速了煤液化的研究与开发。战后，美国和苏联等国家均在煤液化方面进行了大量研究，并设立了工厂。煤直接液化的三种方法：催化液化、溶剂萃取液化和热解液化法均已相当成熟。

20世纪中叶后，由于石油化工的兴起，煤化工发展受到影响，但由于煤的储量的丰富和石油的大量消耗，煤化工仍然是一个具有发展前途的化工产业。

3. 石油化工

石油化工是20世纪发展起来的全新的化学工业，在当代化学工业中占主导地位。

在很长的时间内，石油炼制主要是提取煤油用于点灯，其中的沥青用来制造防水的油纸。19世纪后半叶，炼油技术有了很大提高，原油被炼制出石脑油、煤油及重油馏分。从重油馏分中可获得润滑油及石蜡。

到20世纪二三十年代，开始用裂解方法生产烯烃，但技术尚不够完善。直到1941年，英国才建立了烷烃裂解生产乙烯的装置。乙烯是石油化工产量最大、用途最广的原材料，主要用作聚乙烯单体。在石油裂解精炼中，不但可以得到精制的乙烯，还可得到多种副产品。1969年，美国研究成功催化裂解法，原油裂解后乙烯回收率达24%，裂解温度降低40～80℃。

芳烃包括苯、甲苯、二甲苯等，是生产合成纤维、染料、橡胶、塑料、炸药、医药、农药的重要原料。20世纪初，主要是从煤焦油中分离生产，20世纪40年代美国发明了利用石脑油临氢重整方法生产甲苯。到20世纪70年代后，在美国环球油类公司、太阳油类公司和日本东丽及三井公司的努力下，主要的芳烃原料都从石油中提炼，而且工艺有了很大的改进，使芳烃回收率大为提高。

到20世纪末，石油化工产品已极为丰富，石油化工以天然气和石油为原料，生产烃类及其各种衍生品等化工基本原料，是国防及国民经济的基础性产业，是20世纪发展最快的产业。

（三）农药与化肥

农药与化肥是近代化学工业进步的产物，由此使农业出现了所谓的"化学农业"这一趋势。农药和化肥的使用，对于提高农作物产量具有极为重要的作用，由此满足并支持了人口的"爆炸"性增长，但其副作用也日趋明显。20世纪后半叶，许多国家为保持生态和环境都在提倡"绿色农业"，反对过量使用农药和化肥，但其迅速消灭作物病虫害、迅速补充地力的作用是很难用其他方法替代的。

1. 农药

病虫害和杂草一直是农业生产的天敌，用化学药剂消灭病虫害的思想是在经典化学理论充分发展的19世纪后半叶出现的。农药的发展大体分为三个时期，即无机农药时期（19世纪中叶—20世纪中叶）、有机农药时期（20世纪50—70年代）和有害生物综合治理（IPM）时期（20世纪70年代后）。

1851年，法国凡尔赛宫的花匠格里森（V.Grison）发现石灰硫黄合剂的杀虫性，1882年法国的米亚尔代（A.Millardet）确定了波尔多液对消灭植物霉菌的有效性。其后除虫菊、鱼藤等农药相继问世，被大量生产并用于发达国家的农业生产中。这些农药被称为"第一代农药",即无机农药。

1939年,瑞士化学工程师缪勒(P.Müller)发现德国化学家蔡德勒(O.Zeidler)在1874年合成的DDT(双对氯苯基三氯乙烷)具有杀虫性。1943年法国杜皮尔(A.Dupire)制得六六六(六氯环己烷),英国帝国化学工业公司随即研究了其杀虫性能,1946年工业生产。此后又合成了多种有机氯杀虫剂。1942年后,德国的施拉德(G.Schrader)等人合成了多种有机磷及其他类型的杀虫剂、除莠剂、有机硫杀菌剂等,这些杀菌、杀虫剂具有高效、广谱的特点,在农业生产中得到了广泛应用。20世纪60年代后出现了内吸性杀菌剂、杀虫剂,但由于植物内吸后会有药物残留,使得在应用上受到限制。

20世纪初,法国、美国开始用硫酸铜防除杂草,后来使用氯酸钠作除草剂,但其在土壤中的残留时间较长,而不得不推迟作物播种期。1959年,英国帝国化学工业公司发明了百草枯,此后还生产出镇草宁、敌草快、敌草腈、西玛津等除草剂。第二次世界大战期间,美国研制出只杀死阔叶植物的选择性除草剂2-甲基-4-氯苯氧乙酸(MCPA)、2,4-二氯苯氧乙酸(2,4-D)等,由于大多数除草剂对人畜毒性低,无积累中毒危险,因而在20世纪70年代后被大量使用。

1962年,美国海洋学家卡逊(R.Carson)的《寂静的春天》(Silent Spring)出版,引起了人们对农药危害环境和其他生物问题的关注。20世纪70年代后,一种新的称为"有害生物综合治理"(IPM)的方案开始形成。它要求人们运用多种防治方法,合理使用农药,应用选择性农药如除虫菊酯类、沙蚕毒素类、特异性杀虫剂等第三、四代农药,使消灭病虫害、清除杂草不至于影响到人类健康与环境。

2. 化肥

农作物生产所需的肥料,在很长时期内是依靠含有作物营养元素的天然有机废物,即"农家肥"提供的。19世纪初,德国的泰伊尔(A.D.Thaer)创立"腐殖质营养学说",认为土壤肥力主要来源于腐殖质。1840年,德国的李比希出版《化学在农业和生理方面的应用》一书。1842年又出版了《有机化学在生理学与病理学方面的应用》，反对"腐殖质营养学说"，认为土壤中的矿物质是一切绿色植物的唯一营养，创立"矿物质营养说"，大力倡导用工业方法生产肥料。

图11-13　李比希

李比希经多年试验，认定了氮、磷、钾、钙、镁、硫等元素对植物生长的作用，由于钙、镁、硫对植物生长是次营养元素，一般土壤中并不缺乏，重点确定了氮、磷、钾三元素为化肥生产的重点。1845年，他发现用稀硫酸处理骨粉得到的浆状物（主要含有过磷酸钙）的肥效远高于单纯用骨粉，由此认为将肥料制成可溶性盐类，有利于植物的吸收。后来还提出用光卤石钾矿生产钾肥的思想。李比希的工作，为20世纪化肥的大量生产与应用提供了理论与实践的依据。

1809年，在智利发现了硝酸钠矿（俗称"智利硝石"），1825年开始大量开采，成为19世纪世界的主要氮肥来源。19世纪后半叶，许多国家掌握了用硫酸吸收煤气中的氨以生产硫酸铵的工艺，到20世纪初，硫酸铵开始取代智利硝石成为主要的氮肥。1909年，德国化学家哈伯（F.Haber）用锇作催化剂，在$17.5\sim20$兆帕和$500\sim600℃$的条件下，将电解水产生的氢与大气中的氮成功地合成了氨。德国的巴登苯胺和纯碱公司在波施（C.Bosch）的努力下，1913年成功地利用这一方法工业生产氨，这一方法后来被称为"哈伯－波施法"。不久后，在美国等国家建立了工业生产氨的工厂，1920年，德国用氨基甲酸铵生产尿素（碳酰二胺），后来美国的杜邦公司也开始生产尿素，并于1935年作为肥料销售。第二次世界大战后，尿素成为主要的氮肥，其他的氮肥还有肥田粉（硫酸铵）及氨水等。

1856年，李比希提出以天然磷矿为原料，用硫酸处理生产过磷酸钙。1884年，德国农业化学家荷耶尔曼（G.Hoyermann）提出用托马斯炼钢炉冶炼含磷较高的生铁所生成的炉渣，作为磷肥。这两种肥料在市场上出现不久，就出现了直接使用磷元素制造磷肥的技术，导致了富过磷酸钙、重过磷酸钙、磷酸二钙等磷肥的出现。

草木灰是传统的钾肥，李比希提出三元素说后，人们开始寻求化学方法生产钾肥。1861年德国人在开采盐岩时发现了贮藏丰富的钾矿，19世纪90年代出现用光卤石提炼氯化钾的工厂。

20世纪前半叶，生产的都是单元性的氮、磷、钾肥料，但是作物要求的是多种肥料，而且因土壤吸收作用的不同，这三种单元性肥料的比例亦不同，为此有不少人在研究混合肥料。第二次世界大战前，德国就生产了一种称作"硝磷钾"的混合肥料，是用磷酸二铵、钾盐与熔融的硝酸铵混合制成的。20世纪50年代后，出现了更易于作物吸收的液体混合肥料，这是一种通过化学反应制成的含有多种营养素的复合肥料，是作物需要量虽少但对作物的生长、开花、结实作用很大的微量元素（硼、锌、钼、锰、铜、铁）肥料。

第十二章
近代技术的全面发展
——机床·热机·农机·军工

一、大批量生产方式的确立

大批量生产方式（又称"大量生产方式"）于19世纪中叶兴起于美国。美国独立战争后，由于地广人稀，工匠极为缺乏，在很长时期内只能出口原材料，从英、法等国进口机械、工具和纺织品。如何让技术不熟练的工人利用机器可以大量制造出质量上乘的物品来，成为当时美国许多发明家的梦想。

（一）19世纪机床的新进展

18世纪发明的各种机床，总体看来还是比较粗糙和简陋的，工件的加工精度需要有熟练的工人来保证。进入19世纪后，机床又有了许多革新，到19世纪末各类机床已具有了现代的结构形式。20世纪中叶后，这类机床加上数控机构，即成为自动化程度很高的自动化机床。

1. 转塔式六角车床

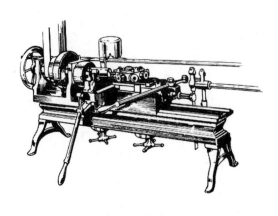

这种车床是将莫兹利所发明的溜板刀架，改成可以同时安装6把不同功能车刀的转塔式刀架，由此可以迅速地调换车刀。转塔式六角车床是19世纪40年代初在美国出现的，1854年，罗宾斯－劳伦斯（Robbins–Lawrence）

图12-1 转塔式六角车床

公司制造出第一台商用转塔式六角车床。1861年，在美国出现了靠棘轮和棘爪自动转动转塔的六角车床。到1889年，美国的琼斯－拉姆森（Jones-Lamson）公司制造出平夹板式六角车床。六角车床是最早的半自动化机床之一，19世纪中叶后在美国兴起的零部件互换式大批量生产中得到广泛应用。

2. 刨床

1860年前，许多刨床安装了箱型刀架，工作台可以自动换向，这样刨刀能在两个方向上切削。到19世纪末，由于发明了可以使工作台以固定速度换向的装置，箱型刀架逐渐被淘汰。19世纪60年代后，采用丝杠使工作台往复运动的形式开始让位于齿条齿轮结构。美国于1836年制造出第一台加工大型平面的龙门刨床，床身用花岗岩制造，其上开槽安放铸铁导轨，工作台借助平链条和链轮沿床身来回运动，待加工工件固定在工作台上，整个机器置于坚实的石制基座上，刨刀安装在固定不动的龙门架上，利用工作台的往复运动来完成工件的刨削加工。费尔贝恩（Fairbairn）公司在1862年的国际博览会上，展出了一台可以加工6.10米长、1.83米宽工件的自动龙门刨床，工作台靠齿轮齿条做往复运动，刀箱鞍架可转动360º，故也可刨削垂直平面。刨床装有自动进给装置和工作台自动快速回动装置。

3. 钻床

1862年，英国惠特沃斯公司已制出有三阶塔轮的大型立式钻床。钻头在此前一直使用的是平头钻，19世纪60年代出现了直至现在还在使用的开有螺旋退屑槽的麻花钻头，使钻床的转速和进给速度均有很大的提高。同一时期，还出现了多轴钻床，这种钻床可以同时准确地对工件钻多个孔。19世纪末20世纪初，一种转塔安装在可以沿立轴上下滑动的横臂上、横臂可以左右90°旋转的摇臂钻床投诸实用。

4. 铣床与磨床

由于铣刀加工困难，虽然惠特尼在1818年即发明了铣床，但是应用并不广泛。1855年，美国发明家布朗（J.R.Brown）给铣床装上万能分度头作为其基型，可以自动铣削如齿轮等较复杂的工件，由此发明了万能铣床，后来，又制作出研磨刀头的专用砂轮机，从而完成了铣床的改进工作。随着组

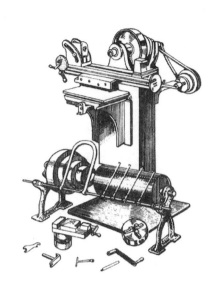

图12-2　布朗发明的万能铣床

合的成型铣刀的出现，铣床可以加工大量的不规则工件，而这正是其他机床很难做到的。1860年以前虽然已有磨床，但是磨料很不理想，直到碳化硅和氧化铝磨料出现后，磨床才得到广泛的应用。19世纪60年代后，美国研制出通用磨床，1879年，布朗－夏普公司开始制造万能磨床用于精密工件的加工。

5.滚齿机与插齿机

古代的齿轮是用木材刻制或用金属铸造的。16世纪随着钟表业的发展，齿轮制造方法大多是在装有旋转的锉刀或铣刀的切齿装置上粗切齿部，再用手工修整齿形。18世纪后期，对于较大尺寸的齿轮一般仍采用铸造方法。19世纪上半叶，在机械传动中，齿轮的应用日渐广泛。19世纪中叶前，对于精度要求不高的正齿轮，可以在车制的毛坯上画线用刨床加工，精度要求较高的各种齿轮则可以用铣床加工，但是铣削齿轮费时费工，不适合相同规格的齿轮的大批量生产。

1856年，美国的希尔（Ch.Schiele）设计出一种让成型铣刀与齿轮毛坯同步转动铣削齿轮的方法，即滚铣法，至1887年制成滚齿机。同年，美国的格兰特（G.B.Grant）申请了正齿轮滚齿机专利。10年后，德国的工程师普福特（R.H.Pfauter）制成用于滚铣正齿轮和伞齿轮的万能滚齿机。1896年，为适应汽车零部件的加工，英国的兰彻斯特（F.W.Lanchester）设计制造出第一台用于加工汽车涡轮涡杆的滚齿机。1897年，普福特所制造的万能滚齿机既可用于滚铣正齿轮，也可用于滚铣螺旋齿轮，但滚齿刀制造的误差造成的轮齿的不准确性对加工精度影响很大，直到1910年，用磨削方法精加工的滚齿刀出现后，才使万能滚齿机得到普及。

插齿机是使用插齿刀按展成法加工各种齿形齿轮的机床，插齿机的发明扩展了齿轮加工范围，1896年，美国橱窗装饰工费洛斯（E.R.Fellows）研制的插齿机还可加工齿条、非圆齿轮、不完全齿轮和内外成形表面如方孔、六角孔、带键轴等。

这些专用的齿轮加工机械的发明，使齿轮的加工精度和加工速度均有了空前的提高，为各类机械的大批量生产和后来的机械精密加工提供了条件。

（二）零部件互换式生产方式的推广

大批量生产的基础是零部件互换式生产，英国的惠特沃斯（J.Whitworth）提出的螺纹标准化是其基础。到20世纪后，大量生产方式由于泰勒（F.W.Taylor）等人创用的用科学方法管理生产、福特的汽车底盘流水线生产而进一步丰富发展，直接导致了后来自动化生产体系的出现，标准化、系列化、大型化成为20世纪工业化生产的基本趋势。

互换式生产要求加工出来的零部件满足一定范围的公差，由此要有精密的加工机械和检测手段。这种方式一般被认为是美国人惠特尼创始的。惠特尼从耶鲁大学毕业后，发明了自动轧棉机，使轧棉效率提高了50倍，他在生产这种轧棉机时，已采取了初步的互换生产方式。1798年，他与政府签订了两年内生产1万支来复枪的合同，为此他确定了枪的各部件尺寸，采用专用设备和模具分别生产各部件，设计并制造出可以使工具保持正确位置和达到规定尺寸时机器会自动停止的装置，因此无须依赖工人的双手和视力，就可以加工出合格的零件。借助模具进行加工的方法是他的首创。

采用互换式生产方式的另一人是柯尔特（S.Colt）。柯尔特16岁当了水手，1832年，在从波士顿到加尔各答的长期航海中，他发明了连发式手枪，1836年获英国和美国专利。墨西哥战争（1846）为柯尔特带来转机，他与国家警备队签订了生产1000只连发式手枪合同并委托惠特尼的工厂为之加工，惠特尼很快制造出与生产来复枪完全不同的专用机床和模具、夹具，柯尔特买下全套设备，于1847年在康涅狄格州的哈特福德创建了自己

图 12-3　柯尔特手枪（1849）

的工厂。在机械工洛特（E.K.Root）的帮助下又设计安装了各种自动化机床和许多量具、夹具。他加工这些辅助工具的费用，几乎与制造机床的费用一样多。他不但

顺利地完成了与警备队的合同，工厂也迅速发展起来。到1853年，该工厂已拥有1400台机床，手枪零部件全部实行了标准化，由此所谓"美国式"的大批量生产方式在柯尔特的工厂中得以完成。

当时美国许多企业都开始采用大批量生产方式，其中辛格（I.M.Singer）的缝纫机、麦考密克（C.McCormick）的收割机生产是对大批量生产方式的重要开拓和推广。

近代缝纫机是美国人豪（E.Howe）发明的。1844年他研究了妻子缝衣服时针的动作和织布工手拿梭子的动作，于1845年研制成功第一台缝纫机，针头上开孔，针上下直线运动。真正对缝纫机的生产、推广做出贡献的是辛格，他对豪的缝纫机进行了改革，发明了把布压住的"自由压铁"和使布连续向前运动的"连续导轮"等装置，并开始采取零部件互换方式大批量生产缝纫机，到1870年以后，年产量已达50万台。

（三）螺纹的标准化

在工场手工业时代，欧洲的工匠即使用螺母、螺栓，但螺纹没有统一的公认的规格，而是各行其是。带有丝杠和光杠的车床出现后，螺纹可以自动切削，螺纹标准化已成为急需解决的问题。

1841年英国工匠惠特沃斯提出了螺纹标准，规定螺纹剖面顶角为55°，牙谷和牙角为统一的圆形，直径以英制长度英寸为单位。螺纹标准的确定给当时的英国机床工业带来了巨大的影响，促进了互换式生产方式的采用。

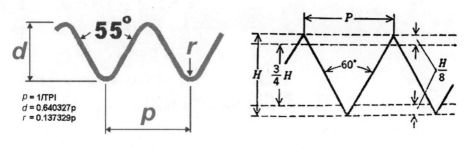

<table>
</table>

$p = 1/\text{TPI}$
$d = 0.640327p$
$r = 0.137329p$

图12-4　惠特沃斯螺纹标准　　　　　　图12-5　塞勒斯螺纹标准

1849年，惠特沃斯按照自己的理论改进了瓦特的千分尺，制成了精确测量工件尺寸的测长器。19世纪下半叶，他将标准化和精度引入整个机器制造业，被迅速推广到世界各地，为保证产品质量提供了依据。

美国学徒出身的塞勒斯（W.Sellers）于1848年在费城创办了自己的工厂，生产车床、机车车轮，致力于水压制钉机、起重机、钻孔机等许多机床的改革。为了机器的大批量生产，他研究螺纹的规格，于1864年公布了他设计的标准螺纹尺寸。他规定螺纹剖面为顶角60°的等腰三角形，在螺纹顶部和底部各为高的1/8处切成平面。他还提出按标准尺寸制造螺栓和螺母的建议，4年后他的建议被美国政府采纳，这就是后来通行的公制螺纹标准。此前，1841年英国的惠特沃斯提出的螺纹标准，经改进成为后来流行的英制螺纹标准。

螺纹的标准化是工业产品大批量生产的基础。

二、热机的发明与应用

（一）内燃机的发明

蒸汽机虽然输出功率很大，但体积很难缩小，且需要具备供给蒸汽的锅炉。小型动力机到19世纪初已引起许多人的注意并从事这一研制。19世纪出现的内燃机一开始是使用煤气的，俗称"煤气发动机"或"嘎斯机"（Gas），后来发明了至今仍在使用的汽油机和柴油机。热机按燃料在汽缸内或外燃烧分为内燃机和外燃机两大类。蒸汽机是从汽缸外部供给热蒸汽，属于外燃机；而煤气机、汽油机、柴油机的燃料直接在汽缸中点燃做功，属于内燃机。

1833年，英国的赖特（L.W.Wright）设计成一种将煤气与空气混合气体注入汽缸中，引燃后驱动曲轴旋转的发动机，虽于同年取得专利但未实际制造出来，这已向内燃机发明迈出了第一步。1838年，英国的巴尼特（W.Barnett）对这种内燃机进行了改革，他将煤气在引爆前预先压缩，并设

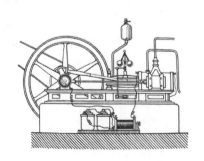

图12-6　勒努瓦煤气发动机

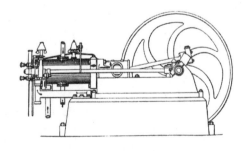

图12-7　奥托四冲程煤气发动机

计了一种巧妙的点火装置。1860年，法国的勒努瓦（J.E.Lenoir）开始制作带有电点火装置的煤气机，虽然效率不高，但到1865年左右，法国已有约400台，英国有约100台在使用。

法国的德·罗沙斯（A.B.de Rochas）对内燃机效率进行研究，1862年提出四冲程原理。1872年，德国的奥托（A.N.Otto）和兰根（E.Langen）创立"德意志煤气发动机公司"，生产他们在1866年研制的四冲程自由活塞式煤气发动机。这种煤气机通过活塞的两次往复运动完成混合气体的吸入、压缩、点火和排气过程，1878年在巴黎的万国博览会上展出的这种高效率的煤气机，获金质奖章。在工程界也将这四冲程原理称作"奥托循环"。

当时在石油炼制中对易燃的汽油不好处理，便大部分挖坑倒掉。在奥托公司工作的戴姆勒（G.Daimler）研究用汽油为燃料的发动机，1883年制成高速小型的汽油机。他采用了四冲程原理和汽化器，用热管点火。煤气机每分钟仅200余转，这种汽油机达到每分钟800转，由此确立了小型高速高效率的发动机基础。1890年戴姆勒设立"戴姆勒发动机公司"，汽油发动机开始了批量生产。

柴油发动机是德国的狄塞尔（R.Diesel）发明的，他毕业于慕尼黑大学，后在制冰机工厂工作，致力于蒸汽机的改革，设计了空气压缩机。在克虏伯公司的帮助下，他于1897年制造出实用的发动机。他在奥托机内将吸入的空气压缩而产生高温，再注入燃料，不用点火装置燃料即可在汽缸内爆燃做功，输出功率25马力。这种发动机俗称"狄塞尔发动机"。1898年，狄塞尔在慕尼黑博览会上展出了他的发动机。最初的狄塞尔发动机使用细煤粉，后改为重油、柴油为燃料。狄塞尔发动机不但用于带动发电机，1913年还制造出使用狄塞尔发动

图12-8　狄塞尔和他的发动机邮票

机的机车，后发展成内燃机车。20世纪后，狄塞尔发动机在机车、汽车、船舶特别是农用、矿用机械及坦克、装甲车方面得到应用。

（二）汽车与公路运输

汽车是当代人类最重要的大众化的交通运输工具，汽车与四通八达的公路网成为20世纪交通运输史上的一大特色，公路里程、汽车产量和拥有量成为一个国家工业发展的重要指标。

汽车制造是一门综合性技术，涉及发动机、材料、电器、橡胶、控制、机械等多方面。

1. 蒸汽汽车

蒸汽机发明后，法国陆军工程师居尼奥（N.J.Cugnot）为拉运大炮，于1769年研制出一种利用蒸汽推动活塞的蒸汽三轮汽车，能载4个人，时速为3.2千米左右，比人步行速度还慢，未能实用。1803年，特里维西克（R.Trevithick）制成装有新型高压蒸汽机的蒸汽四轮车，可乘坐8人，时速9.6千米，在伦敦演示后也未引起人们的注意。1827年，英国的加内（G.Gurney）公爵制成第一台载客18人、时速19千米、自重3吨的实用的蒸汽汽车。此后蒸汽汽车在伦敦、巴黎等一些大城市中投入使用。19世纪40年代后，由于其运行缺乏安全性、噪声大、污染严重，常受到市民的指责。直到19世纪后半叶，仍有一些人在研制蒸汽汽车，他们设法提高蒸汽机效率，缩小体积，并在控制方面大加改进。当时的蒸汽汽车时速可达40千米，在各种汽车比赛中经常领先。1906年，美国的斯坦利兄弟（F.E.& F.O.Stanley）还在研制普及型双座蒸汽汽车，时速

图12-9 特里维西克的蒸汽汽车

达205千米。但蒸汽汽车起动十分困难，一次起动要有10多个步骤，而且经常发生锅炉爆炸事故。20世纪初，由于效率高、机动性好的电动汽车、汽油汽车的出现而逐渐被淘汰。

2. 电动汽车

1859年法国人普兰特（G.Plante）发明的铅酸蓄电池，具有价格低廉、原材料易获得、使用可靠、适用于大电流放电、广泛的环境温度范围等优点，虽然也有体积大、质量过重、需经常维护的不足，但是不少人还是在研制利用化学电池为能源的电动汽车。1873年，英国人戴维森（R.Davidsson）制造出最早的电动四轮车。19世纪90年代后，哥伦比亚电气公司已生产出500多辆电动汽车。此后不少人在研制电动汽车，开发高蓄能的轻型电池和适用于电动汽车的电动机，由于适合电动汽车用的低重量、高蓄能的电池尚不完备，加之汽油汽车技术已经十分成熟，因此电动汽车一直未成为汽车家族中的主流。20世纪70年代后，由于石油和环境问题，被冷落多年的电动汽车重新引起人们的重视，不少人都在研制电动汽车，开发高蓄能的轻型电池和适用于电动汽车的电动机。

3. 内燃机汽车

19世纪20年代后，以煤气为燃料的内燃机发明不久，以煤气内燃机为动力的煤气汽车开始出现。1860年，法国人生产的煤气汽车进入实用阶段。由于煤气的不可压缩性，这种汽车需附带很大的装煤气的装置（一开始是用不透气的口袋），而且行驶里程很短，19世纪90年代后被淘汰。

在汽车家族中，发展最为完善、使用最普遍，而且质高价廉的汽车，是以汽油或柴油为燃料的汽车。

1883年，奥托公司的戴姆勒研制成功汽油发动机后，

图12-10　本茨三轮汽车

1884年将双轮自行车安装上汽油发动机，制成摩托车。1886年戴姆勒将一辆四轮马车改装成带有摩擦离合器的汽车，时速达15千米。1883年，研制煤气发动机的本茨（K.Benz）创建奔驰公司，1885年制成一台装有单缸汽油发动机的三轮汽车，时速为13千米。1890年后生产以其经销商女儿名字"梅赛德斯"命名的高级轿车，在此后的10年间销售了近2000辆。1926年，奔驰公司与戴姆勒公司合并为戴姆勒－奔驰公司。

汽车的出现，刺激了一批一直在研究"不用马的马车"的美国技师，他们在19世纪末研制出汽油汽车300辆、蒸汽汽车2900辆、电动汽车500辆，然而几乎所有的汽车价格都十分昂贵，仅是一种贵族的奢侈品。

在爱迪生电气公司担任技师的福特（H.Ford），利用业余时间研制汽车，于1896年制成第一台双缸汽油发动机的四轮汽车，1903年创办福特汽车公司，致力于大众化汽车的制造。为降低成本，他创用了利用传送带的流水线生产装配方式，自1908年开始大批量生产廉价的"T"型福特车，使汽车价格从1908年每辆2000美元降为1913年的850美元、1917年的600美元。福特汽车公司在1903—1915年间制造了100万辆汽车，到1921年达到年产100万辆的生产规模。

在美国，几乎与福特创办汽车公司的同时，别克（Buick，1903）、凯迪拉克（Cadillac，1902）、雪佛兰（Chevrolet，1911）、通用（General Motors，1908）等汽车公司相继创立，使美国成为汽车生产大国。20世纪上半叶，各国汽车公司纷纷推出自己的新型汽车。日本在第二次世界大战后，本田、

图12-11　福特T型车

图12-12　福特T型车生产线

丰田、日产、马自达等汽车公司迅速发展，到20世纪80年代，日本汽车年产800万辆，已赶上美国。到20世纪末，日本和美国的汽车年产量已达1200万辆。

在第一次世界大战中就出现了使用柴油发动机的汽车，后来大型汽车如大型客车、货车及特种车、工程机械、筑路机械多采用马力大的柴油发动机。

汽车发展到今天，已达到极为完善的地步，然而其中各项技术却是经多个国家的发明家、工程师逐渐研制完成的。发动机的启动最早是手摇的，1911年凯迪拉克在车上装用电子式启动器，1949年克莱斯勒公司采用了应用至今的电点火钥匙启动器。圆形方向盘是1894年后开始取代传统的自行车手把式或舵把式结构。1895年，在汽车上开始采用苏格兰兽医邓洛普（J.Dunlop）于1888年发明的充气轮胎。1928年出现了同步变速箱，而液压式悬挂系统是20世纪50年代后出现的，它可以极大地减少行车中的震动。20世纪80年代后出现了无级变速系统（CVT），其他如保险杠（1905）、雨刷（1916）、速度表（1902）、侧镜（1916）、内后视镜（1906）、油表（1922）、暖风（1926）、自动升降车窗（1946）、安全带（1946）、方向盘杆锁（1934）的发明与应用，使现代汽车成为操作简便而灵敏、安全系数高、速度快而舒适的代步工具。

（三）自行车与摩托车

1. 自行车

最早的雏形自行车是法国人西夫拉克（C.Sivrac）于1790年发明的。1817年，德国护林官德莱斯（K.F. Drais）在英格兰制成一辆自行车。他在一个木构架前后安装两个木轮，前边安有舵把可以转换方向，人骑在

图 12-13　麦克米兰的自行车

车上用两脚蹬地使车前进，时称"娱乐马"。1839年，英国的麦克米兰（K.MacMillan）制成带脚蹬的自行车，用连杆与曲柄将动力传向后轮。将脚蹬曲柄与车轮直接相连，则是1867年法国人米肖（E.Michaux）设计的。19世纪中叶后，自行车首先在法国流行起来。1869年，法国的穆尔（J.Morre）设计出安有轴承的自行车。1874年，英国人斯塔利（J.Starley）发明接线式辐条车轮，1876年又发明了链条与齿轮组合的动力传动方式。1880年出现了一种前轮大后轮小的自行车，人直接蹬安装在前大轮上的脚蹬使车前进。1879年，英国的兰森（H.Lanson）制成一种用安有脚蹬的曲柄机构通过链条驱动小后轮以增速的自行车，取代了行进不够安全的大前轮式自行车。后来，邓洛普发明的充气轮胎首先用于自行车上，到1890年已制造出与当代自行车结构相同的自行车。

2. 摩托车

摩托车在早期与汽车之间并无明显区别，因为一开始人们都试图用新型高效动力机安装在自行车、三轮车或四轮车上，自行车安装发动机即是后来的双轮摩托车，三轮车安装发动机即是后来的三轮摩托车，而四轮车安装发动机后演变成今天的汽车。

戴姆勒于1885年获得安装高速汽油发动机的自行车的专利，这是摩托车的第一个专利。他制成的这台摩托车，是在两个直径相同的木制车轮间立式安装空冷单缸发动机，用皮带驱动后轮，发动机安有热管点火器和表面汽化器。而本茨于1885年制成的所谓的汽车，实质上是一台三轮摩托车。

摩托车出现后，到19世纪末，法国德迪翁爵士（A.de Dion）、法国的波列（L.Bollee）、沃纳兄弟（M.& E.Werner），英国的霍尔登（H.C.Holden）均对摩托车进行了试

图12-14　戴姆勒的摩托车

制与改进，其中沃纳兄弟设计的安有小型高速发动机的普及型安全摩托车于1900年开始大量生产。1912年后，这种摩托车在市场上十分畅销，时速达72千米。

摩托车在20世纪20—30年代极为流行，意大利1928年投产的"古奇"500S型摩托车一直生产了50多年。20世纪后半叶，摩托车已经成为东南亚许多国家居民的主要代步工具。

（四）"公路热"的兴起

随着汽车的大量生产及人们对汽车观念的变化，供汽车行驶的公路在各国大量修筑，20世纪30年代成为继"铁路热"之后的"公路热"。欧洲人在很长时期内修筑的公路，基本上是导源于古罗马时期的碎石路、沙石路，19世纪初，英国在块石基层上铺筑碎石面层和全部用碎石铺筑路面获得成功。19世纪中叶，在美国出现了碎石机，在法国和英国研制成蒸汽压路机，从而使碎石路面铺筑技术开始了机械化。1854年，法国首次在巴黎采用瑞士产的天然岩沥青修筑沥青路面。1864年，苏格兰出现混凝土公路。1865年，英国在因弗内斯首次修筑水泥混凝土路面。19世纪末开始对传统公路进行改进，强化了路基和路面的渗水功能。德国、法国开始铺设碎石混凝土路面公路。

20世纪中叶后，出现了用沥青或柏油作为路面防水材料的"黑色路面"，高等级公路多采用混凝土路面，全封闭的高速公路在许多发达国家也迅速发展起来，各类筑路机械及适应不同气候、地理环境的筑路方法保证了筑路的质量和速度。"门到门"的公路运输成为有别于铁路、船运、航空的一个重要特点和优势。

随着公路通车里程的不断增长及汽车的增多，交通管理已成为必须解决的问题。美国于1914年在俄亥俄州的克利夫兰市最早采用了红绿灯管制，1918年在纽约出现了红黄绿三色灯管制系统，不久后即成为世界通用的交通灯光管制方式，而人行横道斑马线标志则是在1935年后出现的。

三、农业生产机械化

（一）农业机械的发明

17世纪前，农业生产工具的演进十分缓慢，各地主要还是沿用传统的农具。这些农具大部分是木制和石制的，效率很低，农民劳动强度大，仅在犁地、耙地、秋翻、运输方面使用畜力。而气力大、动作缓慢的牛是主要的畜力，使用这样的畜力农具再先进也发挥不出作用，这也影响了对农具改革的需求。18世纪后，欧洲一些地区开始用机动灵活的马作为田间畜力，农机具的改革也由此开始。

在英国，由于一种轻便的荷兰犁的引进，引起了人们对犁的形状改革的兴趣。英国皇家工艺学会（Royal Society of Arts）提供奖金，鼓励人们改革、研究新的农具。1785年，铸工技师兰塞姆（R.Ransome）取得淬火铸铁犁铧的专利，这种犁铧在使用中铧头可以自行磨锐。1808年，他又将犁铧设计成可以拆卸的标准化部件，使犁的易损部件可以轻易地更换。1854年英国的达文波特（F.S.Davenport）设计出带座的双轮犁，使用这种犁的农夫不再步行扶犁，而是坐在犁座上驾马即可进行耕地。

当时欧美各国的主要粮食作物是小麦，这些国家最早发明的新式农机具，几乎都是用于小麦耕种、收割、脱粒、麦壳与麦粒分离方面的。

1770年，英国律师、业余农学家塔尔（J.Tull）发明了一种用一匹马牵引同时播种三行的条播机，种子从贮种箱进入漏斗，再顺着犁沟进入垄沟中，使传统的点播变成条播。条播是播种方法的一大变革，成为后来许多谷物如小麦、稻米、小米、高粱等播种机设计的基本思想。英国技师库克

（J.Cooke）于1782
年又设计出用齿
轮传动代替皮带
和链条传动的多
行条播机，到19
世纪中叶英国农
具制造商加勒特
（R.Garrett）设计

图12-15　贝尔发明的收割机

出让种子通过可以伸缩的金属管落到地面的播撒管，霍恩斯比（R.Hornsby）发明了用有弹性的橡胶制造的种子播撒管，这些发明使多行条播机更趋完备。条播机发明后很快被欧美的许多农场采用。

　　庄稼成熟后的收割作业一直是农业生产中最费力的工作，收割机发明前一些大农场在收割季节需要雇用大量临时工。18世纪后半叶，欧洲的一些农业技师设计出各种收割机、脱粒机，但都不够成功。

　　19世纪，用机器代替人收割小麦的收割机首先在英国出现。1811年，英国的史密斯（J.Smith）制成一种用两匹马推着靠近地面的旋转圆盘收割小麦的机器。1822年，雷明顿的一位校长奥格尔（H.Ogle）发明了被称为Ogle-brown的收割机。这种收割机用马牵引，用机架右侧一个带割刀的水平臂往返运动收割小麦，割下来的小麦经旋转臂输送到后面的平台上。更为实用的收割机是英国神职人员贝尔（P.Bell）发明的，这种收割机上面的木翻轮叶片将待割小麦向后拨倒，随之被一对交错移动的刀片从根部割断，割下来的小麦被翼轮抛向后面的帆布上打成捆。可惜由于英国缺少大面积的农田，这些收割机并不太受农场主的欢迎。

　　与英国不同的是，美国农场广阔但农工严重不足，每年到庄稼收割时期尤为紧张。1831年，美国的麦考密克研制成马拉小麦收割机。该收割机由水平割刀、拨禾轮、平台、主轮、分禾器等部件组成，畜力牵引，能自动整理割下来的小麦并投入后面的工作台上，其收割的速度比人工快6倍。1834年获专利，1847年他在美国辛辛那提建立收割机械制造厂。为了批量

图12-16　马拉大型脱粒机

生产收割机，他制作了许多模具，并将许多机器摆成一排进行流水作业，由惠特尼创立的零部件互换式生产方式，在这里得到进一步的发挥。1851年，该厂制造的收割机不到1000台，1880年猛增到60000台。

进入19世纪后半叶，出现了大型的收割机，拉动这种收割机需要多匹甚至几十匹马，由几个农工联合操作。

脱谷一直是个很费力的细致工作，在18世纪前的很长时期内，农夫是使用梿枷"打谷"，用木锨"扬谷"以使谷粒与谷壳分离的。1732年，英国的孟席斯（M.Menzies）发明了由水力驱动一系列梿枷机构的机械式脱粒机，效率很高但是容易损坏。1786年，英国的米克尔（A.Meikle）发明了用旋转的轧辊与固定的带凹槽的板完成小麦脱粒的滚筒式脱粒机，后来还出现了利用这一结构的大型脱粒机，这种脱粒机要用几匹马或水力驱动。

1777年，伦敦的农具制造商开始生产一种很受农户欢迎的扬谷机。这种扬谷机由人工摇动风扇并带动筛子振动，麦壳被风扇吹出，麦粒经筛孔下落从下部流出。夏普生产的扬谷机与中国古代的风扇车在原理上是一样的，至今中国南方稻作地区的个体农户还在使用风扇车。

（二）新动力机械在农业生产中的使用

真正引起农业机械化的是用动力机械代替人力和畜力，机械化一词就是起源于农业生产中动力机械的引入。

19世纪后，由于高压蒸汽机的发明使蒸汽机开始小型化，有人试验用可移动的蒸汽机作为耕地、收割和谷物脱粒的动力，这种可移动的蒸汽机就是一种经改造的蒸汽机车，是拖拉机的最早形式。1858年，英国的福勒（J.Fowler）设计出用安放在田头的可移动蒸汽机，牵引固定在很长的钢丝绳上的犁进行耕地的方法。这种方法很快传到欧洲，为了配合这种功率大但是移动不便的动力机，不少人对农机具进行改革，出现了适合在广阔平原上同时耕作几十行垄的大型平面犁。美国由于地广人稀，在农业机械化方面比欧洲更为迫切，1855年美国巴尔的摩的赫西（O.Hussey）发明了适合蒸汽机牵引的犁。

具有很强机动性、可以在田间行驶的拖拉机的发明和在农业生产中的应用，是农业机械化的真正开端。对农用拖拉机要求的速度并不高，但是自重要大，更主要的是能在崎岖的农村道路和凹凸不平的农田中行驶。1889年，美国芝加哥的查特发动机公司制造出世界上第一台安装汽油机的农用履带式拖拉机。在19世纪末20世纪初，如同汽车一样，采用蒸汽机的拖拉机与采用汽油机、煤气机的拖拉机展开激烈的竞争，不久后柴油机、重油机也加入了竞争行列，最后，采用柴油机的拖拉机得到了市场的广泛认可。1931年，美国开始生产以柴油机为动力的拖拉机。

1932年，美国生产出一种大直径的高花纹低压充气橡胶轮胎，极大地提高了轮式拖拉机的行驶和牵引性能。比履带式拖拉机更为机动灵活的各种形式的轮式拖拉机被大量生产出来。

图 12-17 用拖拉机牵引的收割机

四、近代军事技术的进展

（一）火药、炸药、军用毒剂

1. 从火药到炸药

现代炸药起源于中国的黑火药[①]，黑火药经阿拉伯人传入欧洲后推动了欧洲军事与工程的发展，引发欧洲人对火药的研究，而欧洲工业革命和化学的进步，使火药得到改良，一些新的猛炸药、发射药被用化学方法发明出来。

1845年，瑞士巴塞尔大学教授申拜恩（Ch.F.Schonbein）用浓硫酸和硝酸混合液与纤维反应制成硝化纤维。1847年英国的硝化纤维工厂发生爆炸，但直到1865年，英国化学家阿贝尔（F.A.Abel）才发现了硝化纤维的爆炸性。进一步的研究发现其代替黑火药作为发射药既无烟发射能力又远高于黑火药，由此奠定了近代炸药化学的基础。此后，单基、双基、三基炸药被迅速制造出来。

1846年，意大利的索布雷罗（A.Sobrero）用浓硝酸、硫酸混合液与甘油反应制得硝化甘油，一开始并没有作为炸药使用，而是一种治疗心脏病的药物。这种硝化甘油是液态，对冲击、震动很敏感，运输十分危险。瑞典的诺贝尔（A.B.Nobel）对硝化甘油进行研究，于1867年用硅藻土吸收硝化甘油制成可以安全使用的达纳米特（Dynamite）炸药，1875年他将硝化纤

---

① 黑火药是用物理方法将硝石、硫黄、木炭按一定比例混合，这种混合物具有很强的爆燃性。

维溶于硝化甘油制成爆炸力更强的黏稠状的"爆胶"炸药，1887年又发明了以硝化甘油和硝化纤维为基本原料的拜里斯蒂特（Bailistite）双基无烟炸药。继诺贝尔之后，1889年，英国的阿贝尔和迪尤尔（J.Dewar）用丙酮溶解硝化纤维和硝化甘油发明了柯达（Cordite）双基无烟药，用作发射药。

在19世纪发明的猛炸药还有苦味酸（2，4，6-三硝基苯酚，TNP）、TNT（三硝基甲苯）和特屈儿（2，4，6-三硝基苯甲硝胺，Tetryl）。早在18世纪，人们就将苦味酸作为染色剂用于毛纺工业。1871年，在对德国的一家染房爆炸事件的调查中，发现了苦味酸的爆炸性，许多国家开始将苦味酸作为猛炸药使用，但因其酸性较强易腐蚀弹壳而常发生炸膛事故。1863年，德国化学家威尔布兰德（J.Willbrand）用硝酸和浓硫酸与甲苯反应制得三硝基甲苯（TNT）。这种TNT爆炸力很高，但对撞击和摩擦的敏感度很低，使用十分安全，1891年用作炸药后很快地取代了苦味酸，成为20世纪主要的猛炸药。1877年，英国化学家默滕斯（K.H.Mertens）用发烟硝酸与二甲基苯的硫酸溶液反应制得特屈儿，1906年后特屈儿用于装填雷管和炮弹。

1891年，德国化学家托伦斯（B.G.Tollens）将季戊四醇硝化后制得太安炸药，第一次世界大战后开始工业生产，在第二次世界大战中得到广泛使用，当时德国月产1440吨，美国月产500吨以上。这种炸药在第二次世界大战后，由于安定性较差而被黑索金取代。黑索金最早是作为药物使用的，1899年由德国化学家亨宁（G.F.Henning）合成。1922年，德国化学家赫尔茨（von Herz）通过硝化乌洛托品制得黑索金，此后的研究完成了其工业生产工艺和对爆炸性能的掌握而成为一种新的猛炸药。第二次世界大战期间，德国月产达7000吨。

20世纪50年代后，出现了新的猛炸药奥克托金（环四亚甲基四硝胺，HMX）及浆状炸药、乳化炸药、耐热炸药和广泛用于采矿、筑路的硝铵炸药，还出现了用于航天、导弹等在特殊环境条件下使用的特种炸药。

2. 军用毒剂

在古代的战争中，毒剂即有所使用。进入19世纪后，在克里米亚战争中，使用过有机砷化物的毒剂炮弹。美国国内战争期间，使用过氯气炮弹。

在第一次世界大战中，化学毒剂开始大规模地用于战争。

1914年8月，法国在战争中首次使用催泪弹（溴化芳烃类）。同年10月，德国首次使用了喷嚏剂（氯磺酰邻联二茴香胺）。1915年1月，德国在马祖尔湖战役中对俄军大量使用装有催泪物质的T型炮弹；同年4月，在比利时的伊普雷战役中首次向法军和加拿大军队阵地大量施放氯气，造成对方军队的大量伤亡。不久后德国将合成染料用的化工原料光气、双光气作为窒息性毒剂，将芥子气也作为毒剂使用。法国把化工原料氢氰酸作为全身中毒性毒剂，将路易氏气作为糜烂性毒剂使用。

在第一、第二次世界大战期间，德、日、美、英、法、苏等国均投入力量研制并生产各种军用毒剂。1932年，德国的施拉德（G. Schrader）研制成最早的神经性毒剂塔崩（Tabun），1938年又研制出毒性更大的神经性毒剂沙林（Sarin），不久后德国即建厂投产。美国建立了一些工厂专门研究生产芥子气、路易氏气、氮芥气及各种发烟剂和纵火剂等。苏联生产出光气、双光气、芥子气、路易氏气、氢氰酸、亚当氏气、氯化苦等多种军用毒剂，年产量达9.6万吨。第二次世界大战参战各国及日本侵华战争中均大量使用过军用毒剂。

第二次世界大战后，美国在朝鲜战争中使用过光气，在越南战争中使用过枯草剂和落叶剂。伊拉克在两伊战争及镇压本国库尔德人的战争中，都曾用过毒剂。

由于毒剂在战争中的使用，促使防生化武器装备的出现。最早是在第一次世界大战中，德国为施放氯气给士兵配的防毒口罩和装有能还原氯气的防毒面具。为防止光气和氢氰酸，防毒面具中又装填了能使光气水解、与氢氰酸中和的烧碱。除防毒面具外，还出现了防毒衣、防毒手套、防毒斗篷等。

早在1899年和1907年两次海牙会议上，即作出禁止使用化学毒剂和毒剂武器的规定，然而其后的第一、第二次世界大战中都是军用化学毒剂大量使用和生产的高峰期。化学毒剂和毒剂武器属于大规模杀伤性武器，是国际法严加禁止的，需要联合国和国际社会发挥力量，争取全面销毁并禁止生产这一不人道、违反人性的武器。

（二）兵器技术的进步

中国宋代即出现了突火枪和火铳。元朝、明朝均对火器有不少改革。但直到清末，由于中国不具备制造武器的精密设备，火器射程有限、命中率不高，火器在军队装备中始终处于次要地位，无论是汉军还是蒙军、清军，他们更相信自己练就的"武功"。

在欧洲，18世纪前用火绳点燃火药发射子弹的火绳枪和靠打击燧石发火点燃火药发射子弹的燧石枪，都是内膛光滑的滑膛枪。1776年，英国枪械技师弗格森（P.Ferguson）发明了在枪管内膛开有来复线的来复枪，并在枪管上设有标尺，不但使射程提高了1倍，达180米，而且命中率也大为提高。1807年，苏格兰牧师福赛思（A.Forsyth）发明了可用于制造火帽的雷汞，1816年即出现了铜制火帽。1849年，法国枪械技师米尼（C.E.Minie）发明了发射时能封闭枪膛的圆锥形子弹，这种子弹与1841年德国枪械技师德雷泽（J.N.von Dreyse）发明的撞针式后装弹枪相结合，成为后来步枪的基本结构。19世纪60年代后，法国的莫泽格兵工厂检验员沙瑟波（A.Chassepot）研制成口径小（11毫米）但射程达1200米的撞针式后装弹枪。不久后，出现了铜皮弹壳，进一步解决了子弹发射时气体后喷问题。

1886年，法国特拉蒙德（B.Tramond）将军领导下的军事委员会对步枪又进行了改进，口径缩到8毫米，枪长1.3米，重4.18公斤，枪管内开4条来复线，弹仓装弹8颗，使用无烟火药为发射药。该枪由于性能优良，在军中服役达50年以上。

19世纪中叶，随着钢铁冶炼技术、火炸药技术和枪械技术的进步，欧美军界开始追求如何提高子弹的发射速度问题。

真正实用的连发枪，是1862年美国农业机械师加特林（R.J.Gatling）发明的，是一种由6支14.7毫米口径组成的安于枪架上的手摇式机枪。转动曲柄，6支枪管即可依次发射。1887年，英国的马克沁（H.S.Maxim）发明可

图 12-18　加特林手摇式机枪　　　　图 12-19　马克沁重机枪

连续射击的马克沁重机枪，这种枪采用布弹链送弹，利用子弹发射时的后坐力将撞针弹簧重新上紧，并把弹壳顶出送上新子弹再击发，每分钟可发射600发子弹。由于子弹发射是持续的，枪管极易发热，因此在枪管外加有水冷套筒。

与此同时，近代的火炮技术也有了相当的进步。

14世纪中叶后，在欧洲出现铸造的青铜炮。由于当时火炮炮管长短、口径均很混乱，到16世纪中叶，西班牙国王查理五世（Charles V）和法王亨利二世（Henry II）规定了本国的火炮规格。1671年法国建炮兵团，由此使炮兵成为一个独立兵种。

16世纪欧洲主要发展的是弹道曲率大、口径大、炮身短而粗的迫击炮。17世纪英、法等国的军队广泛装备一种炮身较长、炮管长度与口径之比大于迫击炮、发射用引信引爆"榴弹"的榴弹炮。榴弹炮的炮弹爆炸威力很大，当时主要装备战舰。到19世纪初，出现了炮管长度与口径之比远大于榴弹炮，炮弹较小、射程远且可以平射的加农炮。19世纪末，法军开始装备炮管在炮架上可滑动以消除后坐力、可速射的野战炮。

第十三章

现代科学革命

19世纪末，正当经典物理学已经发展得相当完备之时，一些新的实验发现用经典物理学理论根本无法解释，由此产生了所谓的物理学"危机"，最早使用"危机"一词的是法国数学家、物理学家彭加勒（H.Poincaré）。经典物理学是建之于物体运动速度远低于光速、物体运动的空间与时间是绝对独立的，即绝对时空，以及物质具有最小的不可再分的粒子原子等基础之上的，而这些基本原则逐渐成为经典自然科学研究的基本观念和出发点。出现的所谓"危机"，实质是这些传统的科学观念束缚并影响了人们对新发现的认识和解释。

经历了19世纪末的物理学危机之后，到20世纪初，一批年轻的科学家创立了相对论、量子力学和原子结构理论，这一过程科学史学界称作"科学革命"或"现代科学革命"。至此，形成于19世纪的经典自然科学的适用范围得以阐明，在新的科学理论指导下，一批新的自然科学学科开始出现。

一、经典物理学的危机

（一）光以太问题

"以太"这个概念是17世纪法国数学家笛卡儿从古希腊哲学中借用来的。古希腊自然哲学家亚里士多德认为，构成自然界的除土、水、火、气外，在天界充斥第五元素以太。笛卡儿在1644年发表的《哲学原理》

（*Pricipia Philosophiae*）中，认为虚空充满一种易动的物质以太，否定真空的存在。后经荷兰物理学家惠更斯等人的发展，以太成为传播光的媒介。19世纪，英国物理学家麦克斯韦从理论上证明光是电磁波后，同时也用以太说明电磁波的传播。实验证明，光和电磁波都是横波，而传播横波的介质只能是固体，可见光与电磁波的速度达 3×10^8 米/秒，能以如此高的速度传播横波的介质，其弹性模量大大超过钢的弹性模量，而以太似乎质量为0，且充满空间。以太是一种什么物质，已成为当时物理学家无法解释的一个谜。然而当时科学界对以太的存在又是深信不疑的，俄国化学家门捷列夫在他的元素周期表中，将以太列为0号元素。

　　1728年，英国天文学家布拉德利（J.Bradley）发现了恒星的"光行差"[①]，由此必须假定以太相对太阳是静止的，地球在静止的以太中运动，必然会产生"以太风"。

　　为了证明以太是绝对静止的，科学家开始寻找运动物体穿过静止以太而遭遇到的"以太风"，美国物理学家迈克耳孙和美国化学家莫雷（E.W.Morley）在英国物理学家瑞利（J.W.Rayleigh）的帮助下，设计了一套高精度的"干涉仪"，自1887年起进行了多次试验，但最终未能发现证明以太存在的干涉条纹，说明光速各向恒定，且不受速度叠加影响，实验以失败告终。1893年，英国物理学家洛奇（O.J.Lodge）用两块质量巨大的钢盘高速旋转让光通过两圆盘的间隙，以寻找以太可能受巨大质量的影响，但也以失败告终，即以太没有像地球上的固态物体和气体那样，随地球一同公转和自转。

　　至此，流行了300年的作为传播光的介质的以太，到底是何物成为一个谜团。

---

① 由于地球的运动，观察者看到的天体方向是地球运动速度与来自天体的光的速度的合成方向，即视方向，视方向与天体真正方向的角度差称作"光行差"。

（二）阴极射线、X射线与电子的发现

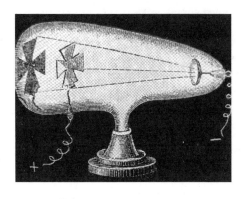

图13-1　阴极射线实验

1854年，德国玻璃匠盖斯勒（H.Geissler）制成高真空玻璃管，即盖斯勒管。管两端封有两个电极，当给两个电极加直流高压时，发现管中真空放电，电路导通，且在阴极对面的管壁上出现淡绿色辉光。1869年，德国物理学家、明斯特大学教授希托夫（J.W.Hittorf），发现在两极间放一个物体，辉光之中会有其阴影。1876年，德国物理学家戈尔德斯泰因（E.Goldstein）认为在这种情况下阴极发射出的是一种射线，他称之为"阴极射线"，并认为这种射线是一种电磁辐射，类似于"以太波"。1879年，英国物理学家克鲁克斯（W.Grookes）对经改进的盖斯勒管即"克鲁克斯管"（阴极射线管）进行试验，发现射线受磁场影响，证明射线带电。1885年，克鲁克斯在阴极射线管中放置一个小叶轮，阴极射线管通电后小叶轮会旋转，证明阴极射线的带电粒子具有质量。

1895年，德国实验物理学家伦琴（W.C.Röntgen）在用阴极射线管实验时，意外发现涂有荧光物质的氰亚铂酸钡的纸屏被感光（出现荧光），进一步实验发现其具有很强的穿透能力。由于不知射线是什么，他命名为"X"射线。

至此为止，在物理学界认为原子是不可再分割的"基本粒子"的思想仍未能动

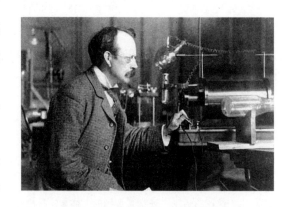

图13-2　约瑟夫·约翰·汤姆生

摇，对阴极射线及X射线还只停留在表象的认识上。

1897年，英国剑桥大学三一学院院长、物理学家约瑟夫·约翰·汤姆生（J.J.Thomson）和他的学生在对阴极射线的研究中发现电场也能使阴极射线偏转，并计算出阴极射线粒子运动速度达 1×10^8 米/秒，测得其荷质比（电荷与质量之比）为带电氢原子（即氢离子）荷质比的1770倍，由此约瑟夫·约翰·汤姆生认为，组成阴极射线的粒子可能是电的"最小单元"，也就是爱尔兰物理学家斯托尼（G.J.Stoney）命名的"电子"，其电荷与氢离子的电荷相等，质量为氢原子的1/1770。1912年，美国物理学家密立根（R.A.Millikan）进一步测得电子电荷 $e = 4.775 \times 10^{-10}$ 静电单位，质量 $m=9.11 \times 10^{-28}$ 克，即氢原子质量的1/1836。

电子的发现，彻底打破了经典物理学认为原子不可分的观念，导致20世纪对原子结构和电子的研究。

（三）放射性的发现

1895年德国物理学家伦琴发现的X射线，引起物理学家们的极大兴趣。彭加勒认为，X射线可能与荧光物质有关，法国巴黎理工学院教授、物理学家贝克勒耳（A.H.Becquerel）于1896年2月偶然发现，将包好的铀盐（硫酸双氧铀钾）与照相底板放在一起，底板被深度感光，并认为铀盐可能放出一种新的不同于X射线的新射线。这一发现引起物理学家们更大的兴趣，开始转向对这一未知射线的研究。

1898年，法国物理学家、索邦大学教授居里夫人（M.S.Curie）和德国的施密特

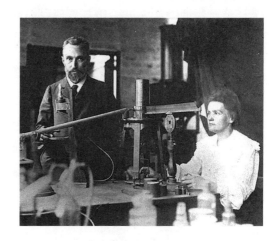

图13-3　皮埃尔·居里夫妇

（G.C.N.Schmidt），同时发现了元素钍具有放射性。1898 年 7 月，法国索邦大学教授居里（P.Curie）和夫人，从沥青铀矿中成功地提取出一种放射性强度相当于铀 400 倍的未知元素。他们将之命名为钋（Po），进而于 1898 年 11 月又提取出一种放射性更强、化学性质与钡相似的未知元素，他们将之命名为镭（Ra）。

1899 年，贝克勒尔发现镭射线能被强磁场偏转，居里夫妇进一步实验发现镭射线在磁场中分为两束，一束被磁场偏转，另一束不受磁场影响。剑桥大学卡文迪许实验室的卢瑟福（E.Rutherford）用实验证实了这是两种不同的射线，命名为 α 射线和 β 射线。1900 年，法国物理学家维拉德（P.Villard）发现了另一种高能射线，称为 γ 射线。进一步的研究很快弄清了 α 射线是带正电的粒子流，β 射线是电子流。但直到 1909 年，卢瑟福才弄清楚 α 射线是氦核流。此前，1903 年卢瑟福和索迪（F.Soddy）提出了原子的蜕变理论，指出任何放射性过程都是原子蜕变过程，也就是某些化学元素会自动地蜕变为另一类化学元素，而且，在放射性元素的辐射过程中，都伴随着能量的辐射，在这里，能量守恒定律似乎也遇到了困难。

（四）黑体辐射

经典物理学认为，一切自然现象都可以用数学模型（数学公式）加以描述，而且只有被数学模型描述的解释过程，才是科学研究的最终理论解释。19 世纪末，在对黑体辐射[①]的理论解释中，出现了按经典理论无法解释的问题。

经典物理学认为，黑体对能量的辐射和吸收是均匀的，而且应当能用一个数学模型加以描述。1879 年，奥地利物理学家斯特藩（J.Stefan）通过实验提出一个描述热辐射的公式（单位时间辐射或吸收的能量与辐射体绝

---

① 为对辐射进行理论研究，物理学界抽象出一个没有任何其他热现象干扰的具有完全吸收或辐射的理想物体，称之为"黑体"。

对温度4次方成正比）。1884年，奥地利物理学家玻尔兹曼（L.E.Boltzmann）从理论上导出这一公式，亦称"斯特藩－玻尔兹曼定律"，这一定律描述了热辐射的总能量与时间的关系。

1893年，德国物理学家维恩（W.Wien）导出黑体辐射能量集中区随温度升高向波长较短方向移动的数学公式（维恩位移定律），1896年又导出描述黑体辐射能量按波长分布的定律，即维恩辐射定律。然而该定律在长波（低频）部分却与实验事实不符，或者说维恩辐射定律只适用于热辐射的短波段。

1900年，英国物理学家瑞利（J.W.Rayleigh）与金斯（J.H.Jeans）从理论上推出瑞利－金斯定律，然而该定律虽然在长波段符合实验事实，在短波段却与实验不符。

为解决这一矛盾，从事热力学研究多年的德国柏林大学教授、物理学家普朗克（M.K.E.L.Planck）在维恩位移定律和瑞利－金斯定律之间建立了一个内插法公式，构造出以他的名字命名的辐射定律，这一定律与黑体辐射各波段均相符，而且，波长较长时，该公式接近瑞利－金斯定律，波长较短时，接近维恩位移定律。1900年10月19日，普朗克在德国物理学会上，以《对维恩位移定律的改进》（Über eine Verbesserung der Wienschen Spektralgleichung）为题，公布了这一公式。这是一个半经验公式，为了对其进行理论解释，在玻尔兹曼的帮助下，引入能量子 $\varepsilon=h\nu$ 概念，并认为辐射不是连续的，而是按能量子实现的，即黑体辐射和吸收均是量子化的。其中 h 是基本作用量子，是一个新的普适常数，称作"普朗克常数"，数值为 6.5×10^{-27} 尔格/秒，ν 为辐射频率。1900年12月14日普朗克向德国物理学会公布了他的这一研究成果。

图13-4 普朗克

二、相对论、量子力学、原子结构学说的创立

（一）狭义相对论与广义相对论

相对论的创立，是20世纪初最伟大的科学成果之一。与近代其他学科的创立不同，相对论（狭义及广义）几乎是爱因斯坦（A.Einstein）一个人在10余年内完成的，1905年他提出狭义相对论时年仅26岁，还是瑞士伯尔尼专利局的一个普通职员，他既没有使用什么先进的科学仪器，也没有科研经费，纯粹是凭个人爱好业余完成的。

1. 伽利略相对性原理

经典力学的相对性原理，又称"伽利略相对性原理"，是17世纪初伽利略在研究惯性定律和加速运动时提出的。他认为，力学规律在某一坐标系中成立的话，那么它在与这个坐标系以速度 v 作匀速直线运动的另一坐标系中也成立。或者说，描述自然的基础方程式在两个相互匀速直线运动的系统中，是等价的。这样的坐标系又称"惯性系"，相互间有如下变换式：

$$x'=x-vt, \quad y'=y, \quad z'=z, \quad t'=t$$

这也称"伽利略变换"。牛顿的运动方程对伽利略变换是不变的，这也叫作"牛顿力学中的相对性原理"。

图13-5 爱因斯坦宣读论文（1905）

但是伽利略变换对麦克斯韦的电磁场方程式是不适用的，因为迈克耳孙－莫雷实验证明，光速在任何方向上是恒定的，与坐标系无关。为此，洛伦兹（H.A.Lorentz）于1892年提出假设，即运动物体沿运动方向的长度相对于处于绝对静止状态的以太，会按 $1:\sqrt{1-\dfrac{v^2}{c^2}}$ 收缩，并于1904年提出适合电磁现象的洛伦兹变换：

$$x' = (x-vt)\bigg/\sqrt{1-\frac{v^2}{c^2}} \ , \ y'=y, \ z'=z, \ t' = (t-\frac{v}{c^2}x)\bigg/\sqrt{1-\frac{v^2}{c^2}}$$

当物体运动速度 v 远小于光速 c 时，洛伦兹变换变成伽利略变换。而且，洛伦兹变换也反映出，静止系中的同时刻，在运动系中不再是同时刻。

2. 狭义相对论

1905年，爱因斯坦在德国《物理学年鉴》（*Annalen der Physik*）杂志发表了5篇论文，其中《论动体的电动力学》（Elektrodynamik Bewegter Körper，1905.6）以完整形式提出了等速运动体的相对性理论。

在该文中，爱因斯坦提出了作为狭义相对论基础的两条假设：

（1）狭义相对性原理：对于相互等速直线运动的坐标系，一切物理规律（力学及电磁学的）都是不变的；

（2）光速不变原理：在一切坐标系中，光在真空中向任何方向以一定的速度 c 传播。

否定了长期以来困扰科学界的以太的存在，否定了牛顿力学中的绝对时空观念和绝对静止概念，并根据相对性原理和光速不变原理，推导出新的时空变换关系，即洛伦兹变换。由此导出"同时刻"概念不是绝对的，随观测者运动状态改变，而且长度、时间、质量都因观测者的运动状态而变化，即尺缩（长度变短）、钟慢（时间变长）和质量增大效应：

$$l = l_0 \sqrt{1 - \frac{v^2}{c^2}} \ , \quad t = t_0 \bigg/ \sqrt{1 - \frac{v^2}{c^2}} \ , \quad m = m_0 \bigg/ \sqrt{1 - \frac{v^2}{c^2}} \quad (l_0 、 t_0 、$$

m_0 为静止状态的长度、时间和质量)

爱因斯坦在《物体的惯性同它所含的能量有关吗？》(Ist die Trägheit eines Körpers von seinem Energieinhalt abhängig?，1905.9) 一文中，提出物体的质量可以度量其能量。[①] 1907年，爱因斯坦推导出著名的质能关系式 $E=mc^2$，即物质与能量具有等价性。这一原理导致了1932年英国物理学家狄拉克 (P.A.M.Dirac) 发现正电子，更为后来原子能的研究和利用提供了理论依据。

质能关系式提出后，对其哲学解释形成了两派截然不同的观点，以爱因斯坦为首的西方哲学界从实证主义出发，认为质量与能量作为物质世界的两种不同存在形式的表征，是可以互相转化的；苏联、东欧及中国的哲学界则从机械论的牛顿质量概念出发，认为西方的解释否定了物质的客观实在，是典型的客观唯心论，他们对此的解释是，作为物质度量的质量和作为运动度量的能量，是相互伴随、各自独立变化的，不存在相互间的转化。

3. 广义相对论

由于狭义相对论是针对互相等速运动坐标系的，即所谓惯性系的，那么对于相对加速运动的坐标系又会如何呢？爱因斯坦从加速系统的物理规律及万有引力入手，开始了对广义相对论 (General Relativity) 的研究。1907年，提出了惯性质量与引力质量的相对性，确立了广义相对论的两条基本原理：

（1）广义相对性原理：相对性运动原理对于相互做加速运动的参照系

---

① 其余3篇论文是：《关于光的产生和转化的一个启发性观点》(Über einen die Erzeugung und Verwandlung des Lichtes betreffenden heuristischen Gesichtspunkt，1905.3)；《分子尺寸的新测定法》(Eine neue Bestimmung der Moleküldimensionen，1905.4)；《热的分子运动论所要求的静液体中悬浮粒子的运动》(Die von der molekularkinetischen Theorie der Wärme geforderte Bewegung von in ruhenden Flüssigkeiten suspendierten Teilchen，1905.5)。这5篇文章的汉译文见范岱年、赵中立、许良英编译：《爱因斯坦文集》第二卷，商务印书馆1977年版。

仍然成立；

（2）等效原理：引力场同参照系的相对加速度在物理上完全等价。

利用匀加速参照系与匀引力场的等效性，又统合了狭义相对论和牛顿的万有引力定律，将引力场描述成因时空中的物质与能量而弯曲的时空，取代了传统物理学对于引力是一种力的看法。揭示了时空结构（四维时空）同物质分布的关系，提出引力方程的完整形式。

1908年，德国数学家闵可夫斯基（H.Minkowski）在科隆举行的第八十届自然科学与医学大会上发表《空间与时间》（Raum und Zeit），提出四维时空的数学表示。他把某一时刻的空间点（x、y、z、t）称作"世界点"；把一切可设想的点的集合，称为"世界"。由此确定了表征时空结构性质的标准欧几里得时空度规概念。

爱因斯坦于1913年发表《广义相对论纲要和引力理论》（The Outline of General Relativity and the Theory of Gravity），认为时空度规依赖于物理过程，并创立了依赖于引力场的柔性度规。在其同学、生于匈牙利的数学家格罗斯曼（M.Grossmann）的帮助下，把黎曼张量运算引入物理学，把平直空间张量扩展到弯曲的黎曼空间。1915年爱因斯坦在普鲁士科学院的报告中，提出了新的引力场方程：

$$R_{uv}=-K\left(T_{uv}-\frac{1}{2}q_{uv}T\right)$$

其中 R_{uv} 为黎曼张量，T_{uv} 为物质的能量张量，$\frac{1}{2}q_{uv}T$ 为能量守恒项。

1916年，爱因斯坦发表《广义相对论基础》（Die Grundlage Der Allgemeinen Relativitätstheorie），对广义相对论进行了全面总结，证明了牛顿理论可以作为相对性引力理论的一级近似，预言了谱线红移、光线在引力场弯曲和行星轨道近日点摄动。这些预言均被后来的实测所证实。

广义相对论是关于万有引力的理论，并未涉及电磁场理论，而带电的基本粒子周围有电磁场，外电磁场对这些带电粒子也有作用力，创立将万有引力与电磁力统一起来的"统一场理论"以解释物质的基元结构，成为爱因斯坦后半生的主要工作。

狭义相对论与广义相对论的创立，从根本上改变了经典物理理论关于物质、能量、运动、时间和空间的观念。

（二）量子论与量子力学

20世纪的另一重大科学成果是量子论及量子力学的创立。如果说广义相对论针对的是几十亿光年的宇宙的话，那么量子论针对的就是原子及原子核组成的微观世界。

量子论导源于1900年普朗克对黑体辐射现象的研究，普朗克的量子假说提出后，在经典量子论和量子力学建立中，一批年轻的物理学家做出了重要贡献。

1905年，爱因斯坦发表《关于光的产生和转化的一个启发性观点》一文，提出了光量子（光子）假说，揭示了微观客体的波粒二象性并成功地解释了光电效应。

1913年，28岁的丹麦物理学家玻尔（N.H.D.Bohr）利用量子论提出原子模型假说，成功地解释了氢原子光谱问题。

图13-6 玻尔

1924年，32岁的法国物理学家、索邦大学教授德布罗意（L.V.de Broglie）提出物质波假说，提出微观粒子具有波粒二象性的假说。认为如果粒子在随时间或位置变化的力场中运动，粒子可以用波函数 Φ（x.y.z.t）表征的物质波来描述。爱因斯坦用物质波理论研究了单原子理想气体，同印度物理学家玻色（S.N.Bose）共同建立了玻色-爱因斯坦统计方程。

1927年，26岁的德国理论物理学家海森堡（W.K.Heisenberg）发表《量子理论运动

学和力学的直观内容》（Ueber den anschaulichen
Inhalt der quanten theoretischen Kinematik und
Mechanik），试图建立一种新的只用可观察量表
示的量子理论，提出了矩阵力学的思想，以及对
波函数的概率解释和测不准原理。德国43岁的
波恩（M.Born）和23岁的约尔丹（E.P.Jordan）
运用矩阵方法为海森堡的新理论建立了一套严密
的数学基础，由此使矩阵力学成为量子力学的另
一种形式。

图13-7　薛定谔

　　1926年，39岁的奥地利物理学家薛定谔
（E.Schrödinger）连续发表了4篇论文，创立了波动力学，提出关于电子的量
子力学方程——薛定谔波动方程。

　　量子力学在创立过程中，提出了许多在经典物理学中不可思议的重要
理论，如微观粒子的波粒二象性（而且发现用任何实验手段都不可能同时测
得这两种性质）、测不准关系（微观粒子位置变量 Δx 与动量变量 Δp 不可能
同时测定，即 $\Delta x \Delta p = Const$）以及互补原理、电子云、隧道效应等。这些
科学发现提供出一幅与我们习以为常的宏观现象完全不同的微观图景，科学
地揭示了原子结构、核结构等微观物质结构，开拓了化学物理、结晶物理、
低温物理以及磁共振、界面物理等新的研究领域。特别是经典物理学中一直
作为因果关系唯一表达形式的机械决定论，在这里已经失去意义。

（三）原子结构与核结构

　　19世纪末，由于电子、放射性、X射线的发现，对经典物理学中所认
为的原子是物质的最小微粒的观念产生了重大的冲击，一些科学家开始研究
原子的结构以及核结构问题。

　　物理学家们在对原子结构的认识过程中，提出了几种主要的结构模型：

1. 均匀球体模型

由赫姆霍兹（H.L.F.Helmholtz）提出。他原来认为，原子是以太中的旋涡，1897年约瑟夫·约翰·汤姆生发现电子后，他提出一种原子由带正电的均匀球体组成、电子分布在球内的原子结构模型。

2. 果脯面包模型

又称"葡萄干布丁"模型，1903年由约瑟夫·约翰·汤姆生提出。他认为正电荷像块面包，电子嵌在其中，电子所受的引力与其到球心的距离成正比，当电子受到扰动时会以确定的频率振动，由此可定性地解释原子的稳定性和线光谱。

3. 土星模型

1904年由日本物理学家长冈半太郎提出。他认为原子有一个很小的带正电的核，而电子像土星光环那样绕核运动。长冈的这一设想由于缺乏实验支持，有很强的自然哲学性质。

4. 行星结构模型

1911年由卢瑟福提出。他基于1908年发现的a粒子散射中有大角度散射的现象，认为原子中存在体积极小（10^{-10}～12^{-12}厘米）带正电的而且集中绝大部分质量的核，电子绕核运动如同行星绕太阳运转一样，由此发现了质子，并推导出描述a粒子散射的数学模型。

5. 玻尔的轨道量子化模型

该模型1913年由玻尔提出。由于卢瑟福的原子结构模型没有能给出表征原子半径的物理量，而且不具有力学与电动力学的稳定性。[1] 为此，玻尔引入角动量量子化、定态、跃迁等概念，认为电子绕核运转有固定的轨道，电子在不同轨道上运转其能量不同，不同轨道上的电子吸收或发射两个轨道间的能级差的辐射，则发生电子的跃迁。由此成功地解释了氢光谱。不久后德国物理学家索末菲（A.J.W.Sommerfeld）对玻尔的这一模型进行了改造，

---

[1] 一个绕核快速运动的电子，相当于一个电振子，必然要发射电磁波、会很快失去能量。据计算，原子中的电子这时会沿螺线运动，并在10^{-8}秒内落到原子核上。详见［美］乔治·伽莫夫：《物理学发展史》，高士圻译，商务印书馆1981年版，第228～230页。

提出椭圆轨道概念，并用三维球坐标取代了玻尔的平面极坐标，得出电子空间量子化的结论。

随着量子力学的发展，1925年1月，奥地利物理学家泡利（W.Pauli）提出"不相容原理"，10月，荷兰莱顿大学的学生乌伦贝克（G.E.Ühlenbeck）和美国物理学家古德斯米特（S. A.Goudsmit）发现电子自旋。1926年薛定谔又提出"电子云"，使原子结构建之于量子力学的基础上，形成了现代关于原子结构的理论。

图13-8　查德威克

对原子核结构的研究也是20世纪物理学的重要成果。

19世纪末放射性元素的衰变和元素放射性的发现，导致了20世纪对原子核结构的研究。

1914年，氢原子核被命名为质子。后来实验发现，原子核的核电荷数只是质量数的一半或更少，为此1920年卢瑟福预言原子核中存在一种与质子质量相同但不带电的中性粒子。1932年，这种粒子被卢瑟福的学生、英国物理学家查德威克（J.Chadwick）发现，被命名为中子。同一年，海森堡和苏联物理学家伊万年柯（Д.Д.Иваненко）各自提出原子核由质子和中子组成的核模型，由此解释了化学元素周期律。

由于涉及原子核内部质子间、中子间及中子与质子间的结合关系，一些人提出了不同的原子核结构模型。主要有1932年意大利物理学家费米（E.Fermi）提出的"气体模型"，1935年玻尔等人提出的"液滴模型"，1949年德裔美籍物理学家迈耶夫人（M.G.Mayer）提出的"壳层模型"，1950年哥伦比亚大学雷恩沃特（L.J.Rainwater）提出的"综合模型"。在实际研究中，经常是将几种模型特别是后两种结合起来，以解释原子核的实验事实。

由于对原子核结构的研究，加之大量微观粒子的发现，很快发展出一门研究这些基本粒子的新学科——高能物理学。

三、科学革命与科学观念变革

科学家在整理并试图说明实验事实时，必须借助于一些最基本的观念和以假说确定下来的概念之间的基本关系。或者说，一切科学研究总是力图以数量最少的基本概念和逻辑上互不联系的基本假设为基础去建立相应的科学理论。

科学理论是一个由科学概念和概念的相互关系组成的逻辑体系，人们从事科学活动的目的就是要利用一种完备的观念或逻辑思想体系去解释客观事物，探求未知。这种观念或逻辑思想体系可以称作科学观念。爱因斯坦认为，在现代科学革命中，只有科学观念确定之后，科学家才用数学定量方法把理论表述出来，并与实验进行比较，以修补或扩充理论。

在相对论、量子力学理论的创建中，可以清楚地看到，虽然科学观念像数学公理一样，构成了科学理论的逻辑基础，然而两者在科学理论的建立中起到的作用不尽相同。数学可以仅从其公理出发，依靠纯粹的逻辑推理方法推导出自己的理论体系；而科学观念即科学基本概念和基本假设，却只是为理性的实验及经验知识提供一个思维准则，为把这些知识构造成理论体系提供一个基本构架。科学理论的概念、原理、定律和公式并不能仅从科学观念中用纯粹逻辑方法演绎出来。而且在科学革命中，并没有改变、抛弃以往的经验知识，只是改变了理解这些知识的准则，并把这些知识合并到新理论的构架中。或者说，一切科学理论都以一定的科学观念为构架，并以相应的实验及经验知识为依据；科学观念为理论地整理实验及经验知识提供了逻辑基础；新的实验及经验知识突破旧观念的框架，会导致整个理论的根本变革。科学革命在本质上，是传统的科学观念被经过创新且被实证的新的科学观念替代的过程。

第十四章

现代科学体系的形成

进入20世纪后,相对论、量子力学、原子及核结构理论的形成,不但对经典的自然科学进行了补充和修订,更由于各类观察、测量技术手段的进步,使人类可以对微观世界和更为广阔的宇宙、地球乃至生命有更为深入、全面的认识,自然界的奥秘被不断揭示,人类对自然的认识不断深入而全面,现代自然科学体系开始形成。

一、核物理学、基本粒子、现代宇宙论

(一)核物理学

自古以来,不少民族就在探讨世界的本原问题。古希腊、罗马、印度都出现了被希腊人称为"自然哲学"这一探究世界本原的学问。这些学问普遍带有猜测性、思辨性和朴素唯物论的特点。在英国化学家道尔顿(J.Dalton)创立近代原子论后的100余年里,人们都认为原子是物质最小的不可再分的基本粒子,经典自然科学就是建立在这一假说之上的,这也是经典物理学的基础。但是1897年英国物理学家约瑟夫·约翰·汤姆生发现电子、

图14-1　卢瑟福

1911年英国物理学家卢瑟福发现质子后，科学家们开始探讨原子核的结构。

1919年，卢瑟福用α粒子轰击氮原子得到人工核蜕变生成物氧17的原子核，1934年，法国物理学家约里奥－居里（Joliot-Curie）用α粒子轰击铝原子核，得到放射性同位素磷30。这些事实证明原子核的结构在一定情况下是可变的。

1932年，查德威克发现中子后，意大利物理学家费米考虑到中子不带电，可以直接轰击带电的原子核，因此自1935年开始进行用中子轰击原子核的人工核反应实验。通过实验发现，用石墨或重水使中子减速后再去轰击原子核时，由于中子与原子核接触时间长，中子被原子核俘获而增大核反应的概率增大。

奥地利物理学家梅特纳（L.Meitner）在分析费米用中子轰击铀产生的分裂物时，认为铀235的稳定性很小，铀核俘获一个中子后会分裂成大致相等的两个原子核。梅特纳的侄子弗里施（O.R.Frisch）随即用实验证明了铀核裂变后的两种元素为钡（Ba）和锝（Tc）。他们在细胞分裂的启示下，把这一反应命名为"核裂变"。1939年1月，梅特纳和弗里施在英国《自然》杂志上公布了这一发现，并根据1907年爱因斯坦提出的质能关系式，预言铀核裂变会放出大量的能量。

流亡到美国的费米和玻尔立即对这一发现进行研究，费米于1939年提出链式反应的设想，同时约里奥－居里等人又发现铀核分裂时会放出2～3个中子，由此确认了链式反应的可能性。

（二）基本粒子

进入20世纪后，对原子及原子核结构的研究，使人们认识到原子以及原子核也是有结构的，人们所认识的基本粒子的数量、种类不断在增加，一幅微观世界的图景已经愈来愈清晰。

1926年，量子力学形成后产生了三个研究方向，即量子力学与狭义相对论结合的问题、原子核的β衰变及核子间的结合力。

图14-2 狄拉克

图14-3 海森堡

在第一个方向上，英国物理学家狄拉克（P. A. M. Dirac）于1928年提出相对论电子波动方程式时，发现方程的4个解中，两个对应于电子正能态，两个对应于电子负能态，他1931年提出存在"反电子"和"反质子"的预言。查德威克发现了中子后，1932年，美国物理学家安德森（C.D.Anderson）在宇宙射线中发现了反电子，命名为"正电子"。第二年，法国物理学家齐保德（J.Thiband）和约里奥－居里夫妇发现正负电子相遇会湮灭而产生光子的现象，由此揭示了微观世界具有对称性。1955年后发现了反质子和反中子，进一步证实了这一结论。

在第二个方向上，1931年，奥地利物理学家泡利在研究β衰变时，发现有少量能量和动量缺失，认为可能被不知名的粒子带走，并将这种粒子命名为"中微子"。1933年费米按这一假说创立了β衰变理论，认为在β衰变中，中子转变为质子、电子和中微子，质子在适当条件下也会转变为中子、正电子和中微子，形成了关于自然界中除万有引力、电磁力外的第三种力——弱相互作用力的最初理论。由于中微子与其他粒子作用力极为微弱，直到1958年才被发现，同时发现了反中微子。

在第三个方向上，苏联物理学家伊万年柯用弱相互作用力研究原子核中质子与中子结合的力时，发现理论值远小于实际值。1932年，海森堡提出交换力概念，认为质子与中子间不断交换一个电子，才使二者密切结合在一起。

1934年，日本的汤川秀树认为交换的不应当是电子，而是可以产生更强大的力的介子，介子是传递核力的媒介，其质量应介于电子与质子之间，大约是电子的200倍，由此创立了介子场论，并预言了自然界中第四种力——强相互作用力的存在。1937年，安德森等人利用云室在宇宙线中发现接近汤川预言的介子，到1947年发现了汤川预言的介子。

这样，到1947年已知的基本粒子有光子（γ）、电子与反电子（e，e^+）、质子与反质子（p，$\bar{p}$）、中子与反中子（n，$\bar{n}$）、中微子与反中微子（v_m，$\bar{v}_m$）、传递核力的介子（π^+，π^0，π^-）及宇宙线中的介子与反介子（μ^+，μ^-）。

1947年后，由于同步加速器、泡箱和云室技术的进展，又发现了许多新的粒子，一类比质子、中子重，称为"超子"（Λ、Σ、Ξ、Ω），一类比 π 介子重，称为"K介子"，它们产生得快但衰变慢，又称"奇异粒子"。

各种粒子在一定条件下可以相互转化，在转化中遵循一定的对称性（宇称）守恒规律。1956年，杨振宁、李政道发现，在电磁作用和强相互作用下宇称守恒，在弱相互作用下宇称不守恒。

许多科学家进而探讨基本粒子是否还有结构的问题。1964年，美国的盖尔曼（M.Gellmaun）发现只要引入三种基础粒子，就可以对基本粒子的组成做出统一解释。他认为参与强相互作用的粒子（质子、中子、电子）都是由u、d、s及其反粒子u^-、d^-、s^-组成的，他将u、d、s称为"夸克"，夸克带分数电荷，分别为$\frac{2}{3}e$、$-\frac{1}{3}e$、$\frac{1}{3}e$。这一模型称作"夸克模型"。

20世纪60—70年代，许多实验都证实夸克是存在的。但至今未能探测到自由夸克，有人认为夸克永远被囚禁在强子之中，称为"夸克幽禁"。20世纪70年代，出现了描述强相互作用的新理论——量子色动力学。这一理论认为，与电磁场相对应的是胶子场，电磁场的作用量子是光子，胶子场的作用量子是胶子。胶子与电子静止质量均为0。光子不带电荷但胶子带色荷，有8种不同色荷的胶子把夸克牢牢地黏结在一起。介子由一个夸克和反夸克组成，正反夸克颜色相互抵消，重子由红、绿、蓝三色夸克组成，合为无色，因此夸克虽然带色，但介子、重子无色，并把人们看不到带色的自由夸克和胶子称为"色禁闭"。1979年，丁肇中小组的实验首次提供了找到胶子存在的证据。

　　人类对微观世界的认识正在由于实验手段的进步而不断深入，加速器的发展将为人类研究基本粒子不断提供强有力的手段。尤其是1954年欧洲核子中心（CERN）成立后，1959年质子同步加速器启用后，几年间取得一系列重要成就：1965年首次观察到反核子，1981年首次产生质子与反质子碰撞，1983年发现W、Z^O粒子，1995年首次产生反氢原子。

（三）现代宇宙论

　　进入20世纪后，天文观测借助射电望远镜及各种先进的光学仪器，特别是20世纪后半叶航天器的应用，使人类对宇宙有了重要的新发现，一幅新的宇宙图景被描绘出来。

　　1912年，美国天文学家勒维特（H.S.Leavitt）发现小麦哲伦星系有许多造父变星，提出造父变星光变周期与亮度的周光关系。1918年，美国天文学家沙普利（H.Shapley）利用这一关系计算出银河系直径为8万光年，厚度为3000～6000光年，太阳系位于距中心3万光年处。

　　1913年，美国天文学家罗素（H.N.Russell）发现恒星光度分布在光谱等级图的左上方到右下方的序列上，他称为"主星序"。在此基础上，他提出恒星演化过程：恒星起初是体积大密度小的红巨星，因自身不断收缩密度加大，温度上升，颜色变白，当因收缩放出的热不足以抵消辐射消耗时，温度开始下降，恒星沿主星序向右下方演化。英国天文学家爱丁顿（A.S.Eddington）于1924年发现，恒星质量越大光度越大，反之光度越小。他将恒星分为红巨星、主序列星和白矮星三类。

　　1917年，美国天文学家霍尔（G.E.Hale）在威尔逊山上帕洛马天文台建成100英寸反射天文望远镜，1924年，美国天文学家哈勃（E.P.Hubble）利用帕洛马天文台的100英寸天文望远镜在仙女座星云、三角座旋涡星云及大马座MGC6822中发现了造父变星，估计距离为90万光年。这三个星云不属于银河系，而是与银河系范围差不多的河外独立星系。1929年，他提出星系红移（退行速度）与距离间的关系：光速×红移量＝哈勃常数×距离，即哈勃定律。由红移与距离间的关系，发现远方的星系以更快的速度远离中心运动，由此发现了整个宇宙处于膨胀之中。爱丁顿认为，这是对1927年荷兰天文学家德·西特（W.de Sitter）提出的宇宙膨胀论的证实。1932年，比利时天文学家勒梅特（G. Lemaitre）以宇宙膨胀论为基础，提出大爆炸宇宙论，认为原始宇宙处于"原始原子"状态，爆炸后的碎片形成今天的宇宙。

图 14-4　哈勃在帕洛马天文台

1940年，美国无线电学家雷伯（G.Reber）制成射电天文望远镜，观测银河系中的射电源，英国天文学家赖尔（M.Ryle）制成更大的射电天文望远镜，观测宇宙中射电源的分布状态，发现100亿光年以外的射电源以光速95%的速度向外逃逸，其周围的射电源急剧减少。1949年，美国天文学家伽莫夫（G.Gamov）对此作了解释，他认为宇宙始于高达几十亿摄氏度的高密度的"原始火球"，球内基本粒子发生热核反应而爆炸向外膨胀，之后开始冷却，爆炸后形成的各种粒子形成各种元素及宇宙各星球，由此使"大爆炸宇宙论"成为较为完整的科学假说。

1964年，美国的彭齐亚斯（A.A.Penzias）和威尔逊（R.W.Wilson）利用贝尔实验室新建的一座极为灵敏的无线接收机接收通信卫星信号时，发现一种消除不掉的各向同性的噪声辐射，相当于绝对温度3.5K（开氏温标），确定为一种始于100亿光年前的宇宙微波背景辐射。1965年，他们与普林斯顿大学研究"原始火球"遗迹的小组共同研究后确信，这正是"原始火球"的遗迹。

20世纪70年代后，由于美国天文学家勒温（R.Levee）等人的工作，对恒星在主星序前的演化过程有了认识：恒星起源于星胚，它是由弥漫稀薄的星际物质经引力场缩聚而形成的高密度尘埃和气体。在塌缩过程中，星胚中心密度不断增大，内核温度升高而发热，当内核温度达1000万摄氏度时，氢核聚变开始，恒星由此进入主星序。一个质量像太阳的恒星，星前阶段需要几百万年，质量比太阳大5倍的恒星则仅需要几十万年；而恒星在主星序阶段可达几十亿乃至上百亿年。进入主星序阶段的恒星，内核氢聚变反应大体完成，生成大量的氦，在引力作用下星体塌缩，内部密度加大，温度升高，氦聚变反应开始，在核心区外因温度升高发生氢聚变推动外壳膨胀，恒星体积变化，表面温度降低而变为红巨星，这时期会抛失物质甚至像超新星那样大爆发。

恒星在核能耗尽后，会因其质量不同成为白矮星、中子星或黑洞。

质量小于1.25个太阳质量的恒星最后演化为白矮星，这是一种密度极高、表面温度和亮度极高的恒星遗骸。目前已发现1000多颗白矮星，如天狼星伴星的质量与太阳差不多，但直径仅为太阳的2%，密度为太阳的5×10^3倍，亮度仅为太阳的2%。

质量在1.25～2个太阳质量之间的恒星，最后演化为中子星，中子星直径仅为几十千米，密度比白矮星高1亿倍以上。在中子星中，电子与质子结合为中子，星内物质压缩到原子核的密度。1962年，英国剑桥大学的休伊斯（A.Hewish）发现了蟹状星云内一颗快速自转的发射快速稳定脉冲信号的中子星，目前已发现了330多颗中子星。

质量大于2个太阳质量的恒星会不断收缩，其密度愈来愈大以至于使其引力大到使一切辐射和物质都不能外逸而形成黑洞。目前已发现几个可能的黑洞，如天鹅座c-1、天琴座b及御夫座e等。

20世纪60年代后，天文学家通过大量的观测发现了一些用现有的科学知识无法解释的天文现象，在对这些奇异天文现象的解释中，科学家们提出了存在暗物质（Dark matter）和暗能量（Dark energy）的假说。天文学家推测，宇宙中最重要的成分是暗物质和暗能量。暗物质是一种比光子还要小的物质，不带电荷，密度非常小，能够穿越电磁波和引力场，存在于人类已知的物质之外。暗能量是一种充溢空间具有负压强、能够增加宇宙膨胀速度的能量。宇宙中所有恒星和行星的运动，都是由暗物质（产生万有引力）、暗能量（产生斥力）推动维持的。暗物质约占宇宙总质量的25%，暗能量约占宇宙总质量的70%，人类在宇宙中能观察到的物质只占宇宙总质量的5%。

　　随着宇宙飞船、行星探测器的应用，探空技术的不断进步，使人类认识到在茫茫宇宙中，唯有地球具备生物生存的条件。珍惜、保护我们生存的地球，已成为国际社会的共识。同时，通过分光分析发现，星球与星际间拥有多种有机物存在。到1977年，在星际分子中发现了31种有机物，为进一步研究生命起源和探讨地球外文明提供了新的线索。

二、地球科学与生命科学

（一）地球科学

　　关于地球地貌的形成问题，一直是地学家们关心的课题。

　　1912年1月，德国地理学家魏格纳（A.L.Wegener）在法兰克福地质协会上提出大陆漂移说，1915年出版了他系统阐述其观点的著作《海陆的起源》（*The Origin of Continents and Oceans*）。他认为在古生代，全球只有一个大陆，称为"联合古陆"，中生代联合古陆开始分裂、漂移，逐渐形成了今天的各个大陆和岛屿、海洋（对各地质年代的时间，随着研究的深入而有所调整）。这一学说提出后受到持大陆固定说学派的反对，为了寻找大陆漂移说的直接证据，他两次去格陵兰探险，在50岁生日那天遇难（1930年11月1日），争论暂时消沉下来。

　　20世纪50年代后，由于地球物理学和地质学的进展，地学界开始利用声纳及海洋重力、地磁地热测量仪等先进设备，开展了大规模的海洋考察

图14-5 魏格纳（左）50岁生日时与助手维鲁姆森在格陵兰营地合影，之后遇难（1930.11）

活动，如"国际地球物理年"（1957—1958）、"上地幔计划"（1961—1971）、"深海钻探计划"（1968）等。到20世纪50年代末，已基本弄清了大西洋海底中洋脊、深海沟、断错带和海底平山（顶部被海水蚀平的海底古火山）等大洋底地貌及其分布，认识到深海沟是海底地壳的下沉消减带，中洋脊是海底地壳的上升带，大西洋脊与后来发现的印度洋和北冰洋中洋脊相连，魏格纳的大陆漂移说得到学界的肯定。美国地质学家赫斯（H.H.Hess）和迪茨（R.S.Dietz）分别于1961年和1962年提出海底扩张说，他们认为地幔中存在岩浆对流，地幔的热物质从中洋脊地壳裂缝处涌出上升形成厚约100千米的岩石圈，并以每年几厘米的速度向两侧扩展。海洋地壳遇到大陆地壳就会沉入地幔中。由于海洋地壳不断更新，因此海底没有比中生代更古老的地层。这一假说后来经过威尔逊（J.T.Wilson）测定，发现海洋各岛屿的岩石离中洋脊愈远其年代愈久远而得到证实。

20世纪40年代，英国物理学家布莱克特（P.M.S.Blackett）曾提出太阳及地球磁场的成因论，并制成精度达10^{-7}高斯的地磁仪。1957年，布莱克特和英国地球物理学家朗康（S.K.Runcon）发现，在不同地质时期地磁极不同，他们认为欧美大陆曾是连在一起的，不存在大西洋，否则无法解释他们通过对岩石磁化方向测定所发现的地磁极移动偏差。

20世纪60年代末，法国地质学家勒·皮雄（X.Le Pichon）和美国地质学家摩根（W.J.Morgen）、英国地质学家麦肯齐（D.P.Mckenzie）在大陆漂移、地幔对流、海底扩张说的基础上，创立了板块构造说。这一学说认为，地球岩石圈的基本构造是板块，板块的边界是中洋脊、转换断层、俯冲带和地缝合线，由于地幔对流，板块在中洋脊发生分离和扩张，在俯冲带和地缝合成处消减。全球分为欧亚、美洲、非洲、太平洋、澳洲和南极洲六大板块。板块边缘是板块构造变动最剧烈的地方，通常称为地震带。

根据板块学说，大西洋还在不断扩展，太平洋在不断缩小，红海、东非大裂谷和加利福尼亚湾在不断开裂，有可能形成新的海洋。西藏高原是印度板块挤入欧亚板块下形成的。

板块构造说是在对海洋地壳与大陆地壳相结合研究的基础上，提出的一种地壳运动模式，它揭示了大陆与海洋的演变原因与过程，对研究地形地貌成因、地震、矿脉分布、生物演化及气候变化有基础性理论作用。

（二）生命科学

细胞是生物的基本单元。19世纪中叶细胞学说创立后，1895年英国化学家奥韦顿（C.E.Overton）发现了细胞核，到19世纪末，一般认为细胞是由细胞膜、细胞质和细胞核所组成。20世纪后，由于电子显微镜技术的进步，细胞的结构和功能得到进一步阐明。

1934年，英国解剖学家本斯利（R.R.Bensley）对线粒体进行研究，发现线粒体与琥珀酸氧化酶及细胞色素氧化酶结合，在细胞内具有呼吸器官的作用，进而发现线粒体是细胞能量的转换中心，与磷酸化偶联合成ATP（三磷酸腺苷）。1947年，美国生物学家波特（K.R.Porter）发现线粒体有内外两层膜结构，1956年又进而发现线粒体是由内外膜、内外室、嵴及基质组成的，具有与ATP合成有关的氯化磷酸化作用等多种功能。

1953年，美国细胞学家帕拉德（G.E.Palade）发现，内质网上有 1.5×10^{-8} 米左右的核糖体，弄清了核糖体参与合成蛋白质的作用。1957年，生物学界根据细胞内有无明确的细胞核，将细胞分为原核细胞和真核细胞两类。前者（如细菌、藻类）没有定形的细胞核，脱氧核糖核酸（DNA）呈环状分布在细胞质里；后者有固定的细胞核，主要成分是由DNA的组蛋白缠绕而成的染色质[①]。1959年，发现多种膜具有蛋白—磷酸—蛋白三层结构，细胞外周膜除了具有将细胞与外界隔离的作用外，还具有物质输送、能量转换、信息传递、细胞识别多种功能，ATP提供的能量是由膜主动输送的。20世纪60年代后，生物学界弄清了神经和激素对细胞代谢的调节作用，认识到细胞本身具有遗传信息和代谢信息的储存和传递功能、合成复杂高分子及核酸和蛋白质的功能，是一个既具内部能量交换又保持整体动态平衡的复杂系统。

现代遗传学创始人奥地利神父孟德尔将决定生物体性状的因素称作"遗传因子"。1900年，荷兰的德·弗里斯（H.M.de Vries）、德国的科伦斯（C.Correns）、奥地利的丘歇马克（S.E.Tschermak），各自独立地再次发现了孟德尔的遗传定律，1909年，丹麦遗传学家将"遗传因子"改称"基因"（Gene）。

1930年，美国生物学家莱文（P.A.Th.Levene）将酵母核酸称作"核糖核酸"；将"酵母核酸"中的糖分子少一个氧原子的胸腺核酸，称作"脱氧核糖核酸"。1934年，莱文将构成核酸的许多片段称作"核苷酸"，这些核苷酸由一个嘌呤（或嘧啶）、一个糖分子和一个磷酸分子构成。脱氧核糖核酸的英文缩写为DNA，核糖核酸的英文缩写为RNA。

1953年，美国的沃森（J.D.Watson）、英国的克里克（F.H.C.Crick）等人通过实验发现了DNA双螺旋结构，进而对其上的遗传密码进行了解

图14-6　克里克（左）与沃森（右）

---

① 1882年，德国解剖学家弗莱明（W.Flemming）将细胞核中易于被碱性染料染色的部分称作"染色质"。

读，弄清了基因表征于DNA大分子上的一段多核苷酸序列，突变和重组是核苷酸碱基对上的变化，揭示了生物遗传的结构特征。1955年，奥乔亚（S.Ochoa）等合成RNA。1957年，美国生物化学家科恩伯格（A.Kornberg）以此为基础合成DNA。1959年，奥乔亚体外合成RNA获得成功。

到20世纪60年代，基本上弄清了蛋白质生物合成的过程：DNA将遗传密码信息传给mRNA（信使核糖核酸），mRNA通过中间受体tRNA（转运核糖核酸）指导氨基酸进行蛋白质合成：

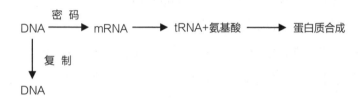

第二次世界大战后，生物学界开始从分子水平上研究生命现象，出现了包括分子遗传学、生物物理学、生物化学在内的分子生物学。DNA复制、遗传基因、蛋白质合成、酶的功能等成为其重要研究方向，利用生物学、物理学、化学方法，利用先进的实验设备进而从生物体高分子的结构和功能的角度探求生命现象。1997年，苏格兰爱丁堡罗斯林研究所的胚胎学家伊恩·维尔穆特（P.S.Ian Wilmut）培养出历史上第一只体细胞克隆羊。

到20世纪末，克隆技术（无性繁殖技术）已相当成熟。今后，克隆技术将成为人为控制物种发展与变异的重要手段，然而这需要有一定的为国际社会共同认可的法律约束，以使其发展只能造福于人类。

图14-7　维尔穆特与他的克隆羊

三、科学分类的历史沿革与现代科学体系的形成

自然界乃至人类社会本来是一个相互联系的总体，学科是人类对这一总体的各局部进行分门别类研究的结果。

科学体系涉及学科的分类及各学科间的构成关系，各门学科的划分反映了科学研究对象及方法内部的联系和客体自身的和谐，是人类在一定认识阶段试图使已有知识系统化的产物，反映出人类认识自然的系统化知识的隶属关系。

当代学科的分支在不断扩展，学科的层次在增多，许多新兴学科已超越了本学科的传统性质，而具有较强的"交叉""渗透""边缘"等特点。

（一）科学分类的历史沿革

对科学进行分类的思想和尝试古已有之，但严格来说，古代只是知识分类，到近代以后才出现了科学分类。在19世纪前，从事科学分类的大都是一些哲学家和自然哲学家，他们分类的目的是从总体上把握人类已有的知识，分类的内容往往包含当时人类所掌握的全部知识。在当代，科学分类已经成为科学规划、科学教育、科学研究和科研管理必要的基础知识。

近代最早对科学进行系统分类的，当推英国哲学家弗朗西斯·培根。他认为，科学的使命是创建知识世界，科学就是整理感性材料，从个别上升到一般，由经验归纳成理论，把人类知识分为史学、哲学（理学）、诗学三大类。由于弗朗西斯·培根受所处时代的局限，而将各门学科的界限绝对化，使他的分类体系成为科学分类史上机械唯物论的代表。

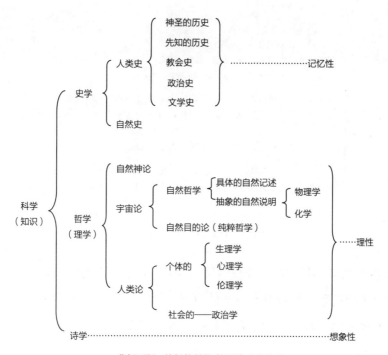

弗朗西斯·培根的科学（知识）分类体系

第一次将辩证发展的思想观念引进科学分类中的是德国哲学家黑格尔。发展变化的思想是黑格尔进行科学分类的核心，他认为整个科学是"研究理念他在或外在化的科学""自然是自我异化的精神""是作为他在形式中的理念产生出来的"。他的整个分类体系构成了他的唯心主义哲学的总体框架，统一于绝对理念。所谓绝对理念，也就是由思维的最抽象要素所形成的理念。绝对理念在其不同发展阶段形成了逻辑学（研究

图14-8　黑格尔

绝对理念自在自为的科学）、自然哲学（研究绝对理念他在或外在的科学）、精神哲学（研究绝对理念由他在回复到自身的科学），各学科之下又按三段论式构成结构严谨的九大子门类，使黑格尔的分类体系成为一个自我完善的

和谐体。

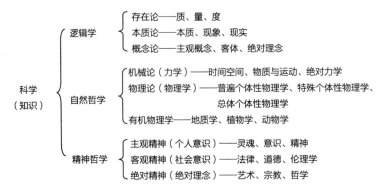

黑格尔的科学（知识）分类体系

19世纪是科学发展的"理性世纪"。随着人类认识自然手段的提高，探索新领域形成的新学科以及原有学科的初步分化，使经典自然科学体系大体形成。与此同时，社会科学也有了相应发展，许多哲学家提出了一些新的科学分类方案。

英国哲学家、社会达尔文主义者斯宾塞，根据对各门学科性质的研究，将科学分成三大类：关于形式规律的抽象科学、关于要素规律的抽象具体科学、关于结果规律的具体科学。总体来看，他的分类是以研究对象作为基准的，但同时又根据数学与逻辑学在研究方法上的相似划分成与自然科学相并列的一类。

科学 {
　抽象科学（形式规律）——数学、逻辑学
　抽象具体科学（要素规律）——力学、物理学、热学、光学、电学
　具体科学（结果规律）——天文学、地质学、生物学、心理学、社会学

斯宾塞的科学分类体系

德国哲学家、心理学家冯特（W.M.Wundt）从实证主义的角度以研究方法作为分类基准，将科学分为形式性科学和实质性科学两大类。在实质性科学中又依据研究对象分为自然科学和精神科学两类，自然科学是研究脱离认识主体的客观事物的，精神科学则以认识主体为研究对象，这两门科学又

各自按学科性质分为现象性的、发生性的和体系性的三类。

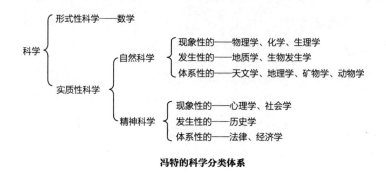

冯特的科学分类体系

英国数理统计学家、哲学家毕尔生（K.Pearson）根据其广博的科学知识以及对科学史的研究，在19世纪末提出了一个科学分类体系。他在这一体系中，将科学分成抽象科学和具体科学两大类，前者是关于知识方法的学问，后者是关于科学内容的学问，其间由应用数学相统一。具体科学又分成研究无机现象的物理性科学和研究有机现象（包括社会现象）的生物性科学两类。他将社会学定义为研究人类群体心理生活的学问，包括伦理学、政治学、法律学等，相当于今天的社会科学。

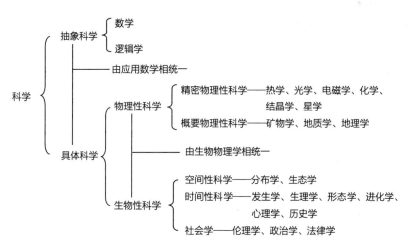

毕尔生的科学分类体系

新康德主义巴登学派创始人、德国哲学家文德尔班（W.Windelband）

对冯特的科学分类体系进行了改造，他将"规定普遍法则为目的的自然科学和以一次科学、个别的记述为目的的历史科学"加以区分，将前者称为"法则确立学"，将后者称为"个性记述学"。

在科学分类史上第一次从辩证唯物主义提出科学分类思想的是恩格斯，他在《自然辩证法》这部未完成的手稿中指出："每一门科学都是分析某一个别的运动形式或一系列相互关联和相互转化的运动形式的。因此，科学分类就是这些运动形式本身依据其内部所固有的次序的分类和排列。"并根据当时科学发展情况，把物质运动从低级到高级分为机械运动、物理运动、化学运动、生物运动和社会运动五种基本形式，把科学对应于基本运动形式分为力学、物理学、化学、生物学和社会科学五大部类。这种既注重研究对象本身的性质，又注重各研究对象发展变化及相互联系的科学的分类思想，对于认识现代科学纷纭复杂的学科体系具有指导作用。

这些学科分类基本上都是知识分类，将社会科学与自然科学并列，较为完整地描述出当时人们对自然与社会知识的掌握程度，具有很强的知识综合性与普遍联系性。也可以看到，当时对社会科学（知识）与自然科学（知识）并没有严格区分，科学是一个广义的概念。

（二）现代科学体系的形成

20世纪以来，19世纪形成的自然科学门类既在分化又在综合，新学科大量涌现，传统学科也在增加新的内容，科学体系的立体网络正在形成。自然界本来是一个相互联系的总体，只是由于人类在不同的认识阶段上，对客观自然把握的深度和广度的不同，对自然进行分门别类的研究，才导致了学科的出现和分化。200年前，一个人可以同时在不同的若干研究领域成为"专家"，然而在学科纷纭复杂的今天，用个人毕生精力要在某一领域取得桂冠，也是相当困难的。

由于自然科学学科门类的庞杂和学科层次的分化，很难构造一个包含全部自然科学学科门类的体系结构图示，下面仅给出一个大体的体系框架①：

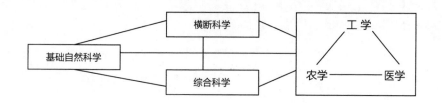

　　在这一体系图中，横断科学包括数学及20世纪中叶兴起的系统论、信息论和控制论等，这类学科对任何学科（包括社会科学）均适用，具有工具性，也可称为"工具学科"。

　　基础自然科学包括物理、化学、生物、天文、地学五大门类及其子学科，它们是以探求自然界相应领域的规律、特征为己任的，在自然科学体系中，具有基础性作用。

　　综合科学是20世纪兴起的以多学科的理论与方法研究特定大系统（自然或社会）的一类学科总称，包括城市科学、环境科学、军事科学、老年学等多种门类，这些学科还可分为若干子学科。例如，环境科学包括环境工程学、环境数学、环境电磁学、环境化学、环境生物学、环境地质学、环境毒理学等几十门。

　　实用性较强的则是应用自然科学，包括工学（工程技术科学）、医学（医学科学）和农学（农学科学），这三类既包括应用性的基础科学（如医学中的医学生物学、生物化学），也包括应用性的技术科学（如医学中的内科学、外科学）。它们三者之间又具有很强的联系，如医学、农学要借助工学提供的工具、机器、仪器，又反过来为工学提供新的研究、研制方向。

---

① 姜振寰主编：《自然科学学科辞典》，中国经济出版社1991年版。

第十五章

20世纪上半叶的新兴技术

19世纪电力技术革命的成果到20世纪上半叶得到全面的推广和应用，由此开始了社会生产和社会生活的电气化。20世纪60年代后，以微电子技术和电子计算机技术为核心的信息控制技术成为近代以来第三次技术革命的重要内容，引起了社会生产、生活和管理的自动化。20世纪70年代后，一个以信息产业为代表的新产业群迅速兴起，工业社会开始向后工业社会（信息社会）过渡。

一、科学管理与生产的自动化

（一）现代科学管理理论的产生与发展

"科学管理"一词是19世纪末美国的泰勒创用的。当时，美国工厂的生产十分混乱，企业主对每个工人一天的合适工作量茫然无知，工人则消极怠工以发泄对企业主的不满。泰勒认为，这种低效的管理主要是只凭经验、预感行事造成的，如果工人和管理者都知道本身的工作要求，以及完成或不完成这些要求的后果，劳资关系就会变得和谐，生产效率也会提高。

泰勒为了确定工人的工作定额，以切削工（车工）为研究对象，对生产过程进行了时间研究，把工人的操作分解为若干要素，用秒表测定完成每个要素的时间，对生产进行动作研究。他为了确定车床切削速度标准，用了26年的时间对刀具进行改革，还发明了高速切削钢。

1911年，泰勒在美国机械工程学会的年会上，发表了他的研究成果《科学管理原理》（The Principles of Scientific Management），提出科学管理法。他的科学管理法提出后，遭到工会的激烈反对，他们认为，这样工人会因其动作标准化、机器人化而失去人性，将导致工人间剧烈的生产竞争。列宁（В.И.Ленин）则认为："资本主义在这方面的最新成就泰罗制，同资本主义其他一切进步的东西一样，既是资产阶级剥削的最巧妙的残酷手段，又包含一系列的最丰富的科学成就，它分析劳动中的机械动作，省去多余的笨拙的动作，制定最适当的工作方法，实行最完善的计算和监督方法等等。"

图15-1 《科学管理原理》封面

并要求"应该在俄国组织对泰罗制的研究和传授，有系统地试行这种制度并使之适用"。[①]

第一次世界大战后，由于受俄国十月革命的影响，各国工人运动高涨，加之1921年和1929年的经济危机，资本主义各国为了摆脱困境而大力推动产业合理化，科学管理和管理手段得到重视。

科学管理与大量生产方式的采用，虽然提高了生产效率，但却造成工人因过度疲劳而劳动意欲低下的问题。由此出现了吉尔布雷斯（F.B.Gilbreth）和巴恩斯（R.M.Barnes）等人的动作经济研究。梅奥（G.E.Mayo）自1927年起用了5年时间在芝加哥的一家工厂进行调查试验，弄清了生产效率与劳动意欲和人际关系间的相互影响，认识到管理中人际关系的重要性。斯隆（A.P.Sloan）针对当时市场变化引发的企业竞争，在其通用汽车公司提出了"集中领导、分权管理"的新管理体制，使其公司在

---

① 《列宁选集》第3卷，人民出版社2012年版，第491～492页。

1929年的经济危机中反而迅速成长起来。不久后，管理进入了数学化、精密化、多样化阶段。

管理学在20世纪迅速成为一门涉及自然科学、工程学、经济学、心理学、人类学和社会学的综合科学，成为现代企业管理的基本理论。

（二）自动化生产方式的确立

19世纪50年代零部件互换式大量生产方式的确立，形成了所谓单一化（Singleness）、标准化（Standardization）、专业化（Specialization）的"3S"技术体系，以及由大量机床、模具夹具和少量熟练工人、大量不熟练工人组成的机械化生产体系。1910年后，由于这一时期出现了以传送带为中心配有大量单功能机、专用机械构成的流水线大量生产方式，使这一生产系列中从事任何工作的工人的效率，受制于传送带的速度。因此在"3S"的基础上，又加上了同步化（Synchronization），即"4S"技术体系。到20世纪20年代，科学管理法中的时间、动作研究开始在传送带工作系列中采用，设置成将加工与输送有机结合的自动生产线。

图15-2　流水线生产方式（1913）

在大量生产方式中，20世纪初美国出现了汽车底盘自动组装流水生产线，以传送带为基础的发动机加工自动生产线于1924年在英国出现后，1929年即传至美国。第二次世界大战后出现了大型高性能的自动化生产线。到20世纪60年代，具有记忆、运算、控制功能的更为完备的控制装置的电子计算机，与自动化生产相结合，出现了自动化机械生产体系以及数字控制型的NC工作机械和群管理的自动机械体系。

自动化（Automation）一词是1948年福特公司副经理黑德（D.S. Hader），为新设立的研究新式自动机械的部门起的名字，由"自动地"（automatic）和"作业"（operation）合并而成，此后，各工厂的生产方式迅速向自动化方向发展。1958年，美国出现了能自动调换刀具自动加工的机械加工中心和自动化机械手，这种自动化因起源于底特律汽车生产流水线，也称"底特律自动化"；而像化工厂、炼油厂所实现的从原料到成品的全工序自动控制的生产过程，称作"工序自动化"，此外还出现了"办公自动化"。

在自动化生产中，机器人是必不可少的一种自动机械。机器人一词源于1920年捷克作家恰佩克（K.Capek）讽刺机械文明的剧本《罗苏姆的万能机器人》（*Rossum's Universal Robots*），剧中机器人的名字叫Robot。美国阿贡国家实验室于1950年研制成有压力感应的工业机械手，1959年美国Unimation公司的总经理恩格尔伯格（J.Engelberger）和德沃尔（G.Devol）合作研制出世界上第一台工业机器人。日本于1962年引进美国机器人制作技术开始大力研制和改进。1968年，美国斯坦福研究所研制出智能机器人，此后机器人的研制和应用迅速普及开来。机器人实质上是一种模仿人的功能的自动化机器，可以在特殊环境下代替人的工作，在太空、深海、矿井以及排雷作业等方面得到广泛应用，而机械手在汽车装配等行业中更是具有无可替代的作用。

二、 航空工业的兴起

（一）气球、飞艇与滑翔机

人类自古以来就幻想能在空中飞行，古希腊、阿拉伯及东方各民族均流传下来许多关于人类飞行的神话和传说。到中世纪，欧洲有人模仿鸟的飞行，制造各种由人工支配的翼，进行冒险飞行实验，但均以失败告终。列奥纳多·达芬奇自30岁起用了20余年研究鸟类的飞行，完成了《论鸟的飞行》（Codice sul volo degli uccelli）手稿，科学地论述了鸟的飞行原理，并设计了扑翼机、降落伞和直升机。18世纪后，作为飞机前奏的飞行器有气球、飞艇和滑翔机。

1783年6月5日，法国的蒙戈尔菲耶兄弟（J.& J.E.Montgolfier）将热空气充入气球，气球升高457米，滞空10分钟。同年8月27日，法国物理学家查理（J.A. Charles）公开表演了氢气球升高914米，滞空1小时。在第一次

图15-3　查理氢气球升空　　　　图15-4　利连塔尔进行滑翔机试验

世界大战中气球被用于高空侦察，第二次世界大战中日本曾用气球携带炸弹袭击美国。20世纪后半叶，气球主要用于高空宇宙观测和气象研究方面。

飞艇是一种可以控制飞行方向和速度的"气球"。1851年，法国技师吉法尔（H.J.Giffard）制成了用小型蒸汽机驱动螺旋桨的飞艇，并于1852年9月24日驾驶飞艇飞行了28千米。1898年，法国的桑托斯－杜蒙（A.Santos-Dumont）制成安装戴姆勒汽油发动机的飞艇，这些飞艇均采用不透气编织物的充气气囊，其下用绳索吊挂吊包的结构方式，俗称"软式飞艇"。1898年，德国人齐伯林（F.Zeppelin）研制成功以轻金属铝制成外壳、在内部各小包室中放置氢气囊、用汽油发动机驱动的硬式飞艇。1909年，齐伯林创办德莱格飞艇公司，开始了旅客空中运输。1929年8月8日，齐伯林公司生产的大型硬式飞艇"齐伯林伯爵号"完成了环球航行。1936年，齐伯林公司完成了装备完善、设备豪华的巨型飞艇"兴登堡号"，该艇1936年3月首航，总航程达332571千米，曾37次跨越大西洋，1937年5月7日在美国新泽西州赫斯特湖的海军机场降落时，遭雷击起火爆炸。"兴登堡号"飞艇的失事，宣告了飞艇时代的结束。

18世纪末19世纪初，英国人凯利（G.Cayley）就从空气动力学的角度对飞行器进行了研究，确立了飞行器升力、飞行稳定性和飞行控制的有关理论。1799年凯利设计了一个滑翔机，1805年又设计了一个带垂直尾翼的滑翔机，并于1849年和1853年进行了滑翔机载人飞行试验。19世纪不少飞行爱好者设计了各种形状的滑翔机和动力飞机，但是真正对20世纪载人动力飞机发明起了重要影响的，是德国人利连塔尔（O.Lilienthal）的滑翔机试验。他从1891年至1896年制成了12种滑翔机，进行了上千次的试验，积累了大量有关滑翔机结构和空气动力学方面的资料。1896年8月9日，他驾驶自制的滑翔机进行飞行试验时，被意外刮来的大风吹到悬崖上而遇难。

（二）莱特兄弟首次载人动力飞行

动力飞机的研制已有很长的历史，早在1842年，英国人亨森（W.S.

图15-5 莱特兄弟动力飞机飞行成功

Henson）设计并制造了名为"飞行蒸汽车"的动力模型飞机，这是一架用蒸汽机驱动两个螺旋桨的单翼机，翼展45.72米，该机有保持稳定的可操纵尾部和离地、着陆的三轮装置，但试飞未能成功。1848年英国的斯特林费洛（J.Stringfellow）制造三翼式模型飞机，以蒸汽机为动力，用木头和帆布做成弧形机翼和独立的机尾，曾进行过短时间的飞行，是安有动力装置的固定翼飞机的最早飞行。

美国的莱特兄弟（W.& O.Wright）自幼学习机械，后从事设计并生产当时非常流行的自行车，有很强的机械加工与设计能力。1900年至1902年间，莱特兄弟制成3架双翼滑翔机，通过试验掌握了相关飞行知识。在这一基础上，他们设计制造了一台功率为8.8千瓦的4缸水冷式汽油发动机，并根据风洞升力表设计制造了两台直径为2.59米的双叶螺旋桨，安装在新设计的飞机机翼后两侧，用自行车链条与发动机相连。这台动力飞机总重约360公斤，翼展12.3米，驾驶员卧在下机翼中间操纵。

自1903年9月起他们为试飞进行了大量的准备工作，12月17日10点，奥维尔·莱特驾驶飞机在威尔伯·莱特在地面的照料下，成功地进行了飞行试验，虽然只飞行了36.6米，滞空12秒，但它是人类首次驾驶飞机进行的动力飞行，为20世纪人类航空事业的发展揭开了新的一页。当天，他们共进行了4次试飞，第4次由威尔伯·莱特驾驶，飞行了59秒，飞行距离达260米。第4次飞行后，一阵大风将飞机吹翻而毁坏。

1904年5—6月，莱特兄弟制成4架飞机，进行了150余次飞行试验，曾连续飞行38分3秒，飞行距离达38.6千米。但是他们的飞行并未能引起人们及美国政府的足够重视。此后，美国的柯蒂斯（G.H.Curtiss）、法国的布莱里奥（L.Blériot）、法尔芒（H.Farman）等人均在自制飞机，1909年7月25日，布莱里奥驾驶单翼飞机用37分钟飞越英吉利海峡。他们在欧洲、美国各地进行了多次飞行表演并举办航空博览会。在第一次世界大战前，主要是一批航空爱好者在从事飞机的改进、制造和试验。

（三）从螺旋桨到喷气式

在第一次世界大战期间，各国政府已充分认识到飞机在战争中的重要作用，投入大量人力、物力和财力研制飞机，出现了侦察机、轰炸机，飞机生产也开始了批量化，飞机性能在短短的4年内得到飞速的提高。在1914年，飞机最大的飞行高度仅为3000米，到1918年战争结束时已达8000米，航程增加了3倍，起飞重量增加了20倍，航速增加了两倍。全世界已有近200个飞机制造公司，4年间共生产了18万多架飞机。战后，军用、民用航空及利用飞机进行远距离飞行和探险活动开始展开，英国、法国、德国、日本均成立了空军部，大力发展军用飞机。早期的双翼飞机开始转向灵便的单翼机，至20世纪40年代初，流线型全金属单翼机已成为飞机主流，这些飞机安装了变距螺旋桨和可收缩的起落架，航速已达700千米/时。

到第二次世界大战前，传统的利用活塞发动机驱动螺旋桨的飞机的速度已达极限，一种新的喷气推进方式开始出现。英国人惠特尔（F.Whittle）于1931年研制成功涡轮喷气发动机，1941年5月15日，由英国格劳斯特飞机公司（Gloster Aircraft Company）的工程师卡特（G.Carter）研制的E28/29喷气式飞机试飞成功。在此之前，德国的亨克尔公司利用奥海因（H.P.Ohain）博士研制的涡轮喷气发动机HeS-3A装备的He178喷气式飞机，于1939年8月27日试飞成功。但是，在第二次世界大战中参战的飞机主要还是螺旋桨飞机。

20世纪的后50年，是航空业全面发展的时期，由于材料技术、电子技术、无线电技术、雷达技术的迅速发展，使飞机的性能和功能都得到了新的

图 15-6 起飞中的波音747-400 　　　　图 15-7 波音747-400驾驶舱

提高。军用、民用飞机大都采用了喷气式。到20世纪60年代，各发达国家的战斗机均已超过音速，后掠翼和三角翼取代了传统的直形和梯形机翼，还出现了变后掠翼和垂直起落的飞机。第二次世界大战后的朝鲜战争、越南战争、海湾战争以及伊拉克战争，都显示了制空权在战争中的重要性。海湾战争历时42天，空袭达38天，地面战斗仅4天。制空权的获得主要在于飞机的性能，隐形飞机、全自动飞机（无人驾驶机）等新机种开始出现。在民用飞机方面，英国于1952年最早生产出喷气式客机，到20世纪60年代后，出现了一批大型的喷气式客机，著名的有美国波音公司的B737、B747、B757，道格拉斯公司的DC-10、MD-11，英法联合研制的空中客车A310、A330、A340，苏联的图-134、图-154等。

民用飞机的航速均在900千米/时左右，且装有精确的自动导航和自动驾驶设备，保证了飞行航道和飞行时间的准确性，加之机构设施的完善，飞机已成为一种快速、安全、舒适的空中交通工具。

航空技术的飞速进步，极大地缩短了人类旅行、运输的时间，与通信的进步相结合使偌大的一个地球缩成一个"地球村"，它也为抗灾救灾提供了便利的交通工具。飞机制造涉及一系列高新技术，因此，航空业的发达程度已成为一国现代化的重要标志。

三、电子与无线电技术

（一）波波夫与马可尼

电子技术与无线电是20世纪发展起来的新技术，是信息技术的基础，已成为当代高新技术的核心技术，由此导致的新产业革命又一次改变了人类的生活与生产方式。

19世纪60年代后，虽然麦克斯韦从力线和电磁场概念出发，建立了电磁场理论，可是学界对这一理论并不认可，特别是对麦克斯韦引入的位移电流（空中电波）更是无法理解。有几位年轻学者试图探求空中电波存在与否，来验证麦克斯韦的理论。

1888年，德国卡尔斯鲁厄大学的赫兹（H.R.Hertz），通过两个带电金属球间发生电火花产生的电磁振荡，证实了电磁波的存在，并阐明其传播速度、反射等均与光的性质相同。但他认为，不可能制作出能发出适当波长的振荡器和检波器，因此电磁波不可能用于通信。可是两年后，利物浦大学的洛奇（O.J.Lodge）利用金属屑受电磁波作用会导电的现象，将镍粉装在玻璃管中制成金属检波器。

俄国水雷学校教官波波夫（А.С.Попов）得知洛奇的实验后，将洛奇的装置安装上天线，装配出原始的发报和接收线路，1895

图15-8　波波夫纪念邮票

图15-9 马可尼纪念邮票

年在彼得堡大学进行了公开实验。1897年，波波夫在喀琅施塔得建立了最早的无线电报局。在对"阿非利加号"军舰触礁救助中，该局起了重要作用，由此无线电通信开始为社会所瞩目。

同一时期，意大利的马可尼（G.M.Marconi）于1894年通过意大利的电学杂志得知赫兹实验后，全力开发这一新的技术领域。1895年，马可尼将赫兹与洛奇的发明巧妙地结合，采用将镍、银粉混合制成的检波器组装成无线电收发报系统，用莫尔斯电码成功地进行了无线电发射和接收试验。1896年，马可尼携带其发明去了英国，受到英国邮政厅的重视。1897年，马可尼以用无线电将英国海岸线灯塔连接起来为由，创立"马可尼无线电信号公司"。1899年，马可尼成功地进行了跨越多佛海峡的英法间无线电通信，这一新闻报道引起世界各国的注意。1901年12月12日，马可尼从英国发出的无线电莫尔斯电码信号"S"，发送至2700千米外加拿大的纽芬兰，成功地进行了跨越大西洋的无线电通信试验。

1902年后，欧洲各国坚持使用磁检波器，美国则坚持使用电解检波器。1907年美国发明并推广使用矿石检波器后，欧洲还继续使用落后的磁检波器六七年。马可尼公司也并非一帆风顺，它受到经营大西洋海底有线电报电缆公司的极力反对，但得到皇家海军的支持，英国海军舰船间、船岸间有计划地配备马可尼的无线电报。此后，无线电报开始在世界范围内普及。

（二）电子管、晶体管与集成电路

电子元器件是电子技术的重要组件，电子元件包括电阻、电容两大主要元件系列以及电感器、滤波器等无源元件。由于介电材料的进步，各种电阻、电容被发明出来。

最早的电子器件是真空电子管。早在1883年，爱迪生在研究白炽灯时就发现了真空中热电子发射现象，即爱迪生效应。电子真空二极管是英国的弗莱明爵士（J.A.Fleming）于1904年发明的，他在真空管中用筒形金属片作阳极，把灯丝围起来，发现它有很好的整流和检波效能。1906年，美国发明家德福雷斯特（L. de Forest）在真空二极管的阳极、阴极间加入一锡箔片构成第三极，制成可以对第三极输入信号放大的三极管。后来他将第三极改成网状，又叫"栅极"。此后不少人对电子管进行研究和改革，四极管（H.I.Round，1919）、五极管（B.H.Tellegen and T.Holst，1928）、橡实管（美国无线电公司，1933），以及用于微波通信的磁控管（A.W.Hull，1921）、速调管（R.H.and S.F.Varian，1939）、行波管（R.Kompfner，1943）都被发明出来。

图15-10　真空二极管

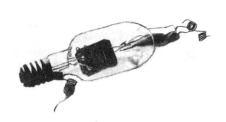

图15-11　真空三极管

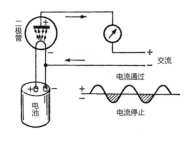

图15-12　二极管整流（检波）电路

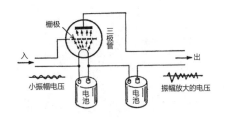

图15-13　三极管放大电路

20世纪30年代，固体能带理论的完成，为半导体技术的形成提供了科学理论。由于电子管耗能大、发热严重、体积大，严重地制约了电子技术的发展。1947年，贝尔电话实验室的肖克利（W.B.Shockley）等人研制成功的锗半导体三极管，成为半导体技术发展的先声。1949年，肖克利进一步提出PNP和NPN结型晶体管理论。1950年，斯帕克斯（M.Sparks）等人制成这种结型晶体管。1952年，贝尔电话实验室的蒂尔（G.K.Teal）发明了能精确控制掺入到晶体的杂质数量和掺入厚度的扩散工艺，同年得克萨斯仪器公司制成扩散型硅晶体管。1959年，仙童公司的霍尔尼（J.A.Hoermi）发明了平面工艺并制成平面型晶体管。1962年，仙童公司利用平面工艺制成金属－氧化物－半导体场效应晶体管（MOSFET）。这种晶体管开关速度快、工作频率高、噪声小，适用于放大电路、数字电路和微波电路。1964年，贝尔实验室制成可产生微波的雪崩二极管。2001年，荷兰研制出能在室温下工

图15-14　锗半导体三极管

图15-15　平面型晶体管

图15-16　微处理器Intel-4004

作的纳米晶体管，为晶体管进一步缩小体积提供了条件。

由于晶体管有效地取代了电子管，使复杂电子线路得以实现，但是复杂的电子线路焊点过多，工艺复杂，且占用空间过大，束缚了电子线路的进一步发展。1959年2月，得克萨斯仪器公司的基尔比（J.S.C.Kilby）用扩散工艺在一块半导体材料上制作成具有完整电路的集成电路（IC），1959年7月，仙童公司的诺依斯（R.N.Noyce）和摩尔（G.E.Moore）用平面工艺制成集成电路。1968年后，出现了在一块很小的芯片上集成上亿个晶体管的大规模集成电路和超大规模集成电路。用集成电路装配的电路，引线数大为减少，极大地缩小了体积，简化了制作工艺，提高了使用寿命和可靠性。

（三）无线电广播

真空二极管和三极管发明后，德福雷斯特和美国电子工程师阿姆斯特朗（E.H.Armstrong）等人，于1912年研究成功利用输出信号正反馈的再生电路，阿姆斯特朗于1918年又研究成功利用本地振荡波与输入信号混频，将输入信号频率变换为某个预定的频率的超外差电路，使收音机与无线电广播迅速发展起来。美国匹兹堡西屋公司的工程师康拉德（F.Conrad）在匹兹堡为西屋公司建立了第一座广播电台KDKA，1920年11月2日开始播音。1926年美国即建成全国性的广播网，至1930年无线电广播已经在世界各国普及。当时采用的是振幅调制的调幅广播（AM），这种调制方式在接收时的噪声很难消除，对接收质量有影响。

1933年，阿姆斯特朗发明了调频制广播方式（FM），1941年美国开始了调频广播。这种广播方式比调幅广播有更强的抗干扰性，接收的音质大为提高。但这种广播方式在电磁波传播中遇到大型障碍物容易使信号减弱而形成盲区。随着数字化的发展，高保真度、抗干扰能力强、传输容易的数字式广播已经兴起。

20世纪中叶，不少人在研究具有立体感声音的立体声。1961年，美国实现了立体声广播。最早的立体声广播是将左（L）、右（R）两个声道的音频信号分别调制到两个载波上，用两台发射机以不同频率发射，在接收端用放置在适当位置的两个收音机接收。后来发展成用一台安有左右两个扬声器的收音机接收的调频立体声广播制式——导频制，后来还开发出四声道、六声道立体声广播。

（四）音像技术

1. 电视

最早的电视是采用机械扫描的。1884年，德国的尼普科夫（P.G. Nipkow）发明了"尼普科夫圆盘"。这种圆盘有一排按螺线展开的小孔，当圆盘快速旋转时，影像的光线穿过这些小孔被分解为若干像素，投射到硒光电管而变成强弱电信号发射出去，接收端则利用类似装置可得到黑白图像。1925年，英国的贝尔德（J.L.Baird）利用这一圆盘，制成实用的机械电视装置，1929年英国广播公司开始定期播放电视节目。

在同一时期，不少人在研究电子式电视系统。1923年，美国电子工程师兹沃里金（V.K.Zworykin）发明了光电摄像管，后又制成电视显像管，组成全电子的电视设备。1936年，英国电气与公共事业公司改进了这一设备后，英国广播公司正式播放全电子式电视节目。1939年后，美国亦开始了电视广播。

彩色电视几乎是与电子式黑白电视系统同时被研制的。1928年，贝尔德进行了将三原色图像依次传送的机械式彩色电视实验。1929年，美国贝尔电话研究所也研制成将三原色同时传送的彩色电视。1938年，德国物理学家弗莱西希（W. Fleichsig）发明彩色显像管。1949年，美国开始了彩色电视广播，采用的是顺序制式（CBS），但是这种制式不能与黑白电视兼容。美国无线电公司的劳（H.B.Law）发明了三枪式阴罩显像管并制成了与黑白电视兼容的彩色电视机，1953年，美国正式批准了这种电视标准，即正交调制式（NTSC）。后来法国、德国对此进行了改进，形成了SECAM制式和PAL制式。这三种制式成为世界彩色电视系统的三大制式，中国在1959年采用PAL制式开始了彩色电视广播。

20世纪80年代出现了高清晰度的电视，其扫描线比通常的电视增加了1倍，为1250行。1988年，法国汤姆生公司与荷兰菲利浦公司合作研制成功16：9的宽屏幕显像管。日本于1991年开始了模拟式高清晰度电视的广播（Hi-Vision）。美国则研制成成本低、图像稳定、抗干扰能力强的数字化高清晰度电视（HDTV）。20世纪80年代后，液晶背投电视机、等离子电视机、场致发射电视机亦被相继研制成功并投放市场。

2. 摄像与录像

摄像机是通过光子系统将被摄物的光像投射到摄像器件上，再转变成电信号加以输出或保存的装置。摄像器件随着电子技术的发展而不断变化，已经由电子式向固体式发展。1923年，兹沃里金发明了光电摄像管后，利用光电摄像的摄像机在20世纪30年代即制造出来，但摄像质量不高。1943年美国无线电公司研制出高灵敏度的超正析摄像管，虽然图像摄制质量大为提高，但体积过大，结构复杂，十分笨重。1963年，荷兰菲利浦公司研制成灵敏度高、体积较小的氧化铅摄像管。20世纪70年代后，日本研制出成本低廉的硒砷碲摄像管，美国贝尔实验室研制成采用金属氧化物半导体（MOS）、电荷耦合器件（CCD）等固体器件的摄像机。

录像机是将图像与声音信号记录在磁带或芯片上以备重放的装置，它是在磁带录音机的基础上发展起来的。1956年，美国的Amper公司研制出最早的磁带录像机。1959年日本东芝公司制成一种体积小的螺旋扫描方式的录像机，1971年日本索尼、松下、胜利公司共同研制出盒式录像机，1975年索尼公司又推出Beta型彩色盒式录像机。1976年，胜利公司推出VHS型彩色盒式录像机，1982年又推出超小型VHS录像机。这些录像机体

图15-17　袖珍摄录机

积小巧、价格便宜，很快在世界范围内流行起来。1994年，日本索尼、松下等公司利用数字技术研制出更为先进的数字录像机。

将摄像机与录像机结合在一起的摄录机，出现于20世纪70年代。随着CCD摄像器件的成熟，摄录机的性能不断提高，售价不断降低。除了专业型外，还生产出各种家用摄录机。20世纪90年代，数字摄录机开始出现。1994年，日本索尼公司推出微型数字摄录机。数字化的摄录设备可以直接接入电视机、计算机加以处理、存储，还可以通过互联网远距离传输。

3. 摄影

摄影俗称照相，其关键技术是照相机的发明与改进。照相的原理是暗箱的小孔成像。

1826年，法国的尼普斯（J.N.Niepce）将溶解的犹太沥青涂在蜡纸上，用单镜头暗箱曝光8小时拍摄出第一张照片。1839年，法国的达盖尔（L.J.M.Daguerre）发明了达盖尔银版摄影术。他发明的相机长50厘米，十分笨重，曝光时间要15～30分钟，因此人物摄影十分困难。1888年，美国柯达公司生产出由美国发明家伊斯曼（G.Eastman）发明的将卤化银感光乳剂涂在透明的赛璐珞片基上的"胶卷"，并生产出伊斯曼发明的使用胶卷的轻便的箱式照相机。

照相机发展史上的一个重要里程碑是35毫米相机的发明。1913年，德国的巴纳克（O.Barnack）发明了使用35毫米胶卷的小型相机，使照相机成为高级光学和精密机械制造技术的重要产品。德国的Franke & Heidecke公司1929年推出Rolleiflex双镜头反射相机，使用120胶卷。这种相机安有单独的取景镜头，可以将景物通过45°的反光镜反射到机身上面的磨砂玻璃取景器上以便于对焦。双镜头反射相机的快门震动小、结构紧凑，成像效果极佳。左侧是调焦轮，右手按动快门和用摇柄卷片。双镜头反射相机后来为许多国家所仿制。1947年，美国的兰德（E.H.Land）发明了一步成像的相机"波拉洛伊德"（Polaroid），俗称"拍立得"相机。

这一时期，在镜头上亦有了许多改进和新发明，出现了变焦镜头、远摄镜头、广角镜头、微距镜头等，还出现了针对不同光线和产生特殊效果的

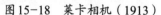

图15-18 莱卡相机（1913） 图15-19 Rolleiflex双镜头反射相机

镜片。

20世纪60年代，随着单片机的进步和电子测光系统在相机上的应用，出现了自动测光、调整快门速度和光圈的小型智能化相机。20世纪90年代，数码影像技术的发展使照相技术发生了一次新的变革，一种全新的照相机——数码相机由美国于1991年开发成功后，到20世纪末，许多生产传统相机的大公司开始研制生产这种新型相机。这种相机的镜头仍采用传统的技术相当成熟的光学镜头，用CCD或CMOS器件接收光信号，通过对信号的扫描、放大、数模转换成数字量存储在磁盘上，可以以数字文件形式保存或经由计算机进行存储、编辑、显示、传输，也可以经打印机打印成黑白或彩色照片。

4. 电影

电影是当代流传最广、重要的综合性影像艺术，但其发明仅有百余年的历史。

早在19世纪初，就有人利用人的"视觉暂留"生理特征，制作各种旋转影像玩具。1872年，英国的穆布里奇（E.Muybridge）在美国旧金山对马的奔跑进行首次连续摄影。1882年法国人马雷（E.J.Marey）研制成以发条为动力一秒钟可拍摄12次的摄影枪，并用它拍摄了海鸥的飞翔照片。他对这种连续拍摄机进行多次改革后，于1888年制成用绕在轴上的感光纸代替感光盘的实用摄影机。

对电影技术起了决定性作用的是法国的吕米埃兄弟（L.J.&A.

M.N.Lumiere），他们于1894年研制成功活动电影机，1895年申请专利。他们的活动电影机既是摄影机也是放映机。他们在工程师莫伊桑特（Ch. Moissant）的帮助下，用间歇拉片机的抓片机构移动胶片，用带缺口的圆盘作为胶片移动时的遮片装置。他们用每秒16格画面拍摄了许多影片，1895年3月22日，他们在里昂首次用这种机器放映电影。1895年12月28日在巴黎卡普辛大街的咖啡馆公开放映影片，标志着电影的正式诞生。

20世纪后，电影有了进一步发展。1927年，法国人克雷蒂安（H.J. Chrétien）研制出变形镜头，由此出现了宽银幕电影。20世纪30年代后出现利用影片边缘的"光迹"进行录音的技术，使早年的无声电影及场外实地配音电影变成声影同步的有声电影。20世纪40年代后，出现了利用人工在黑白胶片描色的办法放映的彩色电影。20世纪50年代后，随着彩色拷贝的出现，颜色绚丽的彩色电影成为电影的主流。同时，一些特殊的摄影机也相继被发明出来，如高速摄影机、水下摄影机、立体摄影机、环幕摄影机等。

20世纪末，随着电子技术由电模拟向数字化的发展，电影的摄制和放映开始向数字化方向发展。美国和日本研制成功先进的数码放映技术，传统的电影胶片被各种形式的半导体存储器所取代，而且利用计算机可以对音像进行处理，还可以利用互联网和卫星向世界各地传送。

四、第二次世界大战中的科学技术

（一）战争与科学技术

战争从本质上讲，是人群间、民族间、国家间为争夺生存空间或生存条件而进行的武装斗争，在现代，又经常是政治不可调和的产物。战争会造成对物质财富的巨大破坏和人口的大量伤亡，同时战争又经常是应用新技术、促进某些特殊技术迅速发展的动力，在战争中兴起的许多新技术，经常在战后经济发展中发挥重要作用。

英国产业革命后，特别是19世纪的许多新技术成果，在第一次世界大战中得到充分的发展和应用，飞机、坦克、潜艇、马克沁重机枪、毒气等的生产制造技术得到各参战国的充分重视，并在实战中广为利用。由此也使各国政府深感科学技术对战争进展的重要作用。

当然绝不能认为战争是促进科学技术发展的主要或唯一的动力，事实上，战后经济的需要、国际政治的需要也同样促进了科学与技术的发展，许多技术本身是可以"军民两用"的，如炸药和爆破技术，既可以军用，也是采矿采石、筑路修桥所必需的。第二次世界大战后兴起的航天技术，既是抢占制天（太空）权、进行"空间大战"所必需的，同时在民用方面亦有重要的应用前景，如天气预报、宇宙探测、灾害预警、太空医学，特别是通信方面。许多产业如交通、通信、船舶、机械、冶金、化工等在非战时期也经常是由军界组织生产的，军界通常是这些产业最大的用户。

如果说第一次世界大战是场准机械化的战争，骑兵还是一种重要的机动部队的话，那么第二次世界大战则是一场陆、海、空一体的机械化战争，各种新式兵器广泛用于战场，如无坐力炮、反坦克火箭筒、火箭炮、火焰喷射器、枪榴弹以及后期出现的弹道导弹、火箭、喷气飞机、雷达、罗兰导航、原子弹等。参战国特别是美国，动员了国内的一切力量和物资，投向军工生产，使得许多技术难题得以迅速突破，科学家和工程师已不再单纯地从事技术开发和研制，一些人直接参与了新式武器在战场上的装备与运用、物资运输的方案设计、战机战舰的配置和编队等军事作战中的科学方法的研究。英国布莱克特和贝尔纳（J.D.Bernal）联合开发的作战研究（Operations Research，OR），引起军事科学的一次变革。战后发展成利用统计学、数学模型和算法等方法，去寻找复杂问题的最佳或近似解答的科学管理新学科——运筹学，形成了一套比较完备的理论，如规划论、排队论、存贮论、决策论等。

20世纪科学技术的迅猛发展与两次世界大战及与战后各国军备竞争密

切相关。

（二）原子弹的研制

原子能技术是20世纪人类所取得的一种新的能源技术，它导源于原子弹的研制。

第二次世界大战前，德国、法国、英国、美国和苏联都在进行原子核反应的研究，有不少科学家预计到，应用原子核的链式反应制成的炸弹其威力是空前的。理论计算表明，1克铀裂变放出的能量相当于燃烧3吨煤的能量，爆炸力相当于20吨黄色炸药（TNT）。第二次世界大战爆发后，为了赶在德国纳粹之前掌握核武器，1942年6月，美国秘密启动了研制原子弹的"曼哈顿工程"计划，受纳粹迫害逃亡到美国的大批科学家在物理学家奥本海默（J.R.Oppenheimer）和费米（E.Fermi）主持下投身于这一工作，1942年12月2日，在芝加哥建成的第一座核反应堆投入运行。

制造原子弹需要高纯度铀，为争取时间，1942年投资数亿美元在橡树岭按当时所知道的三种浓缩铀方法（热扩散法、气体扩散法和电磁法）同时各建一座浓缩铀工厂，加速铀元素的提炼。同年12月，在核反应堆中实现了用镉棒吸收中子的链式反应。

美国为加速制成原子弹，共动员了50余万人，其中科技人员5万人，耗资22亿美元，占用全国近1/3的电力。投入这样巨大的人力、财力和物力，如果不是战争的需要，这是任何国家都办不到的。经过两年的努力，终于制成三颗原子弹。到1945年7月，一颗在新墨西哥州的阿拉莫多尔空军基地的沙漠进行试爆，半径400米范围内沙石全部熔化，半径1600米范围内一切生物均死亡。另两颗投向日本的广岛和长崎，逼迫日本天皇下决心投降。

（三）电子计算机的发明

电子计算机是20世纪人类最伟大的发明之一，它的出现导致20世纪中叶发生了一次重大的技术革命和产业革命，它的推广应用极大地解脱了人的脑力劳动，成为20世纪后半叶生产自动化、管理自动化和生活自动化的核心装备。

1. 计算机的早期发展

计算机从出现到现代经历了机械式、机电式和电子式三大阶段。最早的机械式计算机是1642年法国19岁的帕斯卡（B.Pascal）为减轻做收税官的父亲的繁杂计税而发明的，是一个手摇加减运算器。德国数学家莱布尼茨（G.W.Leibniz）为此专门到法国学习，于1671年研制成可以进行四则运算的步进机。1822年，英国的巴贝奇（C.Babbage）发明了用于编制各种函数值表格的差分机，他采用了供织机用于编织图案的穿孔卡片，设计了存储器和各种运算装置。

20世纪初，出现了采用继电器为器件的机电式计算机。1927年，美国电气技术家布什（V.Bush）设计出积分机，这是第一台用电流与电压模拟变量的模拟式计算机。1937年，美国数学家艾肯（H.H.Aiken）设计成利用继电器为器件的通用计算机，在IBM公司的支持下，于1944年制造成功Mark I型程序控制计算机。这台Mark I计算机由穿孔纸带控制整台机器的运算与存储，但运算速度较慢，重达5吨，一直使用了15年。

最早的程序控制计算机是德国的朱思（K.Zuse）完成的。他1936年制成全机械的Z-1型，1943年制成机电式Z-3型。这台Z-3型是世界上第一台通用程序控制计算机，可执行8种运算指令，采用净浮点二进制，字长22个二进位数。这台计算机使用了2600个继电器，存储容量为64个字节。1945年他又制成改进型Z-4机，Z-4机一直使用到1959年。

2. 电子计算机的诞生

为了解决机电式计算机运算速度慢的缺点，朱思等人提出制造用电子管为器件、运算速度达每秒1万次的电子计算机方案，但未能得到德国政府的支持。在战争中，纳粹德国利用波兰人发明了一种有3个齿轮、可瞬间变换复杂密码的"恩尼格玛"密码机编制密码。英国数学家、逻辑学家图灵（A.M.Turing）设计出"炸弹破译机"，后来为了破译德国改进的具有5～6个齿轮系统的密码机，图灵又发明了电子计算机的前身"巨人"电子

图15-20 ENIAC计算机

破译机。

1942年，美国的莫奇利（J.W.Mauchly）在研制模拟计算机的基础上，于1942年8月提出制造ENIAC（电子数字积分计算机）方案。方案被搁置一年后，由于第二次世界大战中防空火力网计算的困难才受到美军弹道实验室的重视。1943年，美国军事部门与宾夕法尼亚大学签署了投资40万美元试制ENIAC计算机的合同。

这项工作有30余位数学家和工程师参与，1945年底制成，1946年2月试运行，1947年运至位于阿伯丁的弹道实验室。这台机器用了18000只电子管和1500个继电器，由30个仪表盘排成巨大的V型控制台，占地30平方米，每秒可执行5000次加法或400次乘法运算。在弹道实验室ENIAC工作了10年之久，1955年10月退役。ENIAC解算的最复杂问题是描写旋转体周围气流的5个双曲线偏微分方程，运算速度是继电器式计算机的100倍。这台计算机采用10进位制，因此不但结构复杂，也限制了运算速度的提高。

ENIAC是由于战争的需要而用最短时间研制出来的，虽然制成后第二次世界大战已经结束，但是它的出现却影响了后来科研、生产、经济、文化、社会各个领域，导致了20世纪后半叶信息技术革命的产生。

（四）雷达

雷达（radar）是"无线电探测和定位"（radio detecting and ranging）的英文缩写的中文音译名称。1897年，马可尼提出用无线电波进行军事探测的设想，并认为短波传播的直线性是完成这一测试的最好选择。

1935年，时任英国国家物理实验室无线电分部负责人的沃森－瓦特（Watson-Watt），在向英国空军递交名为"用雷达探查飞机"的报告后，在几位助手的协助下设计了用短脉冲调制的大功率发射机、捕捉脉冲的接收机和实用的发射与接收天线，研制成功第一套用于探测索沃克海岸上空飞机的实用雷达装置。

雷达的研制在美国也获得进展，海军实验室提供了10万美元的雷达研究经费。1935年，海军实验室无线电分部研究室很快研制出当时最为先进的雷达设备。该设备使用28.3赫5微秒的脉冲波，探测距离达4000米。在实验室演示成功后，美国海军船只开始配备雷达设备。

德国虽然在1940年左右已经能用雷达探知飞机和船只，但技术水平不高，且未被德国军方关注。

1939年，英国海军部要求伯明翰大学研制一种大功率微波发射机。为了发射超短波和微波，以提高测定准确度，实验室的科学家们最先考虑采用1939年瓦里安兄弟（R.H.and S.F.Varian）在加利福尼亚大学发明的速调管，但功率不足。英国物理学家兰德尔（J.T.Randall）和布特（H.A.Boot）应用速调管的谐振腔原理研制成磁控管，可产生3000兆赫20千瓦的微波信号，使雷达准确度大为提高。后来英国与美国合作，研制成频率高达1万兆赫的H2X雷达系统。微波雷达在第二次世界大战中很快取代了超短波雷达，成为雷达的主流。英国先进的海岸雷达系统，曾成功地防御了德国对英本土的轰炸。

第二次世界大战结束后，美国于1946年用雷达探测了月球，由此开辟了"射电天文学"这一新的研究领域。雷达与计算机相结合，出现了自动雷达侦测系统，可以对快速运动物体，如高速飞机、导弹等进行预警。大功率速调管出现后，根据开普勒效应研制的目标显示雷达，还可以探测出目标的速度。第二次世界大战后除军事领域外，雷

图15-21 雷达

达在航空、航海、航天以及交通、测绘、建筑等诸多领域都有广泛的应用。

（五）枪械、火炮、坦克与航母

由于马克沁重机枪较为笨重，1902年，丹麦枪械技师麦德森（W.O.H.Madsen）发明了轻便灵活的轻机枪，这种枪利用了马克沁重机枪的连射原理，使用安装在枪体上的弹匣、气冷枪管，还安有两脚支架。意大利陆军上校列维里（B.A.Revelli）于1914年研制成维拉-佩罗萨（Villa-Perosa）冲锋枪。此前，早在1860年，美国的亨利（B.T. Henry）即制成一种带弹仓的卡宾枪，弹仓中装有14发子弹。

图15-22 勃朗宁重机枪

1917年，以设计制造各种自动枪械闻名的美国的勃朗宁（J.Browning）设计的勃朗宁重机枪被美国政府采用，这种重机枪与马克沁重机枪很相似，也采取水冷，重420磅，需4个人才能搬动和使用，发射速度每分钟450发，射程2000米。勃朗宁重机枪在第二次世界大战中成为主要的固定发射型武器。第一次世界大战后，许多国家研制出更为轻便、弹仓容量大、可单发和连发的枪械，多采用手枪子弹，适合近距离作战。如德式MP43冲锋枪、苏式CKC卡宾枪。其中，美国1928年生产的汤普森冲锋枪每分钟可发射子弹800发，射程仅46米且后坐力大。1940年德国士兵普遍配备的MP40冲锋枪虽然发射速度降为每分钟500发，但射程已达100米。第二次世界大战后，各国研制出威力更强的突击步枪，如德式StG44（口径7.92mm）、苏式AK74（口径7.62mm），以及小口径的美式M16（口径5.56mm）等。

火炮则向移动灵活、远射程、炮弹威力不断增大的方向发展，1911年德国制成具有现代瞄准具的迫击炮，1914年又制成42厘米的大口径榴弹炮，

1917年德国克虏伯公司制成口径210mm、炮身长33米、重142吨的大贝尔塔炮，射程达120千米，可发射210千克重的巨型炮弹。第一次世界大战中，还出现了火焰喷射器（1915）。第一次世界大战后，专门用于射击飞机的高射机

图15-23 第一次世界大战中的坦克和飞机

枪和高射炮开始装备部队。第二次世界大战中，苏联研制出机动性强、多管发射的"喀秋莎"火箭炮，以及专门用于打坦克的肩扛反坦克火箭筒。

第一次世界大战爆发前，法、俄、奥等国均提出履带式车辆设计方案，1916年，为应对机枪，英、法、德都在研制坦克。1917年法国生产的雷诺FT-17型坦克，重7.4吨，配备37毫米口径火炮，射程达1000米，虽然速度仅为6～7千米/时，比人步行快不了多少，但它是第一个采用旋转炮塔、不受地形限制的新型履带式坦克。"坦克"（tank）一词是英军在第一次世界大战中命的名。第一次世界大战后，由于反坦克炮的出现，坦克向大功率、重装甲、高速度和大功率、重量轻、机动性好两个方向发展。第二次世界大战中，美国制造出75毫米口径、时速39千米的雪曼MC型坦克，德国则制造出装甲更厚、重180吨的号称无坚不摧的巨型虎式坦克。

在舰船方面，1895年英国建造了排水量14000吨的装甲舰，配有30厘米口径火炮4门，航速为17节，成为近代战舰的基本形式。1909年又建造"无畏号"主力舰，用汽轮机驱动，航速达21节。20世纪上半叶，战舰进入巨舰巨炮阶段，英、美、德、日等国都拥有25000～27500吨的主力舰。

海战中用于攻击舰船的鱼雷是1866年美国人发明的，到1898年时，美国建造了近代潜艇，配备鱼雷的潜艇和飞机成为舰艇的两大劲敌。

航空母舰实际上是一个在海上游弋的机场，它可以极大地扩展军机的

作战范围。

早在第一次世界大战前的1910年11月14日，美国飞行员伊利（E.B.Ely）驾驶双翼机首次从"伯明翰号"巡洋舰前甲板上起飞。翌年1月8日，伊利又驾同一飞机在后甲板铺有36米跑道的"宾夕法尼亚号"巡洋舰上首次降落成功。1911年美国即建造设有舰载机起落架的舰艇，成为现代航母的雏形。1917年6月，英国将一艘巡洋舰改装为世界上最早的航空母舰"暴怒（Furious）号"，载机20架，由于巡洋舰中部突出的烟囱、指挥塔未拆除，飞机起落很危险。1918年英国将建造中的"康特·罗索（Conte Rosso）号"邮船改建为航空母舰，更名为"百眼巨人号"，铺设有160多米长的直通甲板，甲板下面是机库，用升降机将飞机升至甲板，载机20架。

英国于1918年开始建造"赫姆斯（HMS Hermes）号"航空母舰，1923年7月投入使用。日本1919年参照"赫姆斯号"的方案设计了"凤翔（Hōshō）号"航空母舰，于1922年11月抢先建成服役，成为世界上第一艘专门设计建造的航空母舰。"凤翔号"和"赫姆斯号"均载机20余架，都建有直通甲板。桅杆、烟囱、瞭望塔等突出部分都移至飞行甲板右侧，这一布局成为后来的航母舰面机构的样板。此后，美国、法国也相继建造了航空母舰。

如果说第一次世界大战中德国的潜艇加鱼雷给协约国特别是英国舰船造成巨大伤害的话，那么第二次世界大战中，飞机加航母则成为具有相当战斗能力的海上移动堡垒。

20世纪50年代，英国研制和采用了斜角飞行甲板和蒸汽弹射器，航母性能和攻击能力大幅度提高，排水量越来越大，舰载机数量越来越多，飞机性能也越来越好。

第十六章
高新技术产业的兴起

第二次世界大战后，各参战国很快分裂为敌对的两大阵营，即以苏联为首的社会主义阵营[①]和以美国为首的资本主义阵营[②]，开始了政治、经济、军事、科学技术、文化的全面竞争。世界进入了被英国首相丘吉尔（W.L.S.Churchill）称作"冷战"的时代。

自1950年特别是1957年苏联抢先发射第一颗人造地球卫星后，两大阵营在核武器与常规兵器、原子能、计算机技术、生物技术、航天器、宇宙探测各方面展开激烈的竞争。这场竞争，不但促进了军用技术向民用的转移，而且加速了技术的升级换代，到20世纪60年代，一批高新技术迅速兴起，传统技术和传统产业大部分成为"夕阳技术"和"夕阳产业"，一场新技术革命和产业革命正在改变着传统的工业社会模式。20世纪90年代，随着苏联的解体，世界进入后冷战时代，但是新技术革命和新产业革命方兴未艾，到20世纪末，信息社会已初见端倪。

---

① 苏联、中国、蒙古、朝鲜、越南、罗马尼亚、保加利亚、南斯拉夫、阿尔巴尼亚、波兰、东德以及后来的古巴等国。
② 美国、英国、法国、西德、意大利、加拿大、澳大利亚、日本、韩国等资本主义各国。

一、信息技术革命与高新技术产业的兴起

（一）电子计算机与微电子技术

1. 第二次世界大战后电子计算机的发展

对现代计算机结构做出重要贡献的是普林斯顿大学的冯·诺依曼（J.von Neumann）。1944年，参与原子弹研制工作的冯·诺依曼为解决复杂计算问题的困扰，转而研究计算机。针对ENIAC的不足，冯·诺依曼提出三点建议：（1）用二进制取代十进制，以使各种数据和程序一同放在存储器中，并使机器把程序指令作为数据处理；（2）程序应放在机器内部的存储器中，应有足够的容量和极快的运算速度；

图16-1　冯·诺依曼

（3）采用同时处理的并行计算方式。在此基础上提出了EDVAC（离散变量自动电子计算机）结构设计方案。

EDVAC是一个新的计算机结构方案，新机器由运算器、逻辑控制装置、存储器、输入和输出设备五个部分组成。由于采用二进制，在执行基本运算时变得既简单又快速，而且可以采用二值逻辑，从而使计算机的逻辑线路大为简化。

1944年8月，由正在研制ENIAC计算机的宾夕法尼亚大学莫尔电工学院开始同时研制EDVAC机，冯·诺依曼以技术顾问形式加入，和ENIAC一样，EDVAC也是为美国陆军阿伯丁试验场的弹道研究实验室研制的，而

且，ENIAC和EDVAC的建造者均为宾夕法尼亚大学的电子工程师莫奇利（J.W.Mauchly）和埃克特（J.P.Eckert）。1945年6月，冯·诺依曼以《关于EDVAC报告的第一份草案》（First Draft of a Report on the EDVAC）为题，起草了长达101页的总结报告，详细说明了EDVAC的逻辑设计，介绍了制造电子计算机和程序设计的新思想，报告提出的体系结构一直延续至今，即计算机的"冯·诺依曼结构"。

1950年完成了EDVAC的主要实验设计，1952年进行最后实验，并在阿伯丁美军靶场正式投入运行。EDVAC机比ENIAC机小得多，但性能远比ENIAC机优越，一直运行到1961年。

早期的商用机是IBM公司完成的。1947年，IBM公司制成一台继电器与电子管混合机SSEC机，该机使用了13000只电子管和23000个继电器。1948年制成全电子管的604机，该机仅使用了100只电子管，售出4000多台。1951年，在美国电子学家哈达德（J. A. Haddad）领导下，IBM公司为国防部研制全新用途的科学计算机IBM701，1952年4月完成，投产3年共生产17台。1958年，IBM公司推出为弹道导弹预警系统研制的IBM709机。20世纪50年代，日本、德国、苏联、英国、法国也都投入了电子计算机的研制和生产，中国在1958年开始研制电子计算机。

电子计算机出现后，很快即在科研和生产方面得到应用，它的发展随着电子元器件的进步而经历了四代。

第一代电子计算机以电子管为主要器件，开始于1946年。这一阶段，完成了可以大量存储信息的内存储器，采用了二进位制，增加了运算器和控制器，使电子计算机可以实行自动控制、自动调节和自动操作。

第二代电子计算机以晶体管为主要器件，世界上第一台晶体管电子计算机是麻省理工学院（MIT）林肯实验室的克拉克（W.A.Clark）和奥尔森（K.H.Olsen）于1956年研制成的TX-0。1959年他们又研制出多指令的TX-0型晶体管计算机。IBM的第一台晶体管电子计算机IBM7090是作为1958年制成的IBM709的兼容机于1959年制成的。晶体管具有体积小、可靠性高、寿命长、耗电少等优点，到1964年就出现了运算速度达二三百万次的大型晶体

图16-2　IBM7090　　　　　　　　图16-3　IBM360

管计算机。第二代电子计算机可以通过程序设计语言进行计算，因此除科研计算外，还广泛用于工业自动控制、数据处理和企事业管理等方面。

第三代电子计算机是以集成电路为主要器件的，开始于1964年IBM公司生产的IBM360机。这一代电子计算机仍以存储器为中心，引入了终端概念，并与通信线路相联结成网络。20世纪60年代后期，由电子计算机、通信网络和大量远程终端组成的各种管理自动化系统，如生产管理自动化系统、运输管理自动化系统、银行业务自动化系统等开始大量出现。

第四代电子计算机采用了集成度更高的大规模集成电路，开始于20世纪70年代。电子计算机体积进一步缩小，功能进一步增多，运算速度进一步加快。

电子计算机问世后，为适应大型复杂系统如天气预报、空间技术、核反应堆设计及控制、社会经济系统的计算模拟以及其他社会活动的需要，已经研制出巨型机、微型机、计算机网络和智能机器人等。

电子计算机具有逻辑判断、信息存贮、处理、选择、记忆及运算、模拟等多种功能，使社会生产自动化程度愈来愈高，不但出现了各种自动化机械、自动化生产线、自动化车间、自动化工厂，还出现了办公自动化和家庭生活自动化。

2. 微处理器

1968年，集成电路发明者之一的诺依斯（R.N.Noyce）创办了英特尔公司，英特尔（Intel）是集成电路（Integrated Electronics）和智能（Intelligence）两个词的缩写，1971年，其研究部经理霍夫（M.E.Hoff）为日本的BCM公司设计制造出由3块集成电路组成的微处理器4004。该处理器将所有逻辑电路都集中在中央处理器芯片上，在这块3毫米×4毫米的芯片上集成了2250个MOS晶体管，每秒运算速度达6万次。另两块分别用于存储程序和数据，承担运算器、控制器和寄存器的功能。这是世界上第一块微处理器（中央处理器，英文简称CPU）。1971年11月15日，英特尔公司宣称："一个集成电子新纪元已经来临。"

1974年，英特尔公司又推出8位字的8080芯片。1975年，一个业余计算机爱好者罗伯茨（A.Robertz）利用8080芯片，制成世界上第一台小型家用电子计算机Altair。不久后，比尔·盖茨（Bill Gates）和助手研制出BASIC 8080软件，Altair配上这种软件可以方便地利用BASIC语言来使用这种电子计算机。1977年，乔布斯（S.Jobs）等人创立苹果公司，推出苹果Ⅱ型便携式电子计算机。1981年，IBM公司推出它的第一台个人电子计算机。此后，台式和笔记本式的个人电子计算机开始普及。

具有中央处理器功能的大规模集成电路器件被称为"微处理器"，其处理信息的字长已经由最初的4位发展到64位。2000年英特尔公司推出的奔腾（Pentium）4处理器，集成了4200万个晶体管，成为高性能个人电脑的中央处理器。微处理器的问世，加快了生产的自动化和运输工具如火车、飞机、轮船的自动驾驶，出现了卡片式计算器、电子表、电子游戏机、微型高级计算器。甚至连通用的光学照相机、摄像机，也利用中央处理器开始了自动化。

利用电子计算机进行工程设计和场景模拟，已经引起设计领域的一次革命，传统的计算尺、圆规、三角板、制图仪面临淘汰。利用电脑进行的制图和排版，使传统的铅字排版系统退出了历史舞台。微处理器和电子计算机技术几乎渗透到军事、医学、生物学、航天、航空各方面，而Internet网更引起了通信方式的巨大变革。

微处理器和电子计算机技术正在改变世界，改变人们的生活与生产方式，改变人们的思维和偏好，这是人类历史上一次划时代的变革。微处理器和电子计算机技术成为新技术革命的主要内容，导致了信息时代的来临。

（二）航天技术

航天技术又称宇航技术，是20世纪兴起的又一门新技术。

1898年，俄国的一个中学教师齐奥尔科夫斯基（К.Э.Циолковский）发表了一篇关于液体火箭的论文——《用于空间研究的反作用飞行器》。20世纪后，齐奥尔科夫斯基设计的液体燃料火箭发射成功。1926年，美国的火箭专家、克拉克大学教授戈达德（R.H.Goddard）发射成功世界上第一枚液体燃料火箭，射高2286米，时速超过了1000千

图16-4　齐奥尔科夫斯基

米。火箭技术在德国迅速发展起来，德国陆军部开始支持由布劳恩（W.M.von Braun）领导的小组秘密研究火箭，1933年希特勒上台后加快了火箭研究的步伐，1934年德国陆军即成功发射一枚重60磅的液体燃料火箭，升高达2200米。此后德国加紧了对大型火箭的研制，型号由A1发展到A4（即V2）。

从火箭向导弹，即飞行可控制的火箭是德国的布劳恩完成的V2火箭。1942年10月3日，布劳恩设计的一种威力很大的号称"复仇武器"的V2火箭发射成功。这种火箭重14吨，携带10吨燃料，载有1000磅TNT炸药，可在5分钟内命中310千米外的目标。其燃料为乙醇和液体铅氧化剂，因此其飞行不需要大气中的氧。火箭上安有陀螺仪并利用伺服马达改变翼的角度以保持飞行的稳定，火箭达到一定速度后由安装在火箭上的累积加速度计自动完成速度控制。

第二次世界大战结束时，德国研制火箭的设备、资料被苏军俘获，研究人员投奔美军，战后美、苏两国抓紧发展本国的火箭和导弹技术。

图16-5 苏联第一颗人造地球卫星纪念邮票

1951年，在伦敦召开的第二届国际宇航代表大会上成立了"国际宇航联合会"，提出发射人造卫星和载人太空站的倡议。

随着冷战的升级，苏联利用德国的设备经过努力，抢先于1957年8月26日成功发射了"CCCP-1号"洲际弹道导弹。当年10月4日，用SS-6三级集束运载火箭，发射成功人造地球卫星"东方1号"（Спутник-1）。这颗卫星重83.62千克，直径58厘米，运行轨道为椭圆形，远地点896千米，近地点244千米，每90分钟绕地球1周。卫星上安装两台无线电发射机，发出无线电信号。所安装的探测仪器则将太空气象、宇宙线、陨石尘等资料送回地面。当年11月3日，又成功发射第二颗人造地球卫星，重508.3千克，载有小狗"莱卡"。

苏联第一颗人造地球卫星发射后，在东西方两大阵营中引起了很大的震动。社会主义阵营各国普遍欢呼雀跃，进一步坚信社会主义制度的无比优越性，以美国为首的帝国主义阵营则惶恐不安。1957年12月6日，美国仓促发射的仅9千克重的人造卫星"先锋1号"，因推力不足，以失败告终，迫使美国开始对本国的科学能力进行重新评估。

1958年1月31日，美国起用布劳恩，用"朱诺1号"四级火箭成功发射重14千克的美国第一颗人造地球卫星"探险家1号"，并成立国家宇航局（NASA），制订了载人飞行的水星计划。1960年，美国总统肯尼迪（J.F.Kennedy）决定实施人类登月的阿波罗计划，以显示其科学和经济实力。在布劳恩的领导下，经过近10年的努力，1969年美国首次将人类送上月球。阿波罗计划到1972年12月为止，已有12个人在月球表面行走，其中最长的一次在月球上行走了7小时37分，并将385千克的月球岩石样本带回地球。

图 16-6 行驶在月面上的登月车

图 16-7 航天飞机发射

当目标完成后，由于经费的原因，其他的登月计划被取消了。

苏联也毫不示弱，在 1967 年 3 月 10 日至 1970 年 10 月 20 日进行了 11 次登月前的准备飞行。1970 年 9 月发射的月球 16 号是首次航行到月球上的自动太空飞船，装有一个带电钻的泥土取样器，收集了泥土和岩石并成功地返回地球。

美国在完成"阿波罗登月计划"后，开始研制可以重复使用的载人航天器——航天飞机。自 1972 年尼克松（R.M.Nixon）总统批准后经 10 年的研制，第一架航天飞机"哥伦比亚号"于 1981 年 4 月 12 日进入轨道。航天飞机是航天与航空技术相结合的产物，是人类开发太空重要的全新的运载工具。美国共制成 5 架航天飞机，其中两架分别在发射（"挑战者号"，1986.1.26）和返回（"哥伦比亚号"，2003.2.1）时失事，其余 3 架（"亚特兰蒂斯号""发现号""奋进号"）于 2010 年最后发射后退役，航天飞机时代宣告结束。可以安全往返多次利用的火箭成为新的太空运载工具。苏联也研制出航天飞机，但始终未进行载人飞行。

作为较长时间在太空运行的大型飞行器，则是 1986 年苏联发射的"和平号"空间站和由 6 个国家宇航机构合作、自 1998 年建站 2010 年开始使用的国际空间站。

人类真正进入了航天时代。然而，太空垃圾已经成为航天发展的巨大威胁。

（三）原子能发电及核动力技术

第二次世界大战后，原子能技术沿着军用和民用两个方向发展。在军用方面，美国、苏联、法国、英国及中国等国家，都进行了原子弹实验和氢弹实验，掌握了制造、投射原子弹和氢弹的技术。在运载方式、控制方式、弹型方面都有不少进展，出现了战略性核武器和战术性核武器。在民用方面，作为电站的一次能源建成原子能热电站和发电站（又称核电站），还制成小型核动力装置，安装在燃料消耗大、补充困难的大型舰船和商船上。

1954年，苏联在列宁格勒郊区的奥布宁斯克建成世界上第一座试验核电站，采用石墨作为慢化剂，普通水冷却的石墨水冷堆，电功率为5000千瓦。该电站建成后运行顺利，证明了核能发电的可行性。建设在英国的塞拉菲尔德（Sellafield）的Calder Hall核电站，电功率达6万千瓦，是一座可以同时生产制造原子弹核材料钚的石墨气冷堆核电站，1956年10月17日开始运行。1957年，美国在希宾（Hibbing）建成以136个大气压的高压水为慢化剂和冷却剂的压水堆核电站，电功率为14.1万千瓦，1959年又建成沸水堆核电站。1962年，加拿大建成加压重水堆核电站。1966年，美国在桃花谷建成高温气冷堆核电站。20世纪70年代后，苏联的BN350、法国的凤凰、英国的PKR三座钠冷快中子增殖堆建成。非高压水的压水堆和沸水堆技术已十分成熟，单堆电功率达130万千瓦。到20世纪末，全世界共有核电站430座，装机容量达371.544百万千瓦，其中美国拥有107座，法国56座，日本53座，英国和俄罗斯各29座，中国大陆2座、中国台湾地区14座。

目前的核电站都是以U235、Pu239、U233为裂变燃料，均属于核裂变的化学元素。在地球的大陆范围内已探明的铀储量为417万吨，每公斤铀裂变可放出相当于2700吨标准煤燃烧释放的能量，其对大气的污染及辐射污染远低于以煤为燃料的火电站，而且其发电成本比燃煤火电站低15%～20%，目前存在的问题主要是核废料处理问题。

核动力主要用在一些大型舰船上。世界上第一艘核动力商船是美国的"萨凡纳号"，长181米，宽24米，排水量22000吨，于1961年12月建成，1962年8月投入运行。动力装置由一座74兆瓦的反应堆和两台汽轮机组成，最大航速24节，一次装上32个燃料棒续航能力为30万海里，运营了8年。

由于苏联北方一年只有4个月可以通航，破冰船对于在结冰的海面上航行是十分必要的。1953年苏联开始设计核动力破冰船"列宁号"，1959年建成下水。1974年又建造了"北极号"和"西伯利亚号"两艘核动力破冰船，在北极两米厚的冰上时速可达3海里，远高于一般破冰船。

世界上第一艘攻击型核潜艇是由美国海军研制和建造的"鹦鹉螺号"，1952年6月开工制造，1954年1月21日下水。1958年横渡北冰洋，首次探测了北冰洋的深度。在发展攻击型核潜艇的同时，美国还建造了可以发射弹道导弹的战略核潜艇。此后英国、法国和中国、印度相继制造了本国的核潜艇。

世界上第一艘核动力航空母舰是美国于1958年2月开工建造、1961年11月25日建成服役的"企业号"，更换一次核燃料可连续航行10年。继"企业号"之后，美国于20世纪60年代后又建造尼米兹级核动力航母，装填一次核燃料可持续使用13年。21世纪初，美国进而设计建造福特级大型核动力航空母舰。

由于用于核裂变的铀（U）、钚（Pu）在地球上的蕴藏量是有限的，与化石能源石油、天然气、煤一样都属于不可再生能源，而用于核聚变反应的氢的同位素氘、

图16-8　尼米兹级核动力航母

氚等,由于海水中含量极为丰富,可供人类使用几十亿年,因此许多国家都在研究可控的核聚变反应(又称"热核反应")。为实现可控的热核反应必须建成聚变反应堆,由于在核聚变反应时,氘、氚等核燃料均变为高度电离的等离子体,其温度可达上亿摄氏度,因此任何材料都难以作为堆体。

20世纪50年代,苏联科学家曾设计用封闭的磁场作为约束聚变反应的堆体,称为磁约束核聚变——托卡马克装置。1991年,欧洲联合核聚变实验室成功地进行了一次可控核聚变,产生了一个持续两秒的核聚变,功率达两兆瓦。1994年,美国普林斯顿大学利用托卡马克装置取得了10.7兆瓦的电功率。

可控核聚变一旦得以实现,有可能成为人类永久性的可靠能源。

(四)激光、光纤与通信新技术

1. 激光

1916年,爱因斯坦首次提出受激辐射的概念,即处于高能态的粒子在某一频率的量子作用下,会从高能态跃迁到低能态,同时发射一个频率及运动方向与射入量子一样的辐射量子。1924年,美国物理学家托耳曼(R.Ch. Tolman)认为通过受激辐射可以实现光的放大作用。1954年,美国的汤斯(Ch.H.Townes)制成氨分子束微波激射器。20世纪50年代后,许多科学家投入微波激射器的研究。

1960年7月,美国的梅曼(Th.H.Maiman)制成世界上第一台红宝石激光器,他用脉冲氙灯进行光激励,激光[①]以脉冲形式输出,波长6943埃,峰值10千瓦。1960年12月,美国贝尔实验室的贾凡(A.M.Javan)等人制成在红外线区域工作的氦氖激光器,证明了激光具有相干性,并具有很好的方向性和高亮度的特点。此后,科学界对激光工作物质、激光性质、激光品种开始了大量研究。到20世纪80年代,研制出的激光器数以千计,其中实用

---

① 激光的英文为Laser,传入中国后音译为镭射、莱塞,后钱学森创用"激光"。

的也有几十种。1964年，美国研制的掺钕钇铝石榴石激光器是一种可在室温下工作的固体器件。此后汞离子激光器（1963）、氩离子激光器（1964）、二氧化碳激光器（1964）以及异质结砷化镓激光器（1970）等相继问世，输出光波长从335埃到2650毫米。

此外，一批能发射超短脉冲和巨脉冲以及可以用于军事的大功率激光器，在20世纪80年代后也被研制成功。

激光技术在工农业及国防领域有广阔的应用空间。在工业方面，自20世纪60年代后，利用红宝石激光实现了对坚硬脆性高材料的打孔、切割、焊接；在医学上，研制出激光手术刀和视网膜焊接术，到20世纪80年代后，激光技术几乎在医学各学科中都得到应用。

全息照相术也是激光问世后才出现的。早在1947年，英国即有人提出记录光的全部信息强度与相位的全息照相概念，但直到20世纪70年代后，利用激光为参照波的全息照相才真正发展起来。

2. 激光通信与光纤

与无线电通信相比，以光作为传递信息的运载工具有容量大、抗干扰能力强和保密性好等优点。

1960年氦氖激光器出现后人们即进行了大气激光通信试验，但受大气干扰严重。由于太空中没有空气，激光通信于1971年开始应用于宇宙通信，各国开始建立以地球同步静止卫星为中继的激光通信网。

1966年，英国标准公司提出用玻璃纤维作为地面激光通信传输缆线的设想。1970年，美国康宁公司研制出衰减率低于20分贝/千米的纯二氧化硅光学纤维，同年，适合光纤通信的光源——双异质半导体激光器亦研制成功，由此使光纤通信成为可能。此后的研制使光纤的衰减率逐年降低，而激光器寿命在逐年增加，光纤通信在技术上已经成熟，正向大范围实用化方向发展。

3. 移动通信

移动通信包括移动无线电通信和移动电话两类。移动无线电通信是在无线电报、固定式无线电话基础上发展起来的，多用于较大的移动体，如汽车、火车、船舶、飞机等专业无线电通信网络。其体积随着电子器件由电子管向晶体管、集成电路、大规模集成电路的转换而不断缩小。

移动电话实际上就是一个可以接收和发射无线电信号的可移动电台。移动电话由于其功率有限，远距离通信必须有中继站，若干中继站组成了蜂窝网，它由移动通信终端、基站以及移动交换中心组成。蜂窝网由若干个服务区组成。由于卫星通信的发展，移动电话已经可以进行全球范围内的即时通话。

早在1948年，贝尔实验室就研制出称作Bell-boy的小型呼叫接收机。随着电子器件的发展，大规模集成电路及微处理器芯片的应用，呼叫接收机的体积变小、成本下降，功能不断完善。1968年，日本率先开办寻呼业务，标志着大容量公众寻呼业务开始走向社会。无线电寻呼机的全称为Radio Paging Receiver，简称寻呼机、传呼机或Pager、BB机、PB机和BP机等，20世纪末随着移动电话的发展逐渐被淘汰。

1946年，贝尔实验室研制出第一部移动通信电话，由于体积太大而无实用价值。1973年4月，成立于1928年的美国摩托罗拉公司（Motorola Inc.）的工程师库帕（M.Coope），开发出美国第一部民用移动电话，传入中国后俗称"大哥大"、手机，库帕被誉为"现代手机之父"。手机在西方出现后，发展十分迅速，其重量在1987年约750克，1991年约250克，1996年约100克。第一代模拟制式手机（1G）到1995年发展到第二代即数字手机（2G），以欧洲的GSM制式和美国的CDMA为主，除了可以进行语音通信外，还可以收发短信。1997年出现第三代即3G手机，增加了接收电子邮件或网页数据、录音录像及摄影等功能，在声音、数据的传输速度和质量上也大有提升。

移动通信的发展是与通信卫星分不开的。从1978年开始，美国、日本和瑞典先后开发出一种同频复用、大容量小区域的移动电话系统。这个系统的网络由一

图16-9 库帕与大哥大

个个正六边形组成，因而称"蜂窝移动电话系统"。与此同时，美国从1976年开始研制海事卫星，用于海上船只的移动通信。20世纪80年代后期，移动通信技术的发展趋势是个人全球通信，这对卫星系统提出了新的更高要

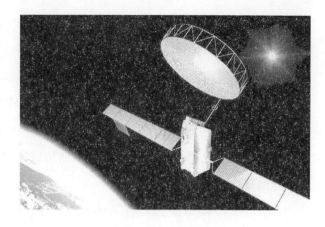

图16-10　通信卫星

求，相应地，许多国家都提出建立全球性移动通信卫星系统。这类系统的特点是卫星数量多、轨道低、通信范围广、费用低。美国摩托罗拉公司提出了铱卫星系统计划，拟在7个轨道平面765千米高的轨道上布置77颗通信卫星，实现全球移动通信。后改为在6个轨道上布置66颗卫星。该系统耗资33.7亿美元，在1998年建成使用。俄罗斯提出信使卫星系统计划，准备发射36颗卫星，实现全球移动通信。欧空局提出了"阿基米德"移动通信卫星系统计划。

20世纪90年代发展起来的蓝牙（Bluetooth）技术、无线应用通信协议（WAP）技术、通用分组无线服务（GPRS）技术则是新型的通信技术。蓝牙技术可以使各种固定设备与移动设备实现无线连接；WAP技术则可以使一系列通信设备可靠地进入互联网和其他电话设备；GPRS技术是一种高速数据处理技术，具有永远在线、高速率的优点。

4. 互联网

20世纪60年代末，美国国防部的高级研究计划局（Advanced Research Projects Agency，ARPA）为了能在战争中保障通信联络的畅通，建设了一个分组交换试验军用网，称作"阿帕网"（ARPAnet）。1969年正式启用，连接了4台计算机，供科学家们进行计算机联网实验用。

20世纪70年代，ARPAnet已经有几十个计算机网络，但是每个网络只能在网络内部互联通信。为此，ARPA又用一种新的方法将不同的计算机局

域网互联，形成互联网。当时称之为Internetwork，简称Internet。在研究实现互联的过程中，计算机软件起了主要的作用。

1974年，美国国防部高级研究计划局的电子学家卡恩（R.E.Kahn）和斯坦福大学的温顿·瑟夫（V.G.Cerf）开发了TCP/IP协议，其中包括网际互联协议IP和传输控制协议TCP。这两个协议相互配合，其中，IP是基本的通信协议，TCP是帮助IP实现可靠传输的协议，定义了在电脑网络之间传送信息的方法。

ARPA在1982年接受了TCP/IP，选定Internet为主要的计算机通信系统，并把其他的军用计算机网络都转换到TCP/IP。1983年，ARPAnet分成两部分：一部分军用，称为MILNET；另一部分仍称ARPAnet，供民用。TCP/IP协议具有开放性，TCP/IP协议的规范和Internet的技术都是公开的，任何厂家生产的计算机都能相互通信，由此使Internet得到迅速发展。

1986年，美国国家科学基金会（NSF）将分布在美国各地的5个为科研教育服务的超级计算机中心互联，并支持地区网络，形成NSFnet。1988年，NSFnet替代ARPAnet成为Internet的主干网。NSFnet主干网利用TCP/IP技术，准许各大学、政府或私人科研机构的网络加入。1989年，Internet从军用转向民用。

1992年，美国IBM、MCI、MERIT三家公司联合组建了一个高级网络服务公司（ANS），建立了一个新的网络，叫作ANSnet，成为Internet的另一个主干网，使Internet开始走向商业化。

1995年4月30日，NSFnet宣布停止运作，而此时Internet的骨干网已经覆盖了全球91个国家，主机已超过400万台。到20世纪末，Internet已成为一个开发和使用信息资源的覆盖全球的信息库。在Internet上，包括广告、航空、工农业生产、文化艺术、导航、地图、书店、通信、咨询、娱乐、财贸、各类商店、旅馆等100多个业务类别，覆盖了社会生活的各个方面，构成了一个虚拟的信息社会缩影。

（五）新材料技术

19世纪有机化学、无机化学和合成化学的进步，推进了20世纪各种非金属材料的相继开发和应用。

1. 半导体材料

对半导体的认识可追溯至19世纪30年代，1833年法拉第（M.Faraday）发现硫化银的电导率随温度而变化，具有负电阻系数，他把这一性质作为区别导体和半导体的主要根据。

20世纪30年代，由于量子力学的创立和固体能带理论的成熟，1939年苏联的达维多夫（А.С.Давидов）提出p-n结概念。1948年，美国的肖克利（W.B.Shockley）等人发明了半导体固体放大器——点接触型晶体管，由此引起了科学界对半导体材料的重视和研究。

在20世纪50年代前主要的半导体材料是锗，1954年美国得克萨斯仪器公司发明了用硅代替锗的新一代晶体管，由此使硅开始成为主要半导体材料。

20世纪50年代初，为提高半导体材料的耐热性和在高频领域工作，科学家们开始了对化合物半导体的研究。至20世纪60年代，发现砷化镓是一种易于制备且性能优良的半导体材料，1970年美国建立了第一家生产砷化镓的工厂，采用的是在坩埚中制备大型薄片晶体的方法，即水平布里奇曼法。硫化镉、镓铝砷等一些新的化合物和混晶半导体材料也被制造出来。

2. 陶瓷材料

陶瓷是人类历史上最早开发的材料，早在史前时期人类就制成各种陶器，后来在中国又利用高岭土烧制出瓷器，陶瓷所具有的性能是其他材料无法相比的。进入20世纪后，迈勒（J.W.Mellor）、布拉格（W.H.Bragg）等人对陶瓷材料的结构、组分变化，以及对陶瓷的性质、烧制工艺等方面均有许多新的发现和改进。

1924年，德国人研制成硬度仅次于金刚石的氧化铝陶瓷。1935年，西门子公司正式生产这种陶瓷，其硬度及耐高温性能均优于硬质合金钢，成为一种新的刀具材料。1957年，美国通用电气公司研制成半透明氧化铝陶瓷，由于其耐高温高压的优越性能，被广泛用于制造高压钠灯灯管，飞机、坦克、轿车的风挡或防弹窗，红外制导导弹的整流罩等。

20世纪50年代，用热压烧结法制造出耐高温的以氮化硅为黏合剂的碳化硅陶瓷材料，其在高温情况下几乎不会发生变形和破坏，在燃气轮机的燃烧室、导向叶片方面已得到应用。

20世纪50—60年代，一些发达国家已经掌握了滑石瓷、堇青石瓷、锂辉石瓷、石英玻璃陶瓷等高频绝缘陶瓷，以及金红石瓷、钛质瓷、铁电陶瓷等电介质陶瓷的生产制造方法。20世纪末，电子陶瓷的研究重点转向镱石榴石系化合物及正铁氧系化合物方面。陶瓷已经广泛应用于通信、非电测、遥感、核能工程等多方面。

3. 复合材料

复合材料是由两种或两种以上材料经一定工艺制成的一种兼有几种材料性能的材料，是20世纪后半叶的新兴材料技术。复合材料可以克服单一材料性能的不足，而具有几种材料共同的优点，可以在高温、低温、高压、高真空及各种辐射的环境下不改变性能。20世纪50年代后，出现了玻璃钢、金属陶瓷、碳纤维复合材料等多种复合材料。20世纪80年代出现的碳纤维与塑料、陶瓷、玻璃、金属均能复合而成为新的纤维复合材料，在民用工业、航天航空、交通通信领域均得到应用。20世纪末，复合材料又有了新的发展，出现了高性能、多功能及特殊功能的复合材料。

4. 高分子材料

高分子材料是20世纪出现的一种新型材料，它具有众多结构相同的化学单体构成的网状分子结构，由此使高分子材料既具有很好的强度和弹性，又具有非金属材料的绝缘性和隔热性。目前主要有塑料、人造橡胶、合成纤维等。

塑料是人类最早生产的高分子材料。1863年，英国的化学家索比（H.C.Sorby）发现了金属的微观结构，此后开始了对材料结构的研究。1865年，英国的帕克斯（A.Parkes）用硝酸纤维、酒精、樟脑、蓖麻油混合制成一种能在一定温度和压力下熔化的硝酸纤维制品。1872年，美国的海亚特（J.W.Hyatt）对之进行改进而发明了赛璐珞，用于制造电影胶片和工艺品。

进入20世纪后，高分子材料发展极为迅速。1907年，美国贝克兰（L.H.Baekeland）用苯酚和甲醛缩合，再掺加木粉等填料，制成最早的塑料——酚醛塑料，用于各种电器制品。1927年，德国和美国开始了有机玻璃（聚甲基丙烯酸甲酯）的生产。1928年开始了最早的氯乙烯塑料生产，后几经改进而成为重要的热塑性塑料。1930年美国与德国又制成具有良好绝缘性能的聚苯乙烯。

此后，有机氟塑料（1938）、高压聚乙烯（1939）、聚丙烯（1954）等几百种塑料被开发出来，到20世纪80年代，全世界塑料产量已达5000万吨，几乎应用于工业、军事及人类生活的各个领域。

人造橡胶也称合成橡胶，由于天然橡胶产量有限，19世纪中叶后一些化学家开始研究人造橡胶。

1860年，英国化学家威廉姆斯（Ch.G.Williams）发现，橡胶的主要成分是异戊二烯，天然橡胶是由分子量很大的异戊二烯聚合而成的。1909年，德国化学家霍夫曼（F.Hofmann）用2，3-二甲基、丁二烯-1为原料合成甲基橡胶，1912年后德国开始工业化生产。1930年，德国将丁二烯与丙烯腈聚合，开发出丁腈橡胶并很快进行工业化生产。1940年，杜邦公司开始生产用氯丁二烯聚合性能更接近天然橡胶的氯丁橡胶，1943年研制成耐热、耐老化且具高绝缘性能的丁基橡胶。1954年，美国用四氯化钛-三烷基铝催化剂将异戊二烯聚合成异戊橡胶。异戊橡胶的结构和性能均接近于天然橡胶。20世纪50年代末，美国、日本的公司又制成顺丁橡胶，其结构规整、性能优良。

20世纪60年代后，还出现了一些具有特殊性能的新品种，如丁腈橡胶、硅橡胶、顺丁橡胶、异戊橡胶、乙丙橡胶等200多种新型人造橡胶，成为军用、民用的重要橡胶材料。

合成纤维是20世纪发展最快的新型化工产品。早在1900年，英国即建成年产1000吨的黏胶纤维工厂。1931年，德国的法本公司研制成聚乙烯纤维，商品名为PeCe，但由于其不耐热很难在服装业应用而未得到发展。后来发展起来的尼龙66（聚酰胺纤维，1936）、涤纶（聚酯纤维，1953）、腈纶（聚丙烯腈纤维，1950）、丙纶（聚丙烯纤维，1959）、维尼纶（聚乙烯醇缩甲醛纤维，1948）等成为合成纤维的主要产品。

20世纪60年代后，一些耐热、抗燃性强、高强度的特殊用途的合成纤维开始问世，还出现了具有特殊功能的合成纤维，如光导纤维、高分子交换纤维、中空纤维等。合成纤维不但是传统自然纤维的替代或补充品，而且广泛用于工农业生产、航空航天、海洋工程、信息通信等各方面，成为自然纤维无法替代的重要化工材料。

除上述三类高分子材料外，在20世纪还出现了光敏高分子材料，如感光树脂和光致变色高分子材料；医用高分子材料，如人造器官用的各类高分子材料；特殊用途的高分子材料，如各种黏合剂、建筑用的各种高强度低重量的聚酯材料等。

（六）生物工程

生物工程又称"生物工艺"或"生物技术"。它利用现代生命科学、信息技术和化工技术，加工生产各种生物新产品或进行生物改良、生物防治、环境治理等。主要包括基因工程、细胞工程、酶工程和发酵工程四大类，是20世纪后半叶发展最快的高新技术，在工农业生产、医疗卫生、环境治理与保护等方面已有广泛的应用。

1. 基因工程

基因工程也称"遗传工程"，是采用类似工程设计的方法，按照人类需要将具有遗传信息的目的基因，在离开生物体的情况下进行剪切、组合、拼装，然后把经过人工重组的基因转入宿主细胞内进行复制，使遗传信息在新的宿主细胞或个体中高速繁殖，以创造人工新生物。

脱氧核糖核酸（DNA）和核糖核酸（RNA）被人工合成后，到1967年已发现并破译了20余种氨基酸密码子，并发现RNA能将细胞核内的DNA遗传密码传入细胞质中。至此，人类掌握了遗传物质的制造方法，可以通过改变基因控制生物体遗传性能。1973年，美国的科恩（S.N.Cohen）与博耶（H.Boyer）等人首次完成了体外基因重组技术，开辟了遗传工程研究的新纪元。

基因工程在生物制药、作物品种改良、生物优生及转基因动植物培育以获得某些特殊性能的物种方面均得到应用。利用基因技术的克隆技术（无性繁殖技术），在动物方面已获得成功。

2. 细胞工程

细胞工程是将细胞在离开生物体的情况下进行培养、繁殖，使细胞的某些特性发生改变以创造新品种或提取某些物质的过程。包括细胞及组织培养、细胞融合、体细胞杂交、细胞器移植、染色体工程等。

细胞工程开辟了基因重组的新途径，只需把遗传物质植入受体细胞中，就能生成杂交细胞。1960年，美国生物学家科金（E.C.D.Cocking）发明了用酶脱除细胞壁的方法，开始了细胞融合技术的研究。1957年，日本的冈田善雄发现失去活性的仙台病毒能使两个动物细胞合成具有两个细胞核的新细胞，此后动物细胞融合技术迅速发展起来。1979年，日本出现了细胞和原生质体的融合技术。此后，胚胎工程、胚胎分割、无性繁殖、蛋白质工程技术迅速形成，人工合成牛胰岛素、蛋白质设计、生物芯片、人造种子及试管动物、植物工厂等生物培育技术均已成熟。

3. 酶工程

酶实质上是一种高分子蛋白质，起着生物催化剂的作用。1896年，德国化学家布赫纳（E.Buchner）发明了用酵母菌液汁对葡萄酒发酵的方法，由此开创了酶化学的研究。

酶工程是利用酶所具有的某些催化功能，用生物反应器或工艺方法，生产人类所需要的生物产品的方法和过程。包括酶制剂的开发和生产、固化技术、酶分子的化学修饰、酶反应装置的开发等。20世纪50年代，出现了以微生物为主体的酶制剂工业。

20世纪末，已开发出工业用酶50余种、医用酶120余种、酶试剂300余种，这些产品广泛用于食品、医药、纺织、制革、造纸、能源、农业及环保等方面。

4. 发酵工程

发酵工程又称"微生物工程"，是利用微生物的某些特定功能，通过现代工程技术手段产生有用物质或直接把微生物用于工业生产的技术和过程，包括培育优良菌体、发酵生产代谢产物、改造天然物质等。

新的微生物工程又称"现代发酵工程"，是传统的发酵技术与现代生物工程相结合的产物，使发酵技术进入微生物工程阶段，使人类定向创造新物种成为可能，还出现了许多应用现代微生物技术产生的新产品和新工艺，如微生物食品、生物塑料、微生物采矿、微生物新能源、微生物净化污水等。

生物技术是一项投资少、效益高的技术，它建立在生物资源的可再生基础上，可以把高温高压下的生产过程改变成常温常压下的生物反应过程；更可以按人的意识创造、生产新的生物品种和制品。它将改变人类对自然的认识，并为人类提供新的控制自然的手段，是20世纪后半叶兴起并正在迅速发展的一门高新技术。

二、现代医学科学与技术

（一）医疗诊断新技术

近代以来，精确的诊断技术起源于体温计。实用的体温计是德国的华伦海特在1714年左右发明的，体温计和1816年法国医生拉埃内克（R.Th.H.Laennec）发明的听诊器成为近代重要的物理诊断仪器。

1895年，德国物理学家伦琴发现了X射线后，随即用X射线摄下了他妻子手的X射线图，使X射线透视成为之后的重要诊断方法。

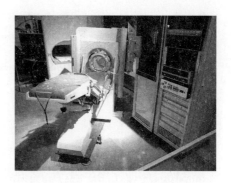

图 16-11　CT 原型机　　　　　　图 16-12　20 世纪末的 CT

　　1973年，英国工程师豪恩斯菲尔德（G.N.Hounsfield）将 X 透视发展成可以得到身体不同层面影像的 X 射线电子计算机体层摄影仪（CT）。这种机器由 X 光断层扫描仪、微型计算机和显示屏组成，成为当代放射诊断的最重要手段。1979年，出现了彩色 X 射线断层照相术，其原理是当病人身体或头部通过扫描仪时，一束 X 射线快速环绕该部位旋转，其强度随透过的身体组织性质呈现强弱变化，探测器将接收的这些信号传给计算机，由计算机将之转化为影像。1976年 CT 广泛应用于临床以来，不断得到完善，到20世纪80年代，CT 已经发展到第五代。

　　传统的内窥镜在20世纪也得到彻底变革。最早的内窥镜是法国医生德索米奥（A.J.Desormeaux）于1853年发明的，用于直肠检查。在病人肛门内插入硬管，借助蜡烛光观察直肠内壁。1855年，西班牙人发明了喉镜。1878年在德国出现了膀胱镜，19世纪末出现了支气管镜和食道镜。进入20世纪后，内窥镜技术有了迅速的发展。1922年，美国出现了胃镜检查法。1962年，德国人创立了脑室镜检法。1963年，日本创制了纤维内窥镜，1964年研制出纤维内窥镜的活检装置。20世纪80年代后，激光技术和超声技术与内窥镜技术相结合，使内窥镜诊断技术的准确性大为提高。

　　在20世纪，动态血压记录仪、三维超声扫描技术、多普勒诊断仪、核磁共振等新的诊断技术均已经临床应用，这些新诊断仪器和技术的应用，极大地提高了对疾病的诊断能力和精度。

（二）生物制药与化学药物

1. 医药化学

自古以来，世界各民族均以植物及动物、矿物作为药物。古埃及人在公元前1600年即使用牛胆汁、番红花、蓖麻油、鸦片等为药材。直至今天，有40%左右的药物仍是植物的提取物，而且有些植物药剂对某些疾病的治疗效果是无法用其他药物代替的。

16世纪后，欧洲炼金术开始向医药化学转变，阿拉伯人及欧洲人在炼金术中发明的各种化学器皿及天平等用于药物学研究。进入19世纪后，在成功地从植物中提取吗啡、颠茄、奎宁、毛地黄、强心苷、阿托品等生物碱的基础上，随着有机化学、合成化学的出现，药物的化学合成和工业化生产于19世纪末开始出现。

德国药学家埃尔利希（P.Ehrlich）发现对人体无害的"锥虫红"染料能杀死非洲昏睡病病原虫后，即开始了药物合成的研究。1909年，他与日本留学生秦佐八郎研制成一种可杀死梅毒螺旋体的砷制剂606（砷矾纳明），

图16-13　弗莱明

对其进一步改进后称为"914"，用于治疗梅毒。20世纪20年代，德国又合成了抗疟疾药"扑疟喹啉"和"阿的平"，当时用于治疗在热带被昆虫叮咬，以及因微生物感染的血吸虫病、黑热病、阿米巴痢疾等疾病。1935年，德国化学家多马克（G.Domagk）发现一种红色合成染料"百浪多息"（偶氮磺胺）。这是一种对氨基苯磺酸的衍生物，对葡萄球菌有很强的抑制作用，可治疗猩红热、产褥热及丹毒等因链球菌感染所致的疾病。1938年，英国May & Baker公司研制成磺胺吡啶，可以有效地治

疗肺炎。

2. 抗生素

抗生素的发现是20世纪医药方面的一个重要突破，最早的抗生素是1928年伦敦圣玛丽医院的细菌学教授弗莱明（A.Fleming）无意中发现的青霉素（Penicillin，传入中国时音译为盘尼西林）。由于当时埃尔利希的606、多马克的磺胺正引起医学界的极大兴趣，他的这一发现并未引起重视。直到1939年，英国牛津大学病理学家弗洛里（H.W.Florey）和德国生物化学家钱恩（E.B.Chain）合作，重新研究了青霉素性质并解决了其提纯问题后，青霉素才开始在美国大量生产，并迅速用于第二次世界大战中的战伤救护。

弗洛里、钱恩及其助手们通过临床发现，青霉素对脑膜炎、白喉、淋病、梅毒、猩红热等急性传染病均有明显的疗效。这一广谱抗生素的发现震动了医学界，许多人开始研究抗生素。

20世纪40年代前，结核病是一种不治之症，死亡率相当高。德国细菌学家科赫（R.Koch）曾解剖过一个因患结核病死亡的年轻人，发现了结核杆菌，青霉素被发现后用于治疗结核病也无效。1932年，美国微生物学家瓦克斯曼（S.A.Waksman）从土壤中寻找霉菌。1939年至1943年间，他领导的小组从土壤中分离出1万余株能对病原菌产生抑制作用的抗生素。1943年，他们成功地从灰色霉菌的培养基中分离出可抑制结核菌和多种革兰氏阴性杆菌的抗生素。1944年1月，他将这一发现公布，并将之命名为"链霉素"（streptomycin）。此前，他在1941年提出了"抗生素"（antibiotic）这一术语。链霉素的发现，使长期无法治疗的结核病得到有效的控制。

20世纪40年代初，青霉素和链霉素的生产及其对细菌的有效性，使医学界对发现新的抗生素产生极大的兴趣，许多新的抗生素被发现并工业生产。1947年发现了对胃肠杆菌有特效的氯霉素，1948年发现了金霉素，后来又发现了土霉素、四环素、先锋霉素、红霉素、氨基苷、4-喹啉等。由于致病细菌的抗药变异，细菌学家、药物学家始终在努力发现或培养新的抗生素。

3. 维生素

维生素是人体不能产生而必须从食物中摄取的基本营养物质。

19世纪80年代，荷兰医生埃伊克曼（C.Eijkman）研究荷兰驻东南亚军队患的脚气病时，发现其发病原因是未食用富含VB的食物所致。1912年，波兰生物化学家芬克（C.Funk）从米糠中提取VB成功，并命名这类食物中所含的带有氨基的有机碱性物质为"Vitamine"，中文译名为"维他命"，后改称"维生素"。1913年，美国生物化学家麦克鲁姆（E.V.McCollum）和戴维斯（M.Davis）发现并提取出VA，区分了水溶性和脂溶性两种维生素，并对不同种类维生素冠以A、B、C、D……加以区分。20世纪20年代，维生素A、B_1、B_2、B_6、C、D、E及PP（抗癞皮病维生素）、泛酸、叶酸等均已提取成功。1948年，美国和英国从动物肝脏中提取出治疗恶性贫血的B_{12}。20世纪30年代后，生物化学的研究进一步弄清了许多维生素都是各种辅酶的成分，并弄清了各种维生素的化学结构，为大批量工业生产维生素提供了条件。

（三）器官移植术与人造器官

1. 器官移植术

器官移植术是20世纪70年代发展起来的一项新的医疗技术，包括不同人体之间的器官移植、人体内组织的移植和将动物器官向人体的移植，是与医学界对组织相容性作用的发现以及离体器官保存方法、显微外科技术、免疫抑制剂控制排斥及反应技术、血管吻合术等的进步分不开的。或者说，上述发现和技术是器官移植术发展的基础。

20世纪80年代，由于美国研制成高效的抗排异药物环孢素，可以有效地防止人体对移植来的他人器官的排斥，使器官移植术的成功率空前提高，而且，同时进行多个器官移植成为可能。1989年，美国进行了首例心、肝、肾同时移植手术，日本东京女子医科大学进行了首例异血型肾移植手术。美国、澳大利亚、英国还进行了活供体肝脏移植手术。奥地利进行了首例用时

13个小时，同时移植胃、肝、胰腺和小肠的手术。

由于器官移植需要大量的人体器官，其来源是个不容易大量解决的问题。不少医学家一直在进行动物器官移植于人体的实验。1964年，美国密西西比大学的外科医生曾将一个黑猩猩的心脏移植到一个68岁的病人身上，但病人几小时后死亡。1984年10月26日，美国洛马林达大学医疗中心为出生两周心脏严重发育不全的女婴做了心脏移植手术，将一个7个月的雌狒狒的心脏成功地移入女婴体内，女婴存活21天。由于所使用的抗排斥药物严重地损伤了女婴的肾，最后因肾衰竭死亡。这是20世纪动物器官移植人体最成功的案例。

由于供体器官不易获得，美国在1993年有2800人因得不到合适的人体器官而死亡，其他国家也有类似情况。1995年，英国有人设想将人的DNA移到猪胚胎中，猪长大后由于人的基因的作用，可使其器官能与人的免疫作用协调，避免移植后人体的排斥反应。这种方法被称作"转基因器官移植"，如这一方法能够实现，那么用于移植的人体器官短缺问题有望缓解。

2. 人造器官

由于在器官移植中，供体器官的数量远不能满足社会的需要，随着生物技术和分子生物学、现代纺织技术的进步，一些科学家和工程师开始研究人造器官和人造人体组织。

1943年，荷兰医生科尔夫（W.J.Kolff）制成第一个人工肾脏，这实质是一个很大的模仿肾的透析功能的装置，病人的血流过这一装置，血液内的有毒物质能透过胶膜滤走，而血球和蛋白质不能通过。这个装置可临时替代人的肾脏，让受损肾脏康复。20世纪50年代后由于高分子材料的出现，这一装置得到许多改进，变得小而轻，使用更为灵便。1960年后，美国医生发明了可以装入人体连通动脉、静脉的连接器，用这个连接器再与人造肾脏相连，可以定期对病人进行血液透析治疗，完全取代肾的作用。到20世纪70年代已有几千人使用这一装置。

1966年后，美国有人开始研制一种可以代替血液的液体。1967年宾夕法尼亚大学研制成乳状全氟化碳，称为"复苏DA"。这种乳白色的乳化液可以与血液混合，由于担心会使血凝堵塞毛细血管，所以很长时间没有临床使用。1979年4月，日本人首次成功地使用了这种人造血，证明了人造血临床使用的可靠性。这类人造血虽有输氧功能，但尚不具备输送养分功能。

人造心脏是20世纪80年代初开发成功的。一开始仅是设计了用两根长管与体外的一个机器相连，借助机器维持心脏跳动的是一个人工血泵和心肺循环装置。在心脏手术时它可以临时取代心脏功能，使病人在血液正常循环的状态下，实行无血心脏手术。1982年12月2日进行了首例塑料人造心脏的移植手术，病人在术后存活112天。移植这种人造心脏的病人，最长的存活了620天。1993年又开发出一种新型的人造心脏，这种心脏用金属与塑料的合成制品与牛心包组织制成，分体内与体外两部分。体内部分安有气泵和驱动装置，有手掌大小，安装在病人腹部，用导线与安有电子泵和操作系统的体外部分相联结。这种人造心脏仅有左心房的功能，可以促成血液的体内循环。由于通过该心脏的血液易凝结，因此病人需按时服抗凝药，以防因血凝而导致供血不足或心脏梗死。

人造的髋关节出现较早。在1960年，英国医生用塑料臼和金属球为病人替换髋关节。后来广泛使用的是钛铬合金制造的人造髋关节，此外还出现了各种人工关节假肢，供先天或事故致残的病人使用。

三、信息战时代的军事技术

（一）导弹与制导武器

第二次世界大战期间，德裔美国空间科学家布劳恩研制的V1火箭实际上属于巡航导弹，V2属于弹道导弹。战后由于东西方两大政治阵营的对立，导弹技术得到突飞猛进的发展，已经成为一种全新的武器系统。

第二次世界大战后，苏联加快了洲际导弹的研制。早在1946年，苏联洲际导弹的概念就诞生了，因为苏联的空军很快就意识到在潜在的苏美冲突中，他们不仅要依靠V2短程导弹，还要依赖远程导弹。苏联政府于1949年批准了中程弹道导弹的研制，1954年洲际导弹的研制获得批准。当美国意识到要研制洲际导弹时，苏联已经试射了第一枚导弹。作为研制洲际导弹的第一步，美国开始用布劳恩的V2火箭技术研制一种名为"红石"（Redstone）的中程弹道导弹。1957年8月7日，在布劳恩指导下，美国成功发射了丘比特-C火箭，飞行高度达到了960千米。

苏联研制的T2型火箭是苏联的中程弹道导弹，也是洲际导弹的基础。到1957年，在哈萨克斯坦秋拉塔姆一个僻远的火箭基地，苏联的火箭工程人员科罗廖夫（C.П.Королёв）小组已完成发射第一枚洲际导弹的准备。1957年8月26日，苏联宣布于8月3日发射了第一枚超远程、洲际、多级弹

图16-14　布劳恩

道火箭T3。

在20世纪60年代，美、苏重点研制了战略弹道导弹和巡航导弹，由于导弹仍以液氧作为氧化剂的液体推进剂为主，发射点只能是地基，即从地面上发射。巡航导弹体积庞大，速度不高，易于被拦截击落。所研制的空空、地空等战术导弹反应时间长，只能应对敌方的大型、速度较慢的轰炸机、侦察机，而且推进剂只能在发射时临时加注。

20世纪60年代后由于研制出可存储的液体和固体推进剂，美国研制成"北极星"潜射导弹，"大力神Ⅱ""民兵Ⅱ"洲际导弹，苏联研制出SS-N-6潜射导弹及SS-7—SS-11系列洲际导弹。这些导弹在命中率、可靠性方面均有很大提高，舰空、地空等短程防空导弹也很快装备部队。1967年中东战争后，反舰导弹在苏、法等国首先发展起来，空空导弹已具备远距离拦截和全天候作战能力。这一时期的导弹飞行速度和命中率大为提高。20世纪70年代后美、苏致力于提高突防能力、命中率和缩短反应时间，扩展型号以增强适应能力，陆基、水基、空基导弹全面投入使用。由于高性能的固体推进剂研制成功，机动性极强的小型导弹，如美制"响尾蛇"、苏制AA-9、法制R500等，不但重量轻、体积小，而且能够攻击高速的释放电子干扰的飞机。

20世纪80年代后，导弹技术进入了所谓的第四代，近程、中程、远程及洲际等各种射程，防空、反潜、反坦克、反辐射、反卫星、反舰等各种攻击标的以及在各种发射点如陆基、地下、水下、空中的导弹均被研制成功并被部署。

在反导方面，20世纪60年代后，美国率先研制成功"爱国者"反导系统，俄国研制成功S-300系统，更发展了导弹的隐形与抗干扰能力。

在导弹制导技术的影响下，美、英、俄等国迅速研制了各种精确制导武器，如激光制导炮弹、制导炸弹，使轰炸已不再是狂轰滥炸，而是定点清除，这既可以最大限度地避免平民伤亡和财产损失，也可以极大地降低战争费用。到20世纪末，各国研制的制导武器达五六百种之多，所采用的主要制导方式有卫星制导、激光制导、红外制导、雷达制导、复合制导等。此外，毫米波制导、多模复合制导、凝视红外成像制导等一批先进的制导技术已经成熟。

美国更在1983年开始
实施对导弹拦截的"星球
大战"计划，确定地基、
空基和天基三种导弹预警
和拦截方式相配合的立体
化导弹防御体系，保守的
防御目标是至少消灭同时
来袭的5000个导弹的40%。

图16-15　"爱国者"反导系统

1990年，美国将"星
球大战"计划改为应对有限打击的全球防御系统，该系统由国家导弹防御体
系（NMD）、战区导弹防御体系（TMD）和全球导弹防御体系（GMD）组
成。由美国雷神公司研制的"爱国者"反导系统，是中程地对空导弹系统，
是美军高及中高度防空武器，自2002年到2013年，进行了多次来袭导弹拦
截试验。随着航天技术、电子技术、计算机技术和导弹技术的进步，战争的
形式已从第二次世界大战及其后的控制制空权向20世纪末的控制制天权发
展，立体化战争的范围已扩展到全球及近地太空。

（二）新概念武器

由于第二次世界大战后高新技术的突飞猛进，一批与常规武器不同的
新概念性武器在发达国家开始研发。新概念武器指工作原理、结构、功能各
方面与传统武器不同，或功能相同但工作原理、结构上并不同的一类武器的
总称。已设计或在研的有定向能武器、动能武器、计算机病毒、次声武器等
多种。

美国20世纪90年代的星球大战计划，就提出在空间用激光武器、粒子
束武器、动能武器对敌方导弹、卫星进行拦截打击的设想。

美国1975年开始研制激光武器，1997年10月17日，美国用强激光将离

地400千米的在轨卫星MST1-3击毁，成功地展示了激光武器的卓越功能。

激光武器有瞬间发射、命中率极高、不受电子干扰的优点，但获取高能量激光的手段较为困难。事实上，早在1960年红宝石激光器问世之后，美、苏等国即开始研究激光武器。

作为定向能武器的另一种是粒子束武器，它靠粒子加速器发射带电的粒子束或中性粒子束，经聚焦和瞄准，依靠粒子束的高能量和电荷迁移效应摧毁目标物或使目标物失去功能。此外还有以极高能量发射的电磁脉冲、微波武器等。

动能武器是指利用高速飞行的非爆炸性单体，撞击对方目标的武器，20世纪90年代已投入试用，主要用于攻击卫星。

发达国家利用其先进的科技手段和雄厚的财力，在许多新概念武器的研制方面都有所突破，但其保密性很强，作为历史记载与描述可能是多年以后的事。

（三）电子战技术

电子战是第二次世界大战后由于电子技术的发展而引发的一种新的作战形式。电子战需要各种电子对抗设备，按功能可分为电子侦察设备、电子进攻设备和电子防御设备；按作战对象分为雷达、光电、水声、计算机网络和综合对抗设备；按装载平台分为地面、舰载、机载、弹载多类。

电子侦察设备用于搜集、截获、分析识别敌方电磁辐射信号，获取其电子设备的各类信息等，判断敌方兵力部署、武器配备和行动意图，为电子对抗提供目标数据，引导电子干扰设备、相关武器实施电子进攻。

电子进攻设备包括电子干扰设备和硬杀伤武器，电子进攻设备根据电子侦察设备提供的侦察信息，对敌方的电子设备和系统实施干扰，削弱其工作效能或予以摧毁。

电子防御设备包括两方面：其一是用电子进攻武器攻击敌方的电子对抗设备，以达到保护己方电子设备的目的；其二是对己方电子设备采取抗干扰、电磁加固、信号加密、隐身等方式进行自我保护。

　　20世纪70年代后，随着微电子技术、数字技术和计算机技术的进步，电子对抗设备开始向数字化、多功能化和自适应的方向发展，出现由计算机统一控制，由多种电子对抗设备组成的多功能、多频段的电子对抗系统。特别是光电制导导弹的出现，红外告警和激光告警设备随之出现并装备部队。用于潜艇的新型的水声干扰设备、侦察声呐也被研制成功。20世纪80年代后，单件的电子对抗设备组合化，雷达对抗、光电对抗、通信对抗、导航对抗、敌我识别对抗综合成多平台综合电子对抗系统。其中典型的是美国在海湾战争后创建的"一体化C4ISR/EW"系统，这一系统将指挥控制、通信导航、目标监测、战场态势感知、战场毁伤评估、电子对抗融为一体，是一个陆、海、空、天多平台密切协同的综合信息和电子对抗系统。电子战技术的发展，将进一步改变传统的战场作战形式。

终　章

可持续发展战略思想的提出

人类借助于科学技术的进步，创造了历史上前所未有的繁荣时代，几乎达到无所不能的程度。然而，在科学技术、经济社会迅速发展的同时，地球的资源被大量消耗，自然界物质原本平衡的状况不但被打破，而且一批批自然界原本不存在的物质被大量制造出来，严重地影响了自然界千百万年形成的物质循环。环境污染、生态失衡的状况愈来愈严重，人类社会如何健康地存续并发展下去，已经成为国际社会共同关注的世界性问题。

一、传统发展模式的困境

　　英国产业革命之后，工业化浪潮迅速传遍全球，那些早期完成工业化的国家大都成为发达国家，其他国家也都以这些国家为样板，奋起追赶。到20世纪中叶，环境问题已经引起人们的重视，美国海洋学家卡逊的《寂静的春天》，向人们展示了农业长期使用DDT（双对氯苯基三氯乙烷）而使生物大量灭绝的现实。随后人口、粮食、资源、环境等一些严重影响社会进步的问题开始为国际社会所关注。工业社会以大量生产、大量消耗、不计资源储量和环境污染为代价，追求的是产值与利润，国家贫富以人均GNP或GDP为标准。到20世纪末，随着一些欠发达国

图17-1　卡逊

家的迅速崛起，石油消耗量大增，石油已成为各国经济发展的瓶颈，石油大战已经成为一场持久的国际性的非武装化战争。同时，由于当代经济是建之于大量消耗化石能源基础上的，其排放物对大气、水质造成的污染越来越严重，气候变暖、臭氧层被破坏、气象异常、冰川加速融化、海平面升高、厄尔尼诺现象频发等使人类生存的环境正经历着一场巨变。

到目前为止，地球是茫茫宇宙中唯一一个适合生物生存的星球，这个星球的一切条件使生物得以繁衍进化，生物与环境在这一漫长的进化中，形成了一种互相依存的制约关系而达到一种动态平衡。近百年来，这种平衡关系由于人类强力改造自然的活动正在被打破，人为地造成大量原始自然环境的改变，一切不适应这种环境改变的物种只能消亡。加之人口的迅速增多，以其自身所掌握的先进的科学技术手段，强行侵占了其他生物的生存空间。大批原始森林、草地被毁，大量的江河被截，大批的湖泊湿地被排干成为农田，大面积的农田饱含各种化肥和农药，大量农药、化肥残留物渗入地下水排入江河湖海中……可以说，我们今天的生活是以"牺牲环境，破坏生态"为代价换来的。

这一发展模式和发展思想来源于西方的基督教世界。在《圣经》中，上帝对挪亚讲："你们要生养众多，遍满了地，凡地上的走兽和空中的飞鸟……凡活着的动物，都可以作你们的食物。"这一"人类中心主义"思想在17世纪被英国的弗朗西斯·培根所发挥，他号召人们按照上帝的旨意去掌握自然和驾驭自然，以创造人间的幸福，进而提出"要支配自然，就须服从自然"，为文艺复兴后期迷惘的欧洲人指出了向自然奋斗的方向。要服从自然首先要认识自然，发展自然科学研究，而技术则是在认识自然的基础上去有效地支配自然。然而，一旦人类征服自然、支配自然的热情被鼓动起来，无限追求个人财富的意识一旦形成，"服从自然"就被置于次要地位或从人与自然对立的角度、人是自然的主人的角度去对待自然。

在300余年的工业社会历史中，虽然全世界的面貌发生了巨大的变化，然而其弊端愈益凸显。

第一，工业社会注重的是以制造加工业为主导的工业生产，追求的是高效率、大型化、批量化，很少考察地球资源、能源与环境问题，由此造成遍及全球的自然资源枯竭、能源短缺、环境恶化、生态失衡等全球性问题。

第二，在工业社会中，人们追求的是技术至上主义，出现了"专家治国论""技术统治论"等社会思潮，由此激化了人与自然的对立。因为单纯追求GNP或GDP而加速了自然资源特别是不可再生资源的消耗，强化了人作为自然征服者的意识，使自然界按照人的意志去变化。

第三，在工业社会中培养出大量丧失生产资料，离开工作岗位就无法生存的技能单一、开创能力缺乏而依附力极强的人群，由此造成对传统工厂制度的过分依赖，成为社会变革的障碍。更培养出一批不顾自然环境、不顾社会发展，仅擅长于企业经营和社会钻营的企业主。这些人都在以不同的表达方式对社会的进步、对人与自然的和谐发展起到阻碍和破坏作用，由此加剧了人与自然、社会与自然的对立。

第四，南北差距加大。一般将发达的富国称为"北"，因为其大部分位于北半球；欠发达、不发达的国家称为"南"，因为其大部分位居南半球。发达国家人口增长缓慢，生活富裕，环境治理较好，中产阶级占主流，贫穷人口少且属于相对贫困；但是许多欠发达和不发达国家，人口多且增长迅速，生活水平低下，更多的人是在为基本生存而奔波，环境破坏严重，既无钱治理已遭破坏的环境，也为了基本的生存还在不断地去破坏环境和资源。而且这种贫富差距在20世纪后半叶愈来愈大，下面仅以1982—1995年间各国的GNP变化为例来说明这一问题。

表5　1982—1995年间各国的GNP变化

	1982—1995年 （美元／人均）	绝对增加（美元）	国家数的变化（个）
高收入国	14820　→　24930	10110	24 → 26
上中等收入国	2490　→　4260	1770	22 → 17
中等收入国	1520　→　2390	870	37 → 40
下中等收入国	840　→　1670	830	
低收入国	280　→　430	150	34 → 49

＊根据历年世界银行出版的《世界发展报告》统计。

在1995年，收入最低的是莫桑比克，人均GNP仅为80美元，不足100美元的还有埃塞俄比亚。而1982年，人均GNP不足100美元的仅1个国家——乍得，为80美元；最高的是瑞士，为40630美元。中国人均GNP1982年为310美元，到1995年升至620美元。2002年，人均GNP收入100美元以下的有3个国家［布隆迪、埃塞俄比亚为100美元，刚果（金）为90美元］。

二、走可持续发展之路

（一）技术乐观主义与技术悲观主义

科学技术并不是万能的，它创造人类幸福生活的同时，也会创造出许多有碍于人类生存、阻碍社会发展的物品来，各种毒品、大规模杀伤性武器就是一些科学家、发明家创造出来的。在生产、生活中也不乏其例，如电网捕鱼、为提高汽油辛烷值而自1959年开始大量生产增添剧毒四乙铅的汽油以及各种有害的食品添加剂等。为此，人们开始冷静地对待科学技术，特别是与我们生活息息相关的技术。

在对技术的社会功能方面，出现了各种社会思潮，如技术双重性论、技术矛盾论、技术中性论、技术中介论、替换技术论以及反技术主义、技术乐观主义和技术悲观主义。其中技术乐观主义和技术悲观主义影响最为持久。

技术乐观主义起源于近代技术全面发展的 19 世纪末，1877 年，德国的技术哲学家卡普（E.Kapp）在《技术哲学纲要》（*Grundlinien Einer Philosophie der Technik*）一书中，把技术视为文化、道德和知识进步以及人类自我拯救的手段。20 世纪后，技术乐观主义者认为，人类只要掌握科学并不断改进技术，就可以把握自己的命运并决定人类自身的发展，人类利用技术可以征服自然，可以解决一切社会问题并创造美好的未来。这一思潮后来发展成"技术决定论"。持这一观点的人认为技术的存在发展有其自身的独立性，具有社会无法控制的惯性，技术变革决定社会的变革，"技术规则"决定社会规则。1949 年，西班牙哲学家加西特（J.O.Gasset）认为，技术发展到今天已经完美到人类梦想不到的程度，已经成为实现人类任何愿望的手段。20 世纪后半叶，许多人都认为，正是由于高新技术的发展，人类正在进入更为美好的信息社会。技术乐观主义过分夸大了技术的正面效应而否认或忽视其负面效应，更有许多臆想成分，极易造成对社会舆论的误导。

技术悲观主义起源于反技术主义。在 18 世纪，法国思想启蒙时期哲学家卢梭（J.J.Rousseau）就认为，技术的发展对人类只会产生负面影响，导致人本性的堕落和道德的败坏。[①]西方很早就有人坚持传统生活方式而反对新技术，坚持用马耕地反对使用农业机械，倡导田园生活反对城市化。英国产业革命时期的纺织工唯恐新发明的纺织机械夺去他们的市场，而烧毁工厂、拆毁机器。

1931 年，德国哲学家雅斯贝尔斯（K.Jaspers）在《时代的精神状况》（*Die Geistige Situation der Zeit*）一书中，认为技术的发展正在使人类社会出现一种悲剧性的变化，它使人丧失人格和个性，人的自由和创造性正在消失。20 世纪中叶后，由于传统工业化模式"无限制地追求经济的高速增

---

① ［法］卢梭：《论人类不平等的起源和基础》，吴绪译，生活·读书·新知三联书店 1957 年版。

长；无限制地追求物欲；无节制地浪费资源和能源；商品拜物教和国民生产总值拜物教盛行；追求高消费、高浪费的生活方式"[1]，造成了严重的资源、能源、人口、环境等问题，技术悲观主义开始盛行。《增长的极限》（D.H.Meadows，1972）、《被洗劫的星球》（H.Gruhl，1975）、《多少算够》（A.Durning，1992）等一批带有技术悲观主义色彩的著作大量问世，他们提倡经济零增长和人口零增长，倡导节约资源、克服环境污染。

　　技术悲观主义者的观点，是通过对发达、欠发达国家工业化过程的认真分析作出的，具有很强的价值合理性。对于国际社会共同关注的环境、资源、人口等问题产生了深远的影响，促进了可持续发展社会发展观的形成。

（二）可持续发展战略思想的提出与实践

　　20世纪70年代后，国际社会开始注重环境问题。1972年6月5日—16日，在瑞典的斯德哥尔摩举行联合国人类环境会议，113个国家参加了这次会议。为筹备这次会议，英国经济学家芭芭拉·沃德（B.Ward）和德裔美国微生物学家勒内·杜博斯（R.Dubos）受联合国人类环境会议秘书长斯特朗（M.Strong）委托，在58个国家152位专家协助下，编写《只有一个地球——对一个小小行星的关怀和维护》（*Only One Earth——The Care and Maintenance of A Small Planet*）[2]作为

图17-2　沃德

图17-3　杜博斯

---

①　秦麟征：《破损的世界——现代文明的阴影》，东北林业大学出版社1996年版，第29页。
②　中译版于1997年由吉林人民出版社出版，全书分为五部分：（1）地球是一个整体；（2）科学的一致性；（3）发达国家的问题；（4）发展中国家的问题；（5）地球上的秩序。

会议的非官方背景材料发布。会议通过了《人类环境宣言》，并将6月5日定为每年的"世界环境日"。联合国环境规划署在每年初公布当年环境日的主题，并在每年环境日发表世界环境状况报告。

1974至2010年的世界环境日主题：只有一个地球（1974）；人类居住（1975）；水：生命的重要源泉（1976）；关注臭氧层破坏、水土流失、土壤退化和滥伐森林（1977）；没有破坏的发展（1978）；为了儿童的未来——没有破坏的发展（1979）；新的十年，新的挑战——没有破坏的发展（1980）；保护地下水和人类食物链，防治有毒化学品污染（1981）；纪念斯德哥尔摩人类环境会议10周年——提高环保意识（1982）；管理和处置有害废弃物，防治酸雨破坏和提高能源利用率（1983）；沙漠化（1984）；青年、人口、环境（1985）；环境与和平（1986）；环境与居住（1987）；保护环境、持续发展、公众参与（1988）；警惕全球变暖（1989）；儿童与环境（1990）；气候变化——需要全球合作（1991）；只有一个地球——关心与共享（1992）；贫穷与环境——摆脱恶性循环（1993）；同一个地球，同一个家庭（1994）；各国人民联合起来，创造更加美好的世界（1995）；我们的地球、居住地、家园（1996）；为了地球上的生命（1997）；为了地球上的生命——拯救我们的海洋（1998）；拯救地球就是拯救未来（1999）；2000环境千年——行动起来（2000）；世间万物，生命之网（2001）；让地球充满生机（2002）；水——二十亿人生于它，二十亿人生命之所系（2003）；海洋存亡，匹夫有责（2004）；营造绿色城市，呵护地球家园（2005）；莫使旱地变成沙漠（2006）；冰川消融，后果堪忧（2007）；促进低碳经济（2008）；地球需要你：团结起来应对气候变化（2009）；多样的物种，唯一的地球，共同的未来（2010）。

继联合国人类环境会议之后，联合国环境规划署、世界自然保护联盟等编写的《世界自然资源保护大纲》于1980年3月5日在各国首都同时公布，各国开始按这一大纲的要求，制定本国保护自然资源的相关文件。1987年2月23日—27日，世界环境与发展委员会在日本东京召开了第八次会议，通过了《我们共同的未来》这一研究报告，并通过了《东京宣言》，提出了"既能满足人类目前的需要，又不对子孙后代造成危害"的发展战略，即可持续发展战略。1989年，联合国环境署第15届理事会通过了《关于可持续发展的声明》。

在此基础上，联合国环境与发展大会于1992年6月3日—14日在巴西里约热内卢召开，178个国家的15000名代表与会，通过了《里约环境与发展宣言》（又称《地球宪章》《21世纪议程》），并达成以控制CO_2等温室气体排放，应对全球变暖为宗旨的《联合国气候变化框架公约》（UNFCCC），该公约1994年3月21日生效，至2004年5月，已有189个缔约方。1995年3月28日，首次缔约方会议在柏林召开后，每年一届在相应国家召开。这是人类历史上第一次有众多国家元首参与的讨论人类生存所面临的环境与发展问题的大会，有力地促进了各国环境保护事业的发展。

针对全球变暖、海平面上升、冰川融化及恶劣气候问题，1997年12月11日，在日本京都由《联合国气候变化框架公约》缔约国制定《京都议定书》，其目标是"将大气中的温室气体含量稳定在一个适当的水平，进而防止剧烈的气候改变对人类造成伤害"。2000年11月13日—24日的联合国气候大会在海牙召开，会议向全世界提出警告：未来100年内，全球气温升高1.4～5.8℃，海平面上升9～88厘米，沙漠更干燥，气候更恶劣，厄尔尼诺现象更严重。

2009年12月7日—18日，在丹麦哥本哈根召开了第15次联合国气候变化大会暨《京都议定书》第5次缔约方会议，192个国家的环境部长和85个国家元首出席，会议重点讨论了各国CO_2减排以遏制全球气候变暖问题。第16次联合国气候变化大会于2010年11月29日—12月10日在墨西哥坎昆召开，会议主题是"低碳环保"和"节能减排"，倡导以低能耗、低污染、低排放为基础的经济发展模式。

人类为了生存就必须从事生产，必须利用技术去创造财富，这是一种本能行为。人是有理性的，在技术的选择上是完全可以自控的。技术选择的前提是技术评价，近几十年所形成的可持续发展观在联合国的倡导下几乎为国际社会普遍接受，美国世界观察研究所的莱斯特·R.布朗（L.R.Brown）在其《建设一个持续发展的社会》一书中，从保护森林、草原、渔场和耕地，控制人口增长，回收原材料，有效地开发各种资源和改变价值观念等方面，描绘了可持续发展社会的形态。[①] 美国生态经济学家、世界银行的赫尔曼·戴利（Herman Daly）则将生态安全标准定为："社会使用可再生资源的速度，不得超过可再生资源的更新速度；社会使用不可再生资源的速度，不得超过作为其替代品的、可持续利用的可再生资源的开发速度；社会排放污染物的速度，不得超过环境对污染物的吸收能力。"[②]

在当代，人们开始普遍注重生产与环境、资源的关系，许多国家以立法的方式，规范人们的生产与生活行为，节能环保已成为生产技术的首要评价标准。

人类前景问题已经成为国际社会共同关心的问题，人类已经到了必须理智地认识自身、认识自然、认识未来的时候了。

---

① ［美］莱斯特·R.布朗：《建设一个持续发展的社会》，祝友三等译，科学技术文献出版社1984年版。
② 王军：《可持续发展》，中国发展出版社1997年版，第150页。